大数据与人工智能技术丛书

大数据导论

◎ 张 凯 编著

清华大学出版社
北京

内容简介

本书是数据科学与大数据技术专业本科导入课程的教材，主要内容包括数据科学与大数据技术本科专业知识体系，学科概述，大数据硬件环境，数据通信与计算机网络，程序、软件与系统，数据采集与存储，数据统计与分析，图形图像处理与可视化，人工智能，数据安全和大数据平台框架及工具。本书编写的目的是让学生了解数据科学与大数据技术的学科体系、课程结构和基本概念，为后续的学习做好准备。

本书可作为普通高等学校数据科学与大数据技术专业学生的教材，也可以作为相关专业技术人员的参考资料。

图书在版编目(CIP)数据

大数据导论/张凯编著. —北京：清华大学出版社，2020.1(2022.1重印)
(大数据与人工智能技术丛书)
ISBN 978-7-302-54190-5

Ⅰ. ①大… Ⅱ. ①张… Ⅲ. ①数据处理－教材 Ⅳ. ①TP274

中国版本图书馆 CIP 数据核字(2019)第 256059 号

策划编辑：魏江江
责任编辑：王冰飞
封面设计：刘 键
责任校对：胡伟民
责任印制：宋 林

出版发行：清华大学出版社
网 址：http://www.tup.com.cn，http://www.wqbook.com
地 址：北京清华大学学研大厦 A 座　　邮 编：100084
社 总 机：010-62770175　　邮 购：010-83470235
投稿与读者服务：010-62776969，c-service@tup.tsinghua.edu.cn
质量反馈：010-62772015，zhiliang@tup.tsinghua.edu.cn
课件下载：http://www.tup.com.cn，010-83470236
印 装 者：大厂回族自治县彩虹印刷有限公司
经 销：全国新华书店
开 本：185mm×260mm　　印 张：19　　字 数：368 千字
版 次：2020 年 1 月第 1 版　　印 次：2022 年 1 月第 5 次印刷
印 数：6001～8000
定 价：49.80 元

产品编号：079372-01

前言

“大数据导论”是数据科学与大数据技术专业本科生的一门专业课程，也是该专业的导入课程，以引导学生对数据科学与大数据技术专业和学科有一个全面和概括性的了解。目前，国内外开设“大数据导论”或“数据科学导论”课程的学校和已经出版的相关教材相对较少，例如哈佛大学、纽约大学和人民大学教授的课程或出版的教材，其主要是针对研究生开设的，即使是针对本科生开设的专业选修课，也因为讲授的内容较深，或偏重某一方面而不够全面，不太适合我国数据科学与大数据技术专业的本科生。

本书构思有3个想法：第一，数据科学与大数据技术专业在“教育部专业目录”中属于计算机大类，因此，该导论课程不仅应介绍与数据科学与大数据技术相关的内容，也应介绍一些与计算机科学与技术相关的内容；第二，既然是导论课程，那就不能讲授得太深，因为学生刚刚从高中进入大学，专业基础薄弱，因此，只需对该专业相关课程的主要内容进行简单介绍即可，也可适度介绍数据科学研究现状、大数据产业的未来及其在各领域的应用；第三，该专业的名称为数据科学与大数据技术，这就意味着该学科包括“数据科学”和“大数据技术”两个方面的内容，不同学校在培养目标上可以有所区别和侧重，例如有的大学授予理学学位，有的大学授予工学学位，其学生的未来会分别往数据科学家和数据工程师方向发展，对于这两方面的内容，本书都力求顾及，不同学校的老师在上课讲授时，可根据自己的情况略有偏重。

全书共11章，内容分别为：

第1章　专业学习要求，将介绍学科概述、专业、归类课程体系、学习方法和专业能力要求。

第2章　学科概述，将介绍大数据技术、数据科学、全球大数据发展战略、我国大数据发展战略、大数据产业与应用。

第3章　大数据硬件环境，将介绍计算机系统组成、硬件计算设备和检测系统。

第4章　数据通信与计算机网络，将介绍数据通信、计算机网络和未来发展。

第 5 章　程序、软件与系统，将介绍程序语言与软件、操作系统、软件工程、知识工程与数据工程。

第 6 章　数据采集与存储，将介绍数据采集与信号调理、数据结构与离散数学、数据库与数据仓库。

第 7 章　数据统计与分析，将介绍概率、统计、数值分析、算法分析及数据挖掘与软件工具。

第 8 章　图形图像处理与可视化，将介绍图形、图像、可视化、计算机辅助设计、计算机视觉艺术、多媒体技术、虚拟现实及计算机仿真和医学成像。

第 9 章　人工智能，将介绍人工智能概述、机器学习、决策支持系统、专家系统、深度学习、推荐系统和人工智能应用及其未来。

第 10 章　数据安全，将介绍密码体制、认证技术、信息安全防范、数据安全和系统安全。

第 11 章　大数据平台框架及工具，将介绍大数据平台、大数据框架与工具。

全书由张凯教授编写，博士生张雯婷和肖坤对全书文字进行了校对，相关学科的老师针对本书内容提出了一些宝贵意见。在此，对所有关心本书的学者、同仁、学生表示感谢。

本书在编写过程中参考和引用了大量国内外的著作、论文和研究报告中的结论性内容，由于篇幅有限，本书仅仅列举了主要文献。作者向所有被参考和引用论著的作者表示由衷的感谢。

由于水平有限，书中难免存在不足之处，恳请读者提出宝贵意见。

本书提供教学大纲、教学课件、模拟试卷、教学进度表，扫描封底的课件二维码可以下载。

编　者

2019 年 5 月

目录

本书资源下载

第 1 章

专业学习要求

1.1 专业概述与归类

1.1.1 专业概述

数据科学与大数据技术是研究大数据的收集、加工、存储、表示、计算、分析和应用过程及其结构、规则和系统实现的学科。21 世纪，大数据迅猛发展，已成为当代一个非常重要的学科。随着大数据技术的进步，它正在改变人类社会的生产方式和生活方式。数据科学与大数据技术学科研究的主要对象是大数据及与其相关的现象，包括数据科学和大数据技术两方面，二者相互作用，相互影响。

数据科学与大数据技术属于交叉学科，涉及统计学和计算机科学。因此，该专业学生除了需要系统地学习数据科学与大数据技术的基本理论、基本技能和方法外，还需要系统学习统计学的相关知识和数据采集、分析、处理及数学建模等计算机科学技术知识。在四年的学习中，该专业学生将具有运用专业基础理论及工程技术方法进行系统开发、应用、管理和维护的基本能力，成为知识结构和能力复合型的跨界人才。

这类人才可分为大数据系统研发类、大数据应用开发类和大数据分析类三个大的方向。

据2018年的预测，大数据人才需求将有大幅增长，人才缺口较大，其年收入约为十几万到百万不等。目前，应用大数据的机构越来越多，上至国家机关部门，下到互联网公司、金融机构和工业企业等，涉及的领域包括个体柔性制造、零售电子商务、医疗器械检测（CT和核磁共振）、交通流量监测等，需要处理的工作包括数据分析、库存优化、客户人群定位、精准市场营销、降低产品成本、预测未来商品需求及辅助政府电子政务管理等。

据了解，2016年中美两国社会招聘对于数据科学家和数据分析师的学历及工作经验要求相对较高，我国27.7%的招聘单位要求应聘人员具有硕士以上学历，在美国这个比例接近42%。RJMetrics商业智能平台的一份调查显示，就职数据科学的工作者中，接近45%拥有硕士学历，接近20%拥有博士学历。据统计，2015—2016年度，在世界排名前50的大学中，有17所大学开设了数据科学相关的硕士培养计划，其中8所大学（伦敦大学、芝加哥大学、加州大学伯克利分校、曼彻斯特大学、布里斯托大学、加州大学圣地亚哥分校、华威大学及伦敦帝国学院）除计算机院系外，商业、运筹学及公共健康类的院系也开设了数据科学硕士培养计划。彼此之间不同的是，计算机、统计、信息类院系开设的课程侧重于如何将数据科学理论应用到不同数据的处理和发掘方面；商业类院系开设的课程则倾向于培养学生可以利用数据科学理论处理和发掘商业及金融数据。

在国内，北京大学、清华大学、人民大学、复旦大学、中南大学、西南交通大学、贵州大学、南京邮电大学和华东师范大学等都分别设立了大数据学院；北京大学建立了本科、硕士和博士3个层次的数据科学专业；清华大学、北京大学、人民大学、武汉大学、中山大学、电子科技大学、北京邮电大学、华东师范大学、对外经济贸易大学和中南财经政法大学等均招收大数据专业的硕士研究生。

根据教育部近三年（2015—2018年）《普通高等学校本科专业备案和审批结果》显示，数据科学与大数据技术本科专业开设呈现爆发式增长趋势，第一批3所院校，包括北京大学、对外经济贸易大学、中南大学，第二批32所院校，第三批248所院校，第四批254所院校。该专业以大数据为核心研究对象，培养利用大数据技术解决具体行业应用问题的人才。目前，绝大多数高等学校（包括本科院校和高职高专）都将该专业设置在计算机学院或信息学院，有少量高等学校将该专业设置在统计学院或数学学院，另外也有一部分高等学校将该专业设置在刚刚成立的大数据学院。由于数据科学与大数据技术本科专业起步较晚，办学经验不足，相关课程教材缺乏，师资力量有待提升，未来学生的就业方向也有待发掘，但是这种现状也为该学科的发展提供了机遇。

1.1.2 专业归属与相关学科

根据2017版《普通高等学校本科专业目录》显示，从计算机专业的角度，我国的信息学科被划分为计算机类、相近专业类和交叉专业类。

1. 计算机类

计算机类(专业代码0809)下设计算机科学与技术专业(080901)、软件工程专业(080902)、网络工程专业(080903)、信息安全专业(080904K)、物联网工程专业(080905)和数字媒体技术专业(080906)。

数据科学与大数据技术专业为计算机类新增专业，其代码为080910T。它要求学生不仅应该掌握大数据学科的理论和方法，也要掌握计算机学科的一些基本理论、方法和技术，同时要求学生具有较强的实际动手能力和分析能力。

2. 相近专业类

与计算机相近的专业很多，包括电气工程及其自动化专业、智能电网信息工程专业、电子信息工程专业、电子科学与技术专业、通信工程专业、微电子科学与工程专业、光电信息科学与工程专业、信息与计算科学专业、信息工程专业和自动化专业共10个本科专业。

3. 交叉专业类

与信息科学交叉的专业很多，包括网络与虚拟媒体专业、地理信息系统专业、地球信息科学与技术专业、生物信息学专业、地理空间信息工程专业、信息对抗技术专业、信息管理与信息系统专业、电子商务专业、信息资源管理专业和动画专业共10个本科专业。

1.2 课程体系

1.2.1 课程体系概述

1. 培养目标

数据科学与大数据技术专业将培养和造就能在企事业单位、政府机关、行政管理部门从事数据科学研究、大数据技术应用、大数据系统开发应用和管理工作的应用型专业技术人才。他们能够适应社会主义现代化建设的需要，在德智体方面全面发展，基础扎实，知识面宽，能力强，素质高，且具有创新精神，系统地掌握了数据科学与大数据技术基本理论和基本应用技能，具有较强的实践能力。该专业修业年限一般为4年，最多不超过6年，授予工学或理学学士学位。

2. 专业培养要求

该专业的学生主要学习数据科学与大数据技术方面的基本理论和基础知识，需要进行数据科学研究与大数据技术应用的基本训练，最终具备研究和应用大数据的基本能力。该专业本科毕业生应具备以下几方面的知识和能力。

(1) 掌握数据科学与大数据技术的基本理论和基础知识。

(2) 掌握大数据分析的基本方法。

(3) 具有研究数据科学和应用大数据技术的基本能力。

(4) 了解与大数据有关的法规和标准。

(5) 了解数据科学与大数据技术的发展动态。

(6) 掌握文献检索、资料查询的基本方法，具有获取相关信息的能力。

3. 主要课程

该专业课程可分为基础课程、专业基础课程及选修课程3个部分，具体包括C程序设计、Java程序设计、Python程序设计、R语言、数据结构与算法、数据库原理与应用、离散数学、操作系统、软件工程、计算机组成原理、数据通信、计算机网络、概率统计、统计数据分析、分布式与云计算、大数据建模与算法、Linux 系统基础、机器学习与人工智能、大数据安全技术、ETL 技术、互联网数据获取技术、图形学基础、数字图像处理、数据可视化技术、信息搜索和分析技能、Hadoop 大数据平台、大数据案例与实践及专业英语等。

该专业实践教学环节包括大数据技术基础训练、课程设计、大数据工程实践、生产实习和毕业设计(论文)。

4. 毕业生个人发展方向与定位

数据科学与大数据技术专业毕业生的职业发展路线有如下两个方向及相应定位。

第一类路线为科学路线,也称科学型。这类人员本科毕业后一般会继续深造,攻读硕士和博士学位,甚至进入博士后工作站进行相关研究,其未来的职业定位为从事科学研究工作,目标是成为数据科学家。

第二类路线为技术路线,也称应用型。这类人员本科或硕士毕业后,将开始从事数据分析工作,目标是成为大数据工程师。数据分析是一项脑力劳动,强度较大,随着年龄的增长,很多从事这个行业的专业技术人才往往会感到力不从心,因而由技术人才转型为管理类人才。

1.2.2　知识点要求

数据科学与大数据技术的课程大致分为理论课程和应用课程两类。

1. 理论课程

理论课程包括以下这些课程。

(1) 离散数学,主要研究数理逻辑、集合论、近世代数和图论等。

(2) 算法分析理论,主要研究算法设计与分析中的数学方法和理论,例如组合数学、概率论、数理统计等,用于分析算法的时间复杂性和空间复杂性。

(3) 计算机组成原理,主要研究通用计算机的硬件组成及运算器、控制器、存储器、输入和输出设备等各部件的构成和工作原理。

(4) 计算机体系结构,主要研究计算机软硬件的总体结构,计算机的各种新型体系结构(如并行处理机系统、精简指令系统计算机、共享存储结构计算机、阵列计算机、集群计算机、网络计算机及容错计算机等)及能够进一步提高计算机性能的各种新技术。

(5) 操作系统,课程内容包括进程管理、处理机管理、存储器管理、设备管理、文件管理及现代操作系统中的一些新技术(如多任务、多线程、多处理机环境、网络操作系统、图形用户界面等)。

(6) 数据库原理,课程内容包括层次数据模型、网络数据模型、关系数据模型、E-R 数据模型、面向对象数据模型、赋予逻辑的数据模型、数据库语言、数据库管理系统、数据库的存储结构、查询处理、查询优化、事务管理、数据库安全性和完整性约束、数据库设计、数据库管理、数据库应用、分布式数据库系统、多媒体数据库及数据仓库等。

(7) 概率论,是研究随机现象数量规律的数学分支,主要分析讨论各种随机现象中的规律性,课程内容包括概率论基本概念、随机变量及其分布、多维随机变量、数字特征、极限定理。

2. 应用课程

应用课程包括以下这些课程。

(1) 程序设计语言(C、Java、Python 和 R 语言),研究程序设计语言的语法规则和语义规则,进而根据实际需求设计程序。

(2) 数据结构与算法,研究数据的逻辑结构和物理结构及它们之间的关系,并对这些结构做相应的运算,设计出实现这些运算的算法,并且确保经过这些运算后所得到的新结构仍然是原来的结构类型。常用的数据包括线性表、栈、队列、串、树、图等,相关的常用算法包括查找、内部排序、外部排序和文件管理等。

(3) 软件工程,是指导计算机软件开发和维护的工程学科,研究如何采用工程的概念、原理、技术和方法来开发和维护软件。课程内容包括软件生存周期方法学、结构化分析设计方法、快速原型法、面向对象方法、计算机辅助软件工程(CASE)等。

(4) 数据通信与计算机网络,研究实现网络上计算机之间进行数据通信的连接技术、原理技术及通信双方必须共同遵守的各种规约,也涉及局域网、远程网、Internet、Intranet 等各种类型网络的拓扑结构、构成方法及接入方式。

(5) 大数据安全,研究网络的设备安全、软件安全、信息安全、病毒防治、数据加密、通信安全及数据库安全等技术,以保证数据的安全性、可靠性和完整性。

(6) 图形学基础,课程内容包括计算机图形学综述、图形系统、基本图形生成技术、二维图形变换与二维观察、几何造型技术、三维图形变换与三维观察、真实感图形生成技术基础和颜色。

(7) 数字图像处理，课程内容包括基本概念、常用数学变换、图像增强理论与算法、图像复原、图像压缩与编码技术、图像分割方法及图像描述等。

(8) 可视化技术，研究如何用图形来直观地表征数据，即用计算机来生成、处理、显示能在屏幕上逼真运动的三维形体，且该形体能与人进行交互式对话。该技术不仅要求计算结果的可视化，而且要求过程的可视化。可视化技术的广泛应用，使人们可以更加直观、全面地观察和分析数据。

(9) Linux 系统基础，课程内容包括 Linux 历史、图形界面、命令窗口、Linux 安装、远程登录、文件与目录管理、用户及用户组管理、磁盘管理以及文本编辑工具等。

(10) 机器学习与人工智能，课程内容包括概念学习、归纳学习、决策树学习、贝叶斯学习、基于实例的学习、分析学习、增强学习、人工神经网络、评估假设、计算学习理论、遗传算法、学习规则集合、专家系统、自然语言理解、智能检索及模式识别等。

(11) 统计学，是应用数学的一个分支，主要通过概率论建模，收集所观察系统的数据并进行量化分析、总结，进而做出推断和预测，为相关决策提供依据和参考。课程内容包括样本与抽样分布、参数估计、经验假设、方差分析与回归分析等。

(12) 数值分析，是研究数学问题数值解方法的一门数学学科。该课程涵盖解线性方程组的直接法、解线性方程组的迭代法、非线性方程求根、插值与逼近、数值积分与数值微分以及常微分方程数值解法等内容。

1.2.3　学习方法

该专业以实践为主，课程很多，每门课的学习方法有很大差异，所以该专业的学习方法应该特别注意。

1. 确立学习目标

大数据的发展时间很短，但其发展速度之快，涉及的领域之广、内容之多，是其他众多学科所不能比拟的，而且学习和掌握它的难度也比较大。因此，要学好数据科学与大数据技术，必须先为自己定下一个切实可行的目标，明确自己的职业发展定位，确定成为研究型人才还是成为应用型人才。

2. 了解教学体系和课程要求

该专业教学计划中的课程分为必修课和选修课。必修课是指为保证人才培养的基本规格，学生必须学习的课程，包括公共必修课、专业必修课和实习实践环节。选修课是指学生根据学院（系）提供的课程目录有选择地修读的课程，包括公共选修课和专业选修课。具有普通全日制本科学籍的学生，在学校规定的修读年限内修满专业教学计划规定的内容，达到毕业要求后才准予毕业，颁发毕业证书并予以毕业注册；符合国家和学校有关学士学位授予规定者，授予学士学位。

学校一般采用学分绩点和平均学分绩点的方法来综合评价学生的学习成绩。考核成绩与绩点的关系如表 1-1 所示。

表 1-1　考核成绩与绩点的关系

成绩	绩点	成绩	绩点	成绩	绩点	成绩	绩点
90～100	4.0	80～82	3.0	70～72	2.0	60～62	1.0
86～89	3.7	76～79	2.7	66～69	1.7	<60	0.0
83～85	3.3	73～75	2.3	63～65	1.3		

在此强调学分绩点的重要性是因为学分绩点决定一个学生是否可以获取学士学位。大学毕业时，有些同学只能拿到毕业证，不能拿到学士学位证，一个关键的原因就是学分绩点不够（当然也可能是毕业论文的问题）。每个学校都对学士学位的学分绩点有一个最低要求，请特别注意。通常是 2.3，也就是 73～75 分，而不是 1.0，即 60～62 分。

3. 预习和复习课程内容

预习是学习中一个很重要的环节。该专业课程的预习一般不要求把教材从头到尾地看一遍，而是要求在学习之前粗略地了解一下课程内容是用来做什么的，用什么方式来实现等基本问题。

在复习时绝不能死记硬背，而应该在理解的基础上灵活运用。所以在复习时，首先要把基本概念、基本理论弄懂；其次要把它们串起来，多角度、多层次地进行思考和理解。该专业的各门功课之间有着内在的相关性，如果能够做到融会贯通，无论是对于理解还是记忆，都有事半功倍的效果。实现这个效果的具体方法是看课件、看书和做练习，以便能够更好地加深理解和触类旁通。

4. 正确把握课程的性质

除数学、英语、政治、体育和公共选修课外，数据科学与大数据技术专业本科课程大致可以分为两类：一是理论性质的课程，二是动手实践性质的课程。因此，学习每一门课程采用的方法有很大不同。理论性强的课程应该加强理解、分析和证明；实践性强的课程应该以理解和动手实践为主，力求做到应用相关知识解决实际问题，通过动手实践加深理解。

总之，要想在专业上学有所成，就必须遵循一定的学习方法，尤其是数据科学与大数据技术这样的专业，有些课程理论性很强，有些课程对动手实践能力要求很高，这就要求该专业的本科生必须学习方法得当，否则可能会事倍功半。

1.3 能力要求

1.3.1 基本能力要求

如何科学施教，有效发挥优势，提高办学质量，培养有特色的数据科学与大数据技术人才，已成为每位有责任感的专业教师必须面对和解决的问题。数据科学与大数据技术专业作为新兴的理工科专业，不同学校的老师和专家对该专业的课程设置和人才培育模式有不同的理解，这无形中制约了人才的培养效果，本书对此只是一种探索。

专业人才的“专业基本能力”可归纳为4种：第一种是数据与计算思维能力；第二种是数据分析算法设计与分析能力；第三种是数据挖掘的能力；第四种是数据系统的开发和应用能力。其中，科学型人才以第一、第二种能力为主，以第三、第四种能力为辅；工程型和应用型人才则以第三、第四种能力为主，以第一、第二种能力为辅。

1.3.2 创新能力要求

1. 定义

创新能力是指运用知识和理论，在科学、艺术、技术和各种实践活动领域中不断提供具有经济价值、社会价值、生态价值的新思想、新理论、新方法和新发明的能力。当今社会的竞争，与其说是人才的竞争，不如说是人的创新能力的竞争。

创新能力也称为创新力。按主体分类，最常提及的有国家创新能力、区域创新能力和企业创新能力等。对此，有多种衡量创新力的指数和排名。

2. “科学研究型”人才的专业能力要求

“科学研究型”人才是指具有坚实的基础知识，掌握系统的研究方法，具有高水平的研究能力和创新能力，在社会各个领域从事研究工作和创新工作的人才，专业能力要求如下所述。

(1) 能够面向数据科学与大数据技术专业的发展前沿，满足人类不断认识和进入新的未知领域的要求；能够预测数据科学与大数据技术专业的发展趋势，并在基础性、战略性、前瞻性科学技术问题的发现和创新上有所突破；目标是成为数据科学家。

(2) 具有良好的智力因素，具备敏锐的观察力，较好的记忆力，高度的注意力，丰富的想象力和严谨的思维能力及在这些能力之上形成的个人创造力，具备能够主动发现并解决问题的能力。

(3) 具备必要的非智力因素，包括有强烈的求知欲和创新欲，好奇和善于思考的精神，勤奋好学，有恒心和坚强的毅力，不畏艰险，追求真理。

(4) 具备深厚和宽泛的专业基础知识，掌握科学的研究方法，具有不断创新的能力；具备宽广的科学视野，具有高尚的情操和较高的科学精神、人文精神。

(5) 勤于探索，不断创新，坚持真理，勇于承担时代和社会赋予的责任，积极推动社会进步与变革。

1.3.3 工程素质要求

1. 定义

工程素质是指从事工程实践的专业技术人员应具有的一种能力，是面向工程实践活动时所表现出来的潜能和适应性。工程素质的特征包括：第一，具有敏捷的思维，正确的判断和善于发现问题的能力；第二，能够把理论知识和实践融会贯通；第三，具有把构思变为现实的技术能力；第四，具有综合运用资源，优化资源配置，保护生态环境及实现工程建设活动可持续发展的能力，并能达到预期目的。

工程素质实质上是指一种以正确的思维为导向的实际操作，具有很强的灵活性和创造性。工程素质的主要内容为：一是广博的工程知识素质；二是良好的思维素质；三是工程实践操作素质；四是灵活运用人文知识的素质；五是扎实的方法论素质；六是工程创新素质。

2. "工程应用型"人才的专业素质要求

工程素质的形成并非知识的简单综合，而是一个复杂的渐进过程，需将不同学科的知识和素质要素融合在工程实践活动中，使素质要素在工程实践活动中综合化、整体化和目标化。大学生工程素质的培养体现在教育全过程，渗透于教学的每一个环节。不同工程专业的工程素质具有不同的要求和不同的工程环境，要因地制宜，因人制宜，根据环境和条件差异对学生进行综合培养。

所谓应用型人才，这里是指能将专业知识和技能应用于所从事的大数据技术实践的一种专门的人才。这类人才熟练掌握社会生产或社会活动的基础知识和基本技能，主要包括利用大数据技术进行一线生产的技术人才或专业人才。总之，应用型人才就是把成熟的技术和理论应用到实际生产生活中的技能型人才，其具体内涵是随着高等教育历史的发展而不断发展的。"工程应用型"人才的专业素质包括敏捷的反应能力，有学识和修养，身体状况良好，有团队精神，有领导才能，高度敬业，创新观念强，求知欲望高，对人和蔼可亲，把持操守，具有良好的生活习惯，能适应环境和改善环境。

思考题

1. 数据科学与大数据技术专业的培养目标是什么？
2. 数据科学与大数据技术专业属于哪一个学科门类？
3. 获取数据科学与大数据技术专业的学士学位有什么要求？
4. 简述数据科学与大数据技术专业的学习方法。

5. 简述数据科学与大数据技术专业的能力要求。

6. 如何定位自己的发展方向？

7. 学术型人才和工程型人才分别有什么要求？

8. 对数据科学与大数据技术专业人才的创新能力有什么要求？

9. 对数据科学与大数据技术专业人才的工程素质有什么要求？

第 2 章

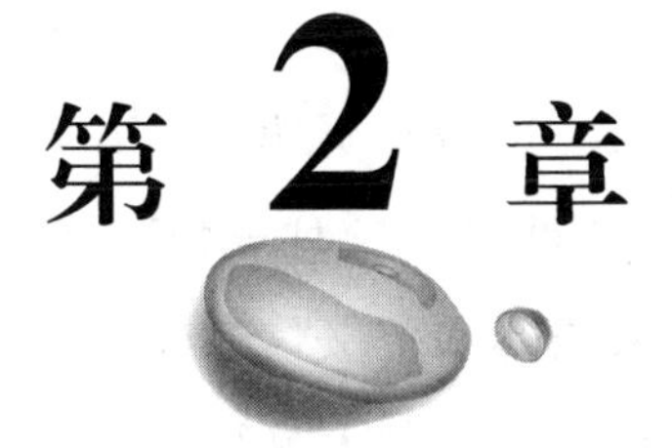

学科概述

2.1 大数据及其技术

2.1.1 大数据概述

1. 背景

从 1990 年到 2003 年，由法国、德国、日本、中国、英国和美国等国家的 20 个研究所、2800 多名科学家参加的人类基因组计划总共耗资 13 亿英镑，产生的 DNA 数据多达 200TB(B 字节为存储单位，一个汉字占 2 字节，1TB＝2^{40}字节)。DNA 自动测序技术的快速发展使核酸序列的数据量每天增长 10^6PB，生物信息数据呈现海量增长的趋势。生物信息学将其工作重点定位于对生物学数据的搜索(收集和筛选)、处理(编辑、整理、管理和显示)及利用(计算、模拟、分析和解释)。人类基因组计划的研究开创了大数据和海量数据处理(数据密集计算)科学研究方法的先河。

正如 2012 年 2 月《纽约时报》中的一篇专栏所称，大数据时代已经降临。在商业、经济及其他领域，越来越多的决策是基于数据和分析而做出，而并非基于经验和直觉。哈佛大学社会学教授加里·金说："这是一场革命，庞大的数据资源使得各个领域开始了量化进程，无论学术界、商界还是政府，所有领域都将开始这种进程"。此后，大数据(big data)一词便越来越多地被提及，人们用它来描述和定义信息爆炸时代产生的海量数据，并命名与其相关的技术发展与创新。在国内，一些互联网主题的讲座沙龙，甚至国金证券、国泰君安、银河证券等公司都将大数据写进了投资推荐报告。数据正在迅速膨胀并变大，它决定着企业的未来发展。虽然很多企业可能还没有意识到数据的爆炸性增长带来的机遇，但是随着时间的推移，人们将越来越多地意识到数据对企业的重要性。

2. 定义

关于大数据，维基百科给出的定义是：无法在可承受的时间范围内用常规软件进行捕捉、管理和处理的数据集合；研究机构 Gartner 给出的定义是：需要新处理模式才能具有更强的决策力、洞察发现力和流程优化能力来适应海量、高增长率和多样化的信息资产；麦肯锡全球研究所给出的定义是：一种规模大到在获取、存储、管理、分析方面都大大超出传统数据库软件工具能力范围的数据集合，具有海量的数据规模、快速的数据流转、多样的数据类型和价值密度低 4 大特征。

大数据技术的战略意义不在于掌握庞大的数据信息，而在于对这些含有意义的数据进行专业化处理。换而言之，如果把大数据比作一种产业，那么这种产业实现盈利的关键在于提高对数据的加工能力，通过加工实现数据的增值。

从技术上看，大数据必然无法用单台计算机进行处理，而必须采用分布式架构，对海量数据进行分布式数据挖掘。大数据与云计算的关系就如同一枚硬币的正反面一样密不可分，大数据必须依托云计算的分布式处理、分布式数据库、云存储和虚拟化技术，因为实时的大型数据集分析需要向数十、数百甚至数千台计算机分配工作。

3. 大数据的特点

大数据的特点可归纳为"4V"：数据量巨大(Volume)、数据类型多样(Variety)、数据流动快(Velocity)和数据潜在价值大(Value)。

(1) 数据量巨大。大数据是互联网时代发展到一定时期的必然结果，伴随着现代社交工具的不断发展及信息技术领域的不断突破，可以记录的互联网数据正在爆发式地增长，人类社会产生的数据和信息正在以几何级数的方式快速地增长，从KB（存储单位，2^{10}字节）、MB（2^{20}字节）、GB（2^{30}字节）、TB（2^{40}字节）、PB（2^{50}字节）、EB（2^{60}字节）、ZB（2^{70}字节）、YB（2^{80}字节）、BB（2^{90}字节）、NB（2^{100}字节）到DB（2^{110}字节），增长级别节节攀升。根据IDC（国际数据公司）的监测统计，2011年全球数据总量已经达到1.8ZB，而这个数值还在以每两年翻一番的速度增长，预计到2020年，全球将总共拥有35ZB的数据量，比2011年增长近20倍。换句话说，近两年产生的数据总量相当于人类有史以来所有数据量的总和。大数据在互联网行业中指的是互联网公司在日常运营中生成、累积的用户网络行为数据，这些数据的规模是如此庞大，以至于不能用GB或TB来衡量，例如百度平台每天响应超过60亿次的搜索请求，日处理数据超过100PB，相当于6000多个中国国家图书馆书籍信息的总量。

（2）数据类型多样。结构化数据、非结构化数据及半结构化数据构成了数据的全部。随着信息技术的不断发展，单一结构化的数据已经不再是主要形式，各种网络的信息传播及机构组织的信息公布都会在每时每刻产生大量的数据资源，这些数据资源可以为人类所用且创造出一定的价值。互联网虚拟社会的数据类型很多，常见的有几十种，包括股市曲线图、嘉宾专家股市视频、QQ聊天、手机微信、炒股网络日志、关系数据库格式、Word文档、Excel表格、PDF文本、JGP图像及网页等。

（3）数据流动快。在大数据的构成中，实时数据占到了相当大的比例，能否及时、有效地进行数据处理会影响交流、传输、感应、决策等。大数据流动快，意味着数据产生速度快，传输速率快，处理速度快。为了解决大数据传输的瓶颈，2007年Internet 2（第二代互联网）建成，传输速率是第一代互联网的80倍，峰值速率可达10GB。2014年8月25日，中国工商银行利用IBM技术实现了跨数据中心的全球核心业务分钟级切换，以应对每天几亿笔的金融交易，确保每天超过2TB的账务数据的正确性和实时性。

（4）数据潜在价值大。当然，大数据中并不全是有价值的数据，需要进行剥离和分析，尤其是涉及科技、教育和经济领域的重要数据。因此，可以理解为数据价值的大小与数据总量的大小成反比。发现潜在价值将是大数据挖掘的重要研究方向，同时也会带来高额回报。据麦肯锡公司统计，大数据每年可以给美国医疗保健提供3000亿美元价值，给欧洲公共管理商提供2500亿美元价值，给服务提供商带来6000亿美元年度盈余，给零售商增加了60％的利润，给制造业减少了50％的成本，给全球经济带来23000亿～53000亿美元的红利。“大数据将是新的财富源，其价值堪比石油”，这是很多有识之士的预测。

3. 大数据解决问题的观念变化

(1) 大数据研究的不是随机样本,而是全部数据。在大数据时代,可以获得和分析某个问题或对象背后的全部数据,有时甚至可以处理与某个特殊现象相关的所有数据,而不再依赖于随机采样。

(2) 大数据研究的不是精确性,而是大体方向。之前需要分析的数据很少,所以必须尽可能精确地量化数据。随着研究数据的规模的扩大,研究者对数据精确度的痴迷减弱。拥有了大数据,则不再过于对某一个现象刨根问底,只需掌握大体的发展方向即可,适当忽略微观层面上的精确度,可以更易于在宏观层面获得更好的洞察力。

(3) 大数据研究的不是因果关系,而是相关关系。寻找因果关系是人类长久以来的习惯,而在大数据时代,人们无须再紧盯事物之间的因果关系,而应该寻找事物之间的相关关系。相关关系也许不能准确地揭示某件事情为何会发生,但是它会提醒人们这件事情正在怎么发生。

2.1.2 大数据技术

大数据技术有4个核心部分,它们分别是大数据采集与预处理、大数据存储与管理、大数据计算模式及大数据分析与可视化。

1. 大数据采集与预处理

在大数据的生命周期中,数据采集处于第一个环节。大数据采集的来源主要有4种:管理信息系统、Web信息系统、物理信息系统和科学实验系统。不同的数据集可能存在不同的结构和模式,如文件、XML树、关系表等,表现为数据的异构性。对于多个异构的数据集,需要做进一步集成处理或整合处理,将来自不同数据集的数据收集、整理、清洗、转换后生成一个新的数据集,为后续的查询和分析处理提供统一的数据视图。人们针对管理信息系统中的异构数据库集成技术,Web信息系统中的实体识别技术。Deep Web集成技术和传感器网络数据融合技术已经进行了很多研究工作,取得了较大的进展,推出了多种数据清洗和质量控制工具。

2. 大数据存储与管理

大数据应用通常是对不同类型的数据进行内容检索、交叉比对、深度挖掘和综合分析。面对这种应用需求，传统数据库无论在技术上还是在功能上，都难以为继，因此，近几年出现了 OldSQL、NoSQL 与 NewSQL 并存的局面。按照数据类型的不同，大数据的存储和管理可采用不同的技术路线，大致可以分为如下 3 类。

第一类主要面对的是大规模的结构化数据。针对这类大数据，通常采用新型数据库集群，它们通过列存储、行列混合存储及粗粒度索引等技术，结合 MPP(Massive Parallel Processing)架构高效的分布式计算模式，实现对 PB 量级数据的存储和管理。

第二类主要面对的是半结构化和非结构化数据。对此，基于 Hadoop 开源体系的系统平台更为擅长，它们通过对 Hadoop 生态体系的技术扩展和封装，实现对半结构化和非结构化数据的存储和管理。

第三类主要面对的是结构化和非结构化混合的大数据，对此，可采用 MPP 并行数据库集群与 Hadoop 集群的混合来实现对 EB 量级数据的存储和管理。

3. 大数据计算模式

大数据计算模式就是根据大数据的不同数据特征和计算特征，从多样性的大数据计算问题和需求中提炼并建立的各种高层抽象或模型。例如，Map Reduce(是一个并行计算抽象)，加州大学伯克利分校的 Spark 系统中的分布内存抽象 RDD，CMU 的图计算系统 Graph Lab 中的图并行抽象(Graph Parallel Abstraction)等。大数据处理多样性的需求驱动了多种大数据计算模式的出现，也出现了很多与计算模式对应的大数据计算系统和工具。例如，大数据查询分析计算模式，其工具为 HBase、Hive、Cassandra、Premel、Impala 及 Shark；批处理计算模式，其工具为 MapReduce、Spark；流式计算模式，其工具为 Scribe、Flume、Storm、S4、SparkStreaming；迭代计算模式，其工具为 Hadoop、iMapReduce、Twister、Spark；图计算模式，其工具为 Pregel、PowerGrapg、GraphX；内存计算模式，其工具为 Dremel、Hana、Redis。

4. 大数据分析与可视化

大数据分析是指对规模巨大的数据进行分析。数据仓库、数据安全、数据分析、数据挖掘等技术成为行业追捧的焦点。大数据分析共包括可视化分析、数据挖掘算法、预测性分析、语义引擎(从文档中智能提取信息)、数据质量与数据管理及数据仓库与商业智能 6 个方面。

2.2 数据科学

2.2.1 数据科学概述

1. 定义

数据科学是以数据为中心的科学。2016 年,学者朝乐门在其专著《数据科学》中从 4 个方面较全面地解释了数据科学的内涵:①它是一门将“现实世界”映射到“数据世界”之后,在“数据层次”上研究“现实世界”的问题,并根据“数据世界”的分析结果,对“现实世界”进行预测、洞见、解释或决策的新兴科学;②它是一门以“数据”,尤其是“大数据”为研究对象,并以数据统计、机器学习、数据可视化等为理论基础,主要研究数据加工、数据管理、数据计算、数据分析和数据产品开发等活动的交叉性学科;③它是一门以实现“从数据到信息”“从数据到知识”和(或)“从数据到智慧”的转化为主要研究目的,以数据驱动、数据业务化、数据洞见、数据产品研发和(或)数据生态系统的建设为主要研究任务的独立学科;④它是一门以“数据时代”,尤其是“大数据时代”面临的新挑战、新机会、新思维和新方法为核心内容,涵盖了新的理念、理论、方法、模型、技术、平台、工具、应用和最佳实践的一整套知识体系。

2. 理论体系

数据科学主要以统计学、机器学习、数据可视化及领域知识为理论基础,其主要研究内容有数据采集、数据加工、数据计算、数据管理、数据分析和数据产品开发。

近年来,统计学、机器学习和数据可视化 3 个学科开始在各个方面交叉融合,同时各自也在发挥其他学科无法替代的优势,推动了数据科学的快速发展。数据科学的基础理论主要涉及新理念、理论、方法、技术、工具和数据科学的研究目的、研究内容、基本流程、主要原则、典型应用、人才培养及项目管理等核心问题。

数据采集、数据加工、数据管理、数据计算、数据分析和数据产品开发是数据科学应用的流程。其中,数据采集指的是利用一种装置,从系统外部采集数据并将其输入系统内部的一个接口,数据采集工具包括摄像头、麦克风、手机、仪器设备、Web 页面等；数据加工(即数据整理，Data Wrangling 或 Data Munging)强调的是数据处理中的增值活动，即如何将数据科学家的创造性设计、批判性思考和好奇性提问融入数据加工的过程之中；数据管理指的是数据的存储；数据计算指的是数据计算模式的设计；数据分析主要讨论数据挖掘，目的是得到更有价值的数据；数据产品开发是数据科学学科区别于其他科学学科的重要研究任务，数据产品主要是指经过数据整理、数据对齐、数据清洗、数据柔术、数据打磨、数据改写及数据规约等操作后得到的结果。

3. 学科关联

数据科学具有与领域知识之间相互包含和无缝集成的特点。根据 Conway 给出的图 2-1 所示的数据科学韦恩图(the data science venn diagram)，可见数据科学处于数学与统计知识、黑客精神与技能和领域实务知识三大领域的交叉之处。图 2-1 中的“黑客(hacker)”并不是指“骇客(cracker)”，“黑客精神”在这里是指勇于大胆创新、喜欢挑战、追求完美和不断进取的积极精神。

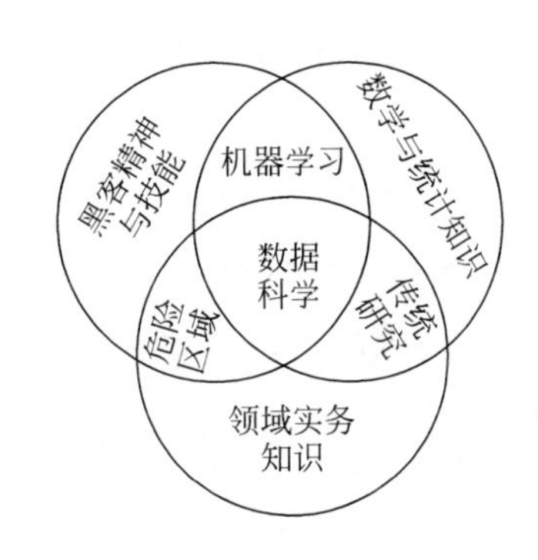

图 2-1 Conway 数据科学韦恩图

4. 范式演进

密集型数据是大数据的学术名称。TongHey 在《第四范式：数据密集型科学发现》一书中指出，科学研究范式经历了实验科学(第一范式)、理论科学(第二范式)、计算科学(第三范式)和密集型数据科学(第四范式)四个阶段，如图 2-2 所示。JimGrey 提出，第四范式是以数据为基础，集实验、理论和计算机模拟于一体的密集型数据计算的模式。

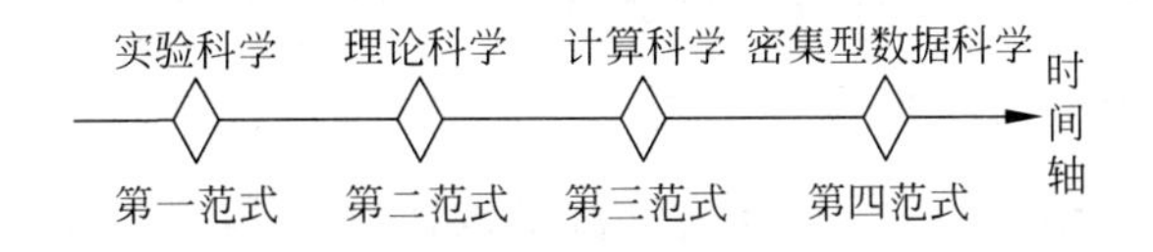

图 2-2 科学研究范式的发展历程

5. 科学研究

数据科学是一门新兴的学科。近年来，国际学术界的相关研究涉及了数据科学的目的、概念、方法、技术和工具5个方面。从2012年开始，我国的基础研究项目，如国家重点基础研究发展计划973计划，国家自然科学基金项目，国家社会科学基金项目等，均在数据科学的基础和应用研究方面展开支持，主题涉及中国大数据发展战略，国外大数据研究框架与重点，大数据研究关键科学问题，重要研究内容和组织实施路线图等，内容包括数据采集、数据存储、数据挖掘、深度学习、可视化、大数据智能以及大数据与其他学科的交叉等。通过学科研究，以期拓展并提升我国在数据科学领域的研究能力和应用水平。

2.2.2 数据科学发展

1974年，计算机学者、图灵奖获得者Peter Naur在其著作《计算机方法的简明调研》(*Concise Survey of Computer Methods*)的前言中正式提出数据科学(Data Science)的概念，定义了数据科学是一门基于数据处理的科学，并区别了数据科学与数据学(datalogy)的差异，即前者侧重基于数据的管理，后者侧重数据本身的管理及其在教育领域中的应用。

2001年，贝尔实验室的William S. Cleveland在《国际统计评论》(*International Statistical Review*)中发表题为《数据科学——拓展统计学技术领域的行动计划(Data Science: an Action Plan for Expanding the Technical Areas of the Field of Statistics)》的论文，他认为数据科学是统计学的一个重要研究方向。

2010年，Drew Conway给出了数据科学相关学科的韦恩图，他认为数据科学是统计学、机器学习和领域知识相互交叉而形成的新学科。

2013年，Mattmann和Dhar分别在《自然》(*Nature*)和《美国计算机学会通讯》(*Communications of the ACM*)上发表论文，从计算机科学与技术的视角讨论了数据科学的内涵，将数据科学归为计算机科学与技术专业的新研究方向。至此，数据科学的统计学和机器学习两大学派及其主要关注点基本形成。

2016年7月，Gartner公司发布数据科学调研及数据科学成长曲线(Hype Cycle for Data Science)，如图2-3所示，可见数据科学各组成部分的成熟度不同：R的成熟度最高，已广泛应用于生产活动；模拟与仿真、集成学习、视频与图像分析、文本分析等正在趋于成熟，即将投入实际应用；自然语言问答、模型管理、语音分析等已经度过了炒作期，正在走向实际应用；基于Hadoop的数据发现可能会消失；规范分析、公众数据科学、模型工厂、算法市场(经济)等正处于高速发展期。

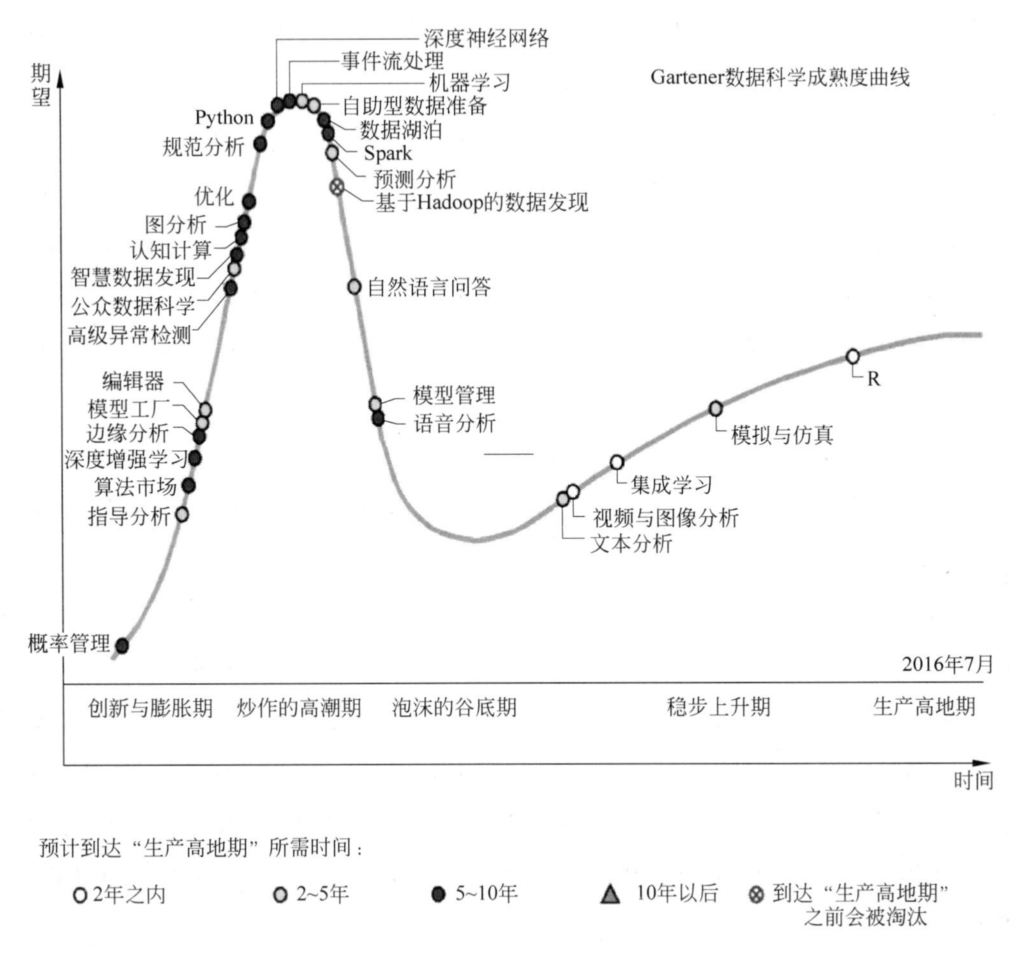

图 2-3 数据科学成长曲线(朝乐门,2018)

2.3 全球大数据发展战略

2.3.1 世界各国大数据发展战略

1. 国外的大数据战略

国外的大数据发展战略如下。

(1) 美国。2012 年 3 月,白宫发布《大数据研究和发展计划》,6 个联邦部门和机构宣布投资 2 亿美元发展大数据研究；2013 年 11 月,美国信息技术与创新基金会发布《支持数据驱动型创新的技术与政策》；2014 年 5 月，美国发布《大数据：把握机遇，守护价值》白皮书，对美国的大数据应用与管理的现状、政策框架和改进建议进行了集中阐述。

(2) 英国。2013 年 5 月，英国政府和李嘉诚基金会联合投资 9000 万英镑，在牛津大学成立全球首个综合运用大数据技术的医药卫生科研中心；2013 年 8 月 12 日，英国政府发布《英国农业技术战略》，要求把对农业技术的投资集中在大数据上；2014 年，英国政府投入 7300 万英镑进行大数据技术的开发，包括在 55 个政府数据分析项目中展开大数据技术的应用；以高等学府为依托，投资、兴办大数据研究中心，如图灵大数据研究院。

(3) 日本。2012 年，日本主管信息通信产业的总务省开始对大数据进行专项调查，调查了大数据的流通量，并将结果发布在《信息通信白皮书》里；2013 年，日本总务省对大数据的发展现状进一步开展宏观和微观层面的调查；2014 年 8 月，日本内阁府决定在每月公布的月度经济报告中采用互联网上累积的大数据作为新的经济判断指标；2015 年，日本防卫省开始研讨将大数据运用于海外局势的分析。

(4) 德国。2013 年，德国联邦教研部与联邦经济和技术部正式将“工业 4.0”战略纳入了《高技术战略 2020》；2014 年 8 月 20 日，德国联邦政府内阁通过了由德国联邦经济和能源部、内政部、交通与数字基础设施建设部联合推出的《2014—2017 年数字议程》，提出在变革中推动“网络普及”“网络安全”“数字经济发展”3 个重要进程，希望以此打造具有国际竞争力的“数字强国”。

(5) 法国。2013 年 2 月，法国政府发布《数字化路线图》计划，将大数据列为战略性高新技术之一；2013 年 3 月，法国经济、财政和工业部宣布投入 1150 万欧元用于支持这类项目；2013 年 4 月，法国教育部推出 4 项数字化服务，其中包括向公众提供开放式数据平台。

(6) 澳大利亚。2013 年 8 月，澳大利亚政府信息管理办公室(AGIMO)发布了《公共服务大数据战略》，旨在推动公共行业利用大数据分析进行服务改革，进而制定更好的公共政策，保护公民隐私，使澳大利亚在该领域跻身于全球领先水平。

(7) 韩国。2011 年，韩国提出“智慧首尔 2015”计划，欲将首尔市打造成“首尔开放数据广场”，包含 33 个数据库和 880 个数据集，可以为用户提供 10 大类公共数据信息服务；2013 年，韩国开始建设开放大数据中心。

(8) 印度。2012 年，印度批准了国家数据共享和开放政策，旨在促进政府数据的共享，其门户网站的非涉密数据包括全国的人口、经济和社会信息等。同时，印度政府还拟定了一个非共享数据清单，可以保障国家安全、隐私、机密、商业秘密和知识产权等数据的安全。

(9) 以色列。2018 年 3 月 26 日，以色列总理本雅明·内塔尼亚胡表示，将投资近 10 亿舍客勒(约合 2.87 亿美元)用于向研究人员和私营企业提供人口健康状况数据的项目。

2. 我国的大数据战略

2015 年 8 月，国务院发布《促进大数据发展行动纲要》，对中国的大数据发展进行了国家顶层设计和总体部署，定义了主要任务是加快政府数据的开放共享，进而推动资源整合，提升治理能力。推动产业创新发展，培育新兴业态，助力经济转型，强化安全保障，提高管理水平，促进健康发展。

2016 年 3 月 17 日，《中华人民共和国国民经济和社会发展第十三个五年规划纲要》发布，其中第二十七章“实施国家大数据战略”提出要把大数据作为基础性战略资源，全面实施促进大数据发展的行动，加快推动数据资源的共享开放和开发应用，助力产业转型升级和社会治理创新。

2016 年，发展改革委印发《关于组织实施促进大数据发展重大工程的通知》，旨在重点支持大数据示范应用、共享开放、基础设施统筹发展及数据要素流通。同时将择优推荐项目进入国家重大建设项目库审核区，并根据资金总体情况予以支持。国家重点支持的项目包括社会治理大数据应用、公共服务大数据应用、产业发展大数据应用及创业创新大数据应用等。

2017 年 1 月，工业和信息化部发布《大数据产业发展规划(2016—2020 年)》，以强化大数据产业的创新发展能力为核心，明确强化大数据技术产品研发，深化工业大数据创新应用，促进行业大数据应用发展，加快大数据产业主体培育，推进大数据标准体系建设，完善大数据产业支撑体系，提升大数据安全保障能力 7 项任务，提出大数据关键技术及产品研发与产业化工程、大数据服务能力提升工程等 8 项重点工程。

2017 年 10 月，大数据被写入党的“十九大”报告。报告中要求要加快建设制造强国，加快发展先进制造业，推动互联网、大数据、人工智能和实体经济深度融合，在中高端消费、创新引领、绿色低碳、共享经济、现代供应链、人力资本服务等领域培育新增长点，并形成新动能。

2017年12月8日，中共中央政治局就实施国家大数据战略进行第二次集体学习。习近平强调，大数据发展日新月异，应该审时度势，精心谋划，超前布局，力争主动，深入了解大数据发展现状和趋势及其对经济社会发展的影响，分析我国大数据发展取得的成绩和存在的问题，推动实施国家大数据战略，加快完善数字基础设施，推进数据资源整合和开放共享，保障数据安全，加快建设数字中国，更好地服务我国经济社会发展和人民生活改善。

2.3.2 大数据产业与应用

1. 大数据产业

世界各国的大数据产业情况如下。

(1) 美国的大数据产业，包括3个方面。

① 对政务活动的支撑。美国政府运用大数据技术推动管理方式的变革和管理能力的提升，涉及公共政策、舆情监控、犯罪预测、反恐等领域。例如，圣克鲁斯警察局通过分析城市数据源和社交网络数据，分析犯罪趋势和犯罪模式，并对重点区域的犯罪概率等进行预测；奥巴马将大数据应用到竞选活动中，通过对竞选前两年搜集、存储的海量数据进行分析和挖掘，寻找和锁定潜在的选民，运用数字化策略定位，拉拢中间派选民并筹集选举资金。

② 增强社会服务能力。美国的社交网络、搜索引擎等用户众多，积累了海量的历史数据，并在不断产生新的数据。美国的人口、交通、医疗等公共事业部门通过对新媒体数据的挖掘，实现了对人口流动、交通拥堵、传染病蔓延等情况的实时分析。例如，佛罗里达州迈阿密戴德县将数十种关键县政工作和迈阿密市紧密联系起来，为政府在制定治理水资源，减少交通拥堵和提升公共安全等方面决策提供了更好的信息支撑。

③ 提高商业决策水平。美国商业企业运用大数据辅助决策的案例不胜枚举。例如，沃尔玛、可口可乐等企业借助数据分析掌握消费者的消费习惯，从而制定针对性的营销策略，其中，沃尔玛的数据挖掘的典型案例是发现和实施了“啤酒+尿布”的营销策略；西雅图儿童医院应用可视化技术，有效减少了医疗事故，每年可帮助医院节省300万美元；华尔街的德温特资本市场公司通过分析3.4亿社交账户的留言，判

断民众情绪，并依据人们高兴时买股票，焦虑时抛售股票的规律，决定公司买卖股票的时机，以期获取更高的效益。

(2) 法国大数据产业涉及 4 个方面。

① 相关政策落地。法国中小企业、创新和数字经济部提出，2013 年至 2018 年要在巴黎等地创建大数据孵化器，通过公共私营合作的方式投资 3 亿欧元，向数百家大数据初创企业发放启动资金。同时，法国政府也出台了其他战略规划，例如创新 2025 规划和新工业法国规划，积极支持大数据产业发展。

② 实施大数据电子政务。为了便于公民自由查询和下载公共数据，法国政府推出了公开信息线上共享平台，覆盖国家财政支出、空气质量及国家图书馆等方面信息。很多城市的政府部门建立了公共数据网站，向公众开放就业市场情况，道路监控摄像头安装点，公共设施地图等公共数据。

③ 推动智慧城市建设。法国政府在智慧城市建设方面投入了很大精力，引导大公司投身智慧城市建设。例如，法国电信开发的云计算在移动业务和公共服务领域都有运用，建设了法国高速公路数据监测项目，可为行驶于高速公路上的车辆提供准确、及时的道路信息；在卡涅中心城区通过安装数百个各类感应器来监控、测量、控制城市环境；IBM 公司与里昂市合作，通过整合、分析市政网络现有交通数据及来自社交媒体的新数据来应对交通拥堵问题。

④ 促进服务业发展。法国银行业利用大数据将各渠道获得的数据进行综合分析，了解并分析客户的消费习惯和消费活动，提前预测客户的需求，以期提供个性化服务。

(3) 英国的大数据战略贯穿整个社会产业生态，主要涉及 3 个方面。

① 政府战略的顶层设计。政府对于大数据产业发展的支持方式可归类为 3 种，即政府引导数据开放，建立大数据产业加速器和出台数字化战略。早在 2009 年，英国政府就打造了在线数据公开网，公布英国财政、交通、医疗、教育等部门的政府信息。

② “产、学、研”一体化的创新生态。英国政府提供优质的创新“土壤”，以促进大学、人才与企业的结合。

③ 企业创新。2016 年，英国数字科技投资超过 68 亿英镑，比任何欧洲国家都要高 50%以上，全球几乎 1/3 的金融科技(Fintech)投资都发生在英国。2012 年至 2017 年间，在热门的人工智能、物联网、虚拟现实、增强现实和智能硬件领域，英国中小企业融资案例数量达到了 1342 例，居欧洲之首，是第二位的两倍还要多。

(4) 日本。据日本政府调查,日本农林水产、矿业、制造业、建筑业、水电气、商业、金融保险、房地产、交通运输、信息通信及服务业等几大产业的数据流通规模与上年同比成倍增长。从大数据应用的效果来看,应用程度最高的是商业零售,其次是交通运输、制造、商业广告和金融。2013 年 6 月,日本政府公布了《创建最尖端 IT 国家宣言》,提出要把日本建成一个具有世界最高水准的广泛运用信息产业技术的社会。为此,日本将通过大力发展 IT 产业,特别是大数据及开发数据和云计算,促进经济发展,具体包括向民间开放公共数据,促进大数据的广泛活用,应用 IT 技术,构筑医疗信息联结网络,改革国家及地方的行政信息系统。到 2020 年,日本大数据市场规模有望超过 1 兆日元,把大数据利用在产品销售及新产品开发的 BI(商业智能)关联 IT 投资将占总投入金额的一半以上,大数据市场在日本 IT 市场总额中将占 10%左右,6 成以上的企业积极使用大数据。

(5) 韩国。2016 年 1 月 3 日据韩国数据化振兴院称,2015 年的韩国大数据行业市场规模已达 13 万亿韩元(约合人民币 722 亿元)。自 2012 年市场规模突破 12 万亿韩元后,韩国大数据行业以 9%的年平均增长率不断发展壮大。韩国大数据行业以提供数据服务及数据库构建服务为主,数据咨询及大数据解决方案的市场规模呈增长态势。根据韩国数据化振兴院发布的《2015 韩国数据行业白皮书》,韩国数据服务市场规模占行业总市场规模的 47%,位列第一,数据库构建服务以 41.8%的占有率紧随其后。2015 年前,韩国数据产业从业人员已达到 30 万人,与数据直接相关的从业人员约为 7 万人。

(6) 印度。近年来,印度的大数据产业强势发展。据印度技术创业培训公司的 Simplilearn 称,2016 年,印度大数据领域为 IT 行业提供了 6 万个就业机会,同比增长 30%。随着印度 IT 服务公司对大数据分析需求的快速增长及云计算领域新时代数字项目的发展,IT 行业对大数据专业人士的需求将持续上涨,印度对数据科学家的需求将大幅增长,大数据人才短缺现象将会出现。同时,印度出现了很多大数据城市,如班加罗尔、浦那、海德拉巴、德里、孟买和金奈等。2016 年,印度诸多大数据创新企业,如 Realbox、Scienaptic、Bridgei2i 等,已完成融资并步入良好发展时期。据 NASSCOM 的产业报告显示,2018 年,印度数据分析市场的规模将由 2017 年的 10 亿美元翻倍至 23 亿美元,到 2025 年将达 160 亿美元,增幅约为 2018 年的 8 倍。印度是全球十大大数据分析市场之一,政府、行业和学术界可以通过利用大数据和数字创新的力量,合作建立一个生态系统,以产生可持续的解决方案。利用大数据和数字解决方案的综合力量，可以在提高公民的体验、实施效率和促进国家经济方面带来巨大成果。

(7) 以色列。微软 CEO 史蒂夫·鲍尔默(Steve Ballmer)表示，以色列在信息与大数据方面有其专长。2016 年 8 月 2 日，以色列创企 CoolaData 宣布开发了一种技术，这种技术可用于处理信息，并为用户提供实时分析，公司已完成 560 万美元 B 轮融资。2016 年 9 月 24 日，Anodot 公司对外宣布已完成 800 万美元融资，其客户包括微软、WIX、AOL、Rubicon Project 和 Avantis 等，其主要技术是利用机器学习和实时流数据为用户提供数据实时分析和异常检测，该技术能够在大量的数据中发现异常值，并把它转换为有价值的商业信息。据 2017 年 6 月 17 日的《21 世纪经济报道》，在未来 5 到 10 年内，沙漠之城贝尔谢巴将成为以色列最大的科技中心之一，专攻大数据技术在健康医疗、媒体和网络安全上的应用。以色列是最早在反恐中使用大数据技术的国家之一，这得益于专门从事电子侦察活动的以色列电子情报机构 8200 部门，它是以色列大数据技术的领军者，搜集网络信息、监听电话及截获政府、组织甚至个人的电子邮件，经大数据技术处理后用于反恐。大量从 8200 部门退伍的技术人才成了高科技公司创始人，他们在大数据管理和应用领域处于领先水平。

(8) 中国。据《赛迪 2019 年中国大数据产业发展白皮书》显示，2016 年，中国大数据产业规模为 2840.8 亿元，2017 年为 3549.8 亿元，2018 年为 4384.5 亿元，该产业规模含数据生产、采集、加工、存储、分析及数据驱动产生的经济价值，预计到 2021 年，大数据相关产品和服务业务的收入将达到 8070.6 亿元的规模。未来中国大数据技术的发展趋势主要以大数据挖掘和应用为核心，以信息安全为契机，将通过商业智能得到快速发展。

2. 大数据应用

大数据应用主要有以下这些方面。

(1) 精准医学。它是一种将个人基因和环境与生活习惯差异考虑在内的预防与处置疾病的新兴方法。2011 年美国医学界首次提出“精准医学”的概念后，2015 年 1 月奥巴马在其国情咨文中提出了精准医学计划，我国随后也启动了精准医学计划。2015 年 2 月，习近平批准成立中国精准医疗战略专家组，科技部决定在 2030 年前将在精准医疗领域投入 600 亿元，其中，中央财政支付 200 亿元，企业和地方财政配套 400 亿元。

(2) 精准农业。它又称为精确农业或精细农作，起源于美国。它是 20 世纪 80 年代末经济发达国家继 LISA(低投入可持续农业)后，为适应信息化社会发展要求对农业发展提出的一个新的课题，是信息技术与农业生产全面结合的一种新型农业。精准农业采用 3S(GPS、GIS 和 RS)等高新技术与现代农业技术相结合，对农资、农作实施精确定时、定位、定量控制，可最大限度地提高农业生产力，是实现优质、高产、低耗和环保的农业可持续发展的有效途径。精准农业将农业带入了数字和信息时代，是21 世纪农业的重要发展方向。

(3) 精准营销。它在精准定位的基础上，依托现代信息技术手段建立个性化的顾客沟通服务体系，实现企业可量度的低成本发展之路，是有态度的网络营销理念中的核心观点之一。公司需要更精准、可衡量和高投资回报的营销沟通，需要更注重结果和行动的营销传播计划，还需要更注重对直接销售沟通的投资。在互联网中，人们面对的、可获取的信息(如商品、资讯等)呈指数式增长，如何在这些数量巨大的信息数据中快速挖掘出有用的信息已成为当前急需解决的问题，由此网络精准营销的概念应运而生。精准营销有 3 个层面的含义：①精准的营销思想。营销的终极追求就是无营销的营销，到达终极目的的过渡就是逐步精准；②实施精准推广的体系保障和手段，这种手段是可衡量的；③达到低成本、可持续发展的企业目标。

(4) 精准广告。它又称为精准推送，是指按照广告接收对象的需求，精准、及时、有效地将广告呈现在广告接收对象面前，以获得预期的转化效果。它是一种革命性的网络推广方式，即点对点推送，精准又高效。例如，对个人计算机中的 Cookie 文件(一种记录用户上网信息的文件)进行跟踪、分析，利用特征关键词对用户进行分类，再与广告主产品的特征进行关联、匹配和排序，即可实现较精准的广告投放。

思考题

1. 什么是大数据？它有什么特点？
2. 什么是数据科学？数据科学与大数据技术有什么区别？
3. 数据科学经历过几个阶段？
4. 我国的大数据发展战略是什么？
5. 其他国家的大数据发展战略是什么？
6. 大数据有哪些方面的应用？

第3章

大数据硬件环境

3.1 计算机系统

3.1.1 图灵机模型与冯·诺依曼机模型

1. 图灵机模型

1936年，阿兰·图灵提出了一种抽象的计算模型——图灵机(Turing Machine)。图灵的基本思想是用机器来模拟人们用纸笔进行数学运算的过程，如图3-1所示，他把这样的过程构造成一台假想的机器，该机器由以下几个部分组成。

(1) 一条无限长的纸带(TAPE)。纸带被划分为一个一个的小格子，每个格子上包含一个来自有限字母表的符号，字母表中有一个特殊的符号“□”表示空白。纸带上的格子从左到右依次被编号为0、1、2、……，纸带的右端

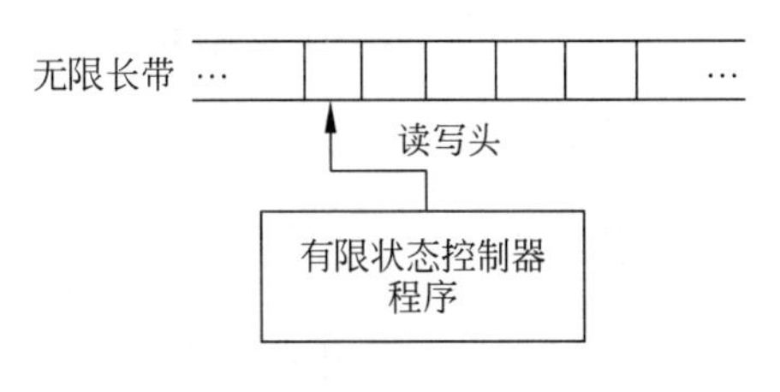

图3-1 图灵模型

可以无限伸展。

(2) 一个读写头(HEAD)。该读写头可以在纸带上左右移动,能读出当前所指的格子上的符号,并能改变当前格子上的符号。

(3) 一套控制规则(TABLE)。它根据当前机器所处的状态及当前读写头所指的格子上的符号来确定读写头下一步的动作,并改变状态寄存器的值,令机器进入一个新的状态。

(4) 一个状态寄存器。它用来保存图灵机当前所处的状态。图灵机的所有可能状态的数目是有限的,并且有一个特殊的状态——停机状态。

这台机器的每一部分都是有限的,但它有一个潜在的无限长的纸带,因此这种机器只是一个理想的设备。图灵认为这样的一台机器能模拟人类所进行的任何计算过程。

2. 冯·诺依曼机模型

20 世纪 30 年代中期,美国科学家冯·诺依曼大胆提出抛弃十进制,采用二进制作为数字计算机的数制基础。同时,他还提出预先编制计算程序,然后由计算机按照人们事前制定的计算顺序来执行数值计算工作。冯·诺依曼的这个理论被称为冯·诺依曼体系结构,也称为普林斯顿体系结构。从 ENIAC(Electronic Numerical Integrator And Computer,电子数字积分计算机)到当前最先进的计算机采用的都是冯·诺依曼体系结构,所以冯·诺依曼是当之无愧的计算机之父。

冯·诺依曼体系结构处理器具有几个特点:①必须有一个存储器;②必须有一个控制器;③必须有一个运算器,用于完成算术运算和逻辑运算;④必须有输入设备和输出设备,用于进行人机通信;⑤程序和数据统一存储并在程序控制下自动工作。

为了实现上述功能,计算机必须具备 5 大基本组成部件,分别为输入数据和程序的输入设备,记忆程序和数据的存储器,完成数据加工处理的运算器,控制程序执行的控制器和输出处理结果的输出设备。

3.1.2 计算机硬件组成结构

1. 计算机硬件系统

计算机硬件是指组成计算机的各种物理设备,由 5 大功能部件组成,即运算器、控制器、存储器、输入设备和输出设备。这 5 大部分相互配合,协同工作。

其工作原理为：首先由输入设备接收外界信息(程序和数据)，控制器发出指令将数据送入(内)存储器并向(内)存储器发出取指令；然后在取指令状态下，程序指令逐条送入控制器，控制器对指令进行译码并根据指令的操作要求向存储器和运算器发出存数、取数和运算命令，经过运算器计算后把计算结果保存在存储器内；最后在控制器发出的取数和输出命令的作用下，输出设备输出计算结果。5大功能部件工作原理如图3-2所示。

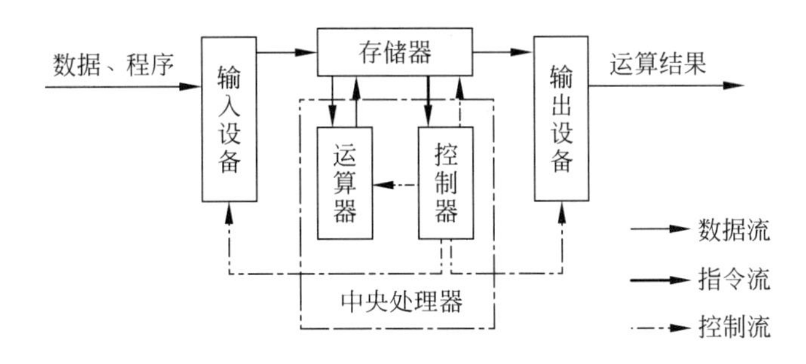

图3-2 五大功能部件工作原理图

2. 微型计算机的结构

微型计算机包括主机和外设两个部分。

1) 主机

主机是指计算机用于放置主板及其他主要部件的容器，主要部件通常包括CPU、内存、硬盘、光驱、电源及其他输入输出控制器和接口(如USB控制器、显卡、网卡、声卡等)。位于主机箱内的部件通常称为内设，位于主机箱外的部件通常称为外设(如显示器、键盘、鼠标、外接硬盘、外接光驱等)。微型计算机主机如图3-3所示，其组成部分如下所述。

(1) 主机箱。装主机配件的箱子，没有主机箱不影响具体功能的使用。

(2) 电源。主机供电系统，没有电源不能使用计算机。

(3) 主板。连接主机各个配件的板子，若没有主板，主机不能使用。

(4) CPU。主机的“心脏”，负责数据运算，它不可缺少，属于最重要的部件。

图3-3 计算机主机

(5) 内存。可存储主机调用的文件,是不可缺少的部件。

(6) 硬盘。主机的存储器,独立主机不可缺少。

(7) 声卡。某些主板集成,负责处理输入输出声音。

(8) 显卡。某些主板集成,控制显示器。

(9) 网卡。某些主板集成,若没有网卡,计算机无法访问网络,是联络其他主机的渠道。

(10) 光驱。若没有光驱,则主机无法读取光盘上的文件。

(11) 一些不常用设备,如视频采集卡、电视卡、SCSI 卡等。

2) 外设

外部设备简称外设,是指连在计算机主机机箱外部的硬件设备,对数据和信息起着传输、转送和存储的作用,是计算机系统的重要组成部分。按照功能的不同,外设大致可以分为输入设备、显示设备、打印设备等,如图 3-4 所示。

(1) 键盘和鼠标是人与计算机进行交互的一种装置,用于把原始数据和处理这些数据的程序输入计算机。

(2) 显示器是计算机的输出设备之一,它可以显示操作和计算结果。目前计算机显示设备主要有 CRT 显示器、LCD 显示器、等离子显示器和投影机。

(3) 打印机也是计算机的输出设备之一,它将计算机的运算结果或中间结果以人所能识别的数字、字母、符号和图形等,依照规定的格式打印在纸上。

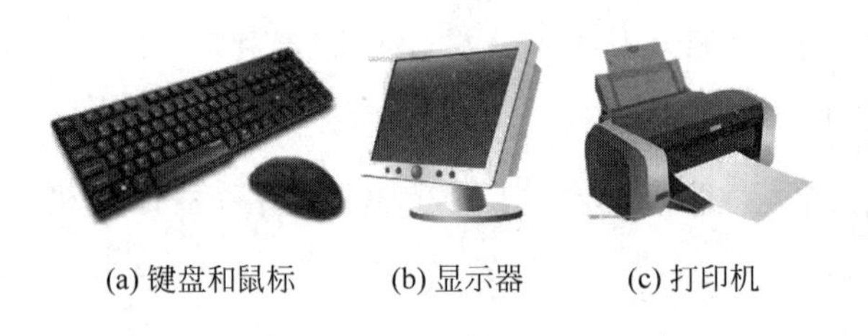

(a) 键盘和鼠标　(b) 显示器　(c) 打印机

图 3-4　外设

3.1.3　计算机组成原理

1. 系统总线

1) 系统总线概述

系统总线,又称内总线或板级总线,用来连接各功能部件构成一个完整的计算机系统,如图 3-5 所示。

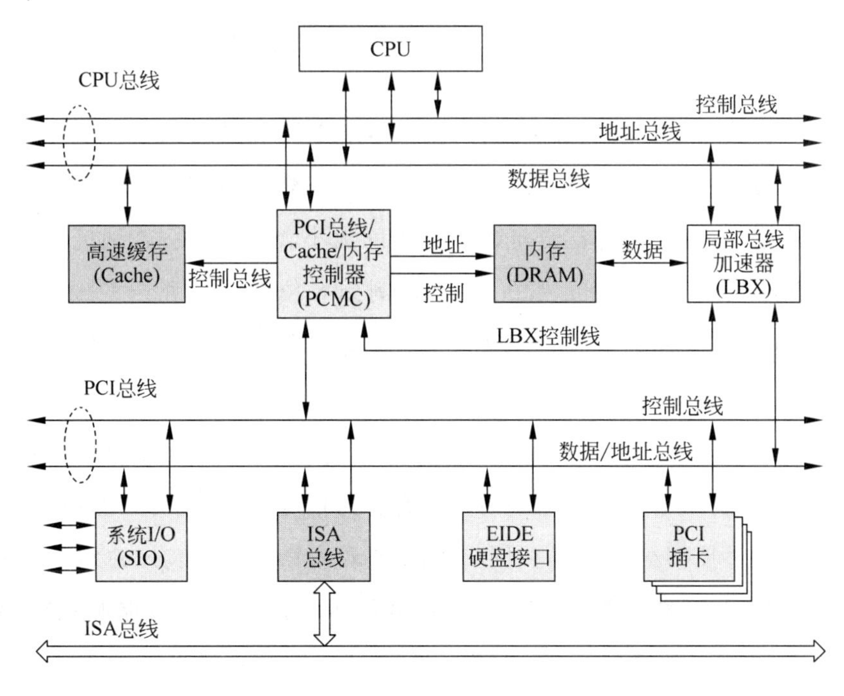

图 3-5　系统总线

2）工作原理

系统总线是一组用来传送信息的通信线路,通过系统总线,CPU 可对存储器的内容进行读写。同样地,通过系统总线,可以实现将 CPU 内的数据写入外设,或将数据由外设读入 CPU,实现微型计算机内部各部件间的信息交换。系统总线提供了 CPU 与存储器、输入/输出接口部件的连接线,可以认为一台微型计算机的结构就是以 CPU 为核心,其他部件全"挂接"在与 CPU 相连接的系统总线上。

3）功能分类

系统总线上传送的信息包括数据信息、地址信息和控制信息,因此,系统总线包括 3 种不同功能的总线,即数据总线(Data Bus,DB)、地址总线(Address Bus,AB)和控制总线(Control Bus,CB)。

(1) 数据总线。它用于传送数据信息,是双向三态形式的总线,既可以把 CPU 的数据传送到存储器、输入/输出接口等其他部件,也可以将其他部件的数据传送到 CPU。数据总线的位数是微型计算机的一个重要指标,通常与微处理器的字长一致,例如 Intel 8086 微处理器的字长为 16 位,其数据总线位数也为 16 位。需要指出的是，这里数据的含义是广义的，它可以是真正的数据，也可以是指令代码或状态信息，甚至可以是一个控制信息。因此，在实际工作中，数据总线上传的并不一定是真正意义上的数据。

（2）地址总线。它是专门用来传送地址的，由于地址只能从 CPU 传向外部存储器、输入/输出接口等部件，所以地址总线总是单向三态的，这与数据总线不同。地址总线的位数决定了 CPU 可直接寻址的内存空间大小，一般来说，若地址总线为 n 位，则最大可寻址空间为 2^n（2 的 n 次方）字节。例如 8 位微型计算机的地址总线为 16 位，则其最大可寻址空间为 $2^{16}=64$KB；16 位微型计算机的地址总线为 20 位，其最大可寻址空间为 $2^{20}=1$MB。

（3）控制总线。它用来传送控制信号和时序信号。控制信号中，有的是微处理器送往存储器和输入/输出接口电路的，例如读/写信号、片选信号、中断响应信号等，也有的是其他部件反馈给 CPU 的，例如中断申请信号、复位信号、总线请求信号、设备就绪信号等。因此，控制总线的传送方向由具体的控制信号而定，一般是双向的，位数要根据系统的实际控制需要而定。实际上，控制总线的具体情况主要取决于 CPU。

2. CPU

1）CPU 概述

CPU（Central Processing Unit，中央处理器）是一台计算机的运算核心和控制核心，其功能主要是解释计算机指令及处理计算机软件中的数据。CPU 由运算器、控制器和寄存器及实现它们之间联系的数据、控制和状态的总线构成。

2）工作原理

CPU 的工作原理可分为提取（Fetch）、解码（Decode）、执行（Execute）和写回（Writeback）四个阶段。CPU 从存储器或高速缓冲存储器中取出指令，放入指令寄存器，并对指令译码，把指令分解成一系列的微操作，然后发出各种控制命令，执行微操作系列，从而完成一条指令的执行。指令是计算机规定执行操作的类型和操作数的基本命令，由一字节或者多字节组成，其中包括操作码字段，一个或多个有关操作数地址的字段及一些表征机器状态的状态字和特征码。有的指令中也直接包含操作数本身。

3）基本结构

CPU 包括运算逻辑部件、寄存器部件和控制器部件，如图 3-6 所示。运算逻辑部件可以执行定点或浮点的算术运算操作、移位操作及逻辑操作，也可以执行地址的运算和转换；寄存器部件包括通用寄存器、专用寄存器和控制寄存器；控制器部件主要负责对指令译码，并发出为完成每条指令所要执行的各个操作的控制信号。

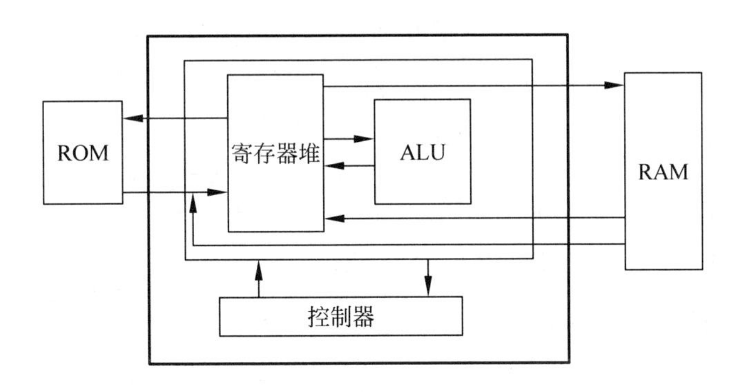

图 3-6　CPU 结构

3. 存储器

1）存储器概述

存储器是计算机系统中的记忆设备，用来存放程序和数据。计算机中的全部信息，包括输入的原始数据、计算机程序、中间运行结果和最终运行结果都保存在存储器中。按用途划分，存储器可分为主存储器（内存）和辅助存储器（外存），也有外部存储器（外存）和内部存储器（内存）的分类方法。外存通常是磁性介质或光盘等，能长期保存信息；内存指主板上的存储部件，用来存放当前正在执行的数据和程序，但仅用于暂时存放程序和数据，关闭电源或断电后，数据会丢失。

CPU 不能像访问内存那样直接访问外存，如果外存要与 CPU 或 I/O 设备进行数据传输，则必须通过内存实现。在 80386 以上的高档微型计算机中，还配置了高速缓冲存储器，这时内存包括主存和高速缓存两部分；低档微型计算机的主存即为内存。

2）存储器的构成

存储器的存储介质主要采用半导体器件和磁性材料。存储器中最小的存储单位就是一个双稳态半导体电路、一个 CMOS 晶体管或磁性材料的存储元，它可以存储一个二进制代码。若干个存储元组成一个存储单元，一个存储器包含许多存储单元，每个存储单元可存放一字节(按字节编址)。每个存储单元的位置都有一个编号,即地址,一般用十六进制数表示。一个存储器中所有存储单元可存放的数据的总和称为存储容量。假设一个存储器的地址码由20位二进制数(即5位十六进制数)组成,存储容量可表示为2^{20},即1MB个存储单元地址,每个存储单元存放一字节,则该存储器的存储容量为1MB。

根据存储器在计算机系统中所起的作用,可将其分为主存储器、辅助存储器、高速缓冲存储器、控制存储器等。为了满足现实情况中存储器容量大、速度快、成本低的要求,计算机通常采用多级存储器体系结构,即使用高速缓冲存储器、主存储器和外存储器,如图3-7所示。

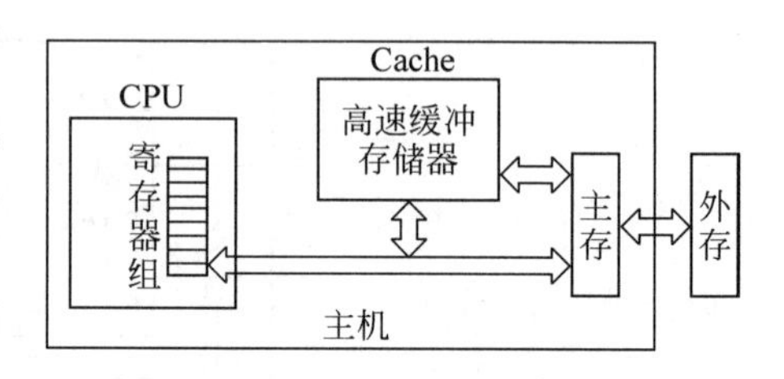

图3-7　多级存储器体系结构

(1) 高速缓冲存储器:用于高速存取指令和数据,存取速度快,但价格较高,存储容量小。

(2) 主存储器:用于内存,存放计算机运行期间操作产生的大量程序和数据,存取速度较快,存储容量不大。

(3) 外存储器:用于外存,存放系统程序、大型数据文件及数据库,存储容量大,成本低。

3) 存储器的用途

存储器的主要功能是存储程序和各种数据,并能在计算机运行过程中高速、自动地完成程序或数据的存取。存储器是具有"记忆"功能的设备,它采用具有两种稳定状态的物理器件来存储信息,这些器件也称为记忆元件。由于在计算机中采用的是由两个数字0和1组成的二进制数,所以记忆元件的两种稳定状态分别表示为0和1。因此,日常使用的十进制数必须转换成二进制数才能存入存储器,计算机中处理的各种字符,例如英文字母、运算符号等,也要转换成二进制代码才能进行存储和操作。

4) 常用存储器

(1) 硬盘。计算机主要的存储器之一,由一个或多个铝制(或者玻璃制)的碟片组成,这些碟片外覆盖铁磁性材料。绝大多数硬盘都是固定硬盘,被永久性地密封并固定在硬盘驱动器中。硬盘的物理结构包括磁头、磁道、扇区和柱面。磁头是读写合一、电磁感应式的。当磁盘旋转时,磁头若保持在一个位置上,则每个磁头都会在磁盘表面划出一道圆形轨迹，这些圆形轨迹称为磁道。磁盘上的每个磁道被等分为若干个弧段，这些弧段便是磁盘的扇区，每个扇区可以存放512B的信息，磁盘驱动器在从磁盘读取或向磁盘写入数据时，要以扇区为单位。硬盘通常由重叠的一组盘片构成，每个盘面都被划分为数目相等的磁道，并从外缘由0开始编号，具有相同编号的磁道形成一个圆柱，称为磁盘的柱面。

(2) 光盘。它以光信息作为存储载体，用来存储数据，采用聚焦的氢离子激光束处理记录介质的方法来存储和再生信息。激光光盘分为不可擦写光盘(如CD-ROM、DVD-ROM等)和可擦写光盘(如CD-RW、DVD-RAM等)。高密度光盘是近代发展起来的不同于磁性载体的光学存储介质。常见的CD光盘非常薄，只有1.2mm厚，分为5层，包括基板、记录层、反射层、保护层和印刷层等。

(3) U盘。它的全称为“USB闪存盘”，英文名为“USB flash disk”，它是一种拥有USB接口的、无需物理驱动器的微型高容量移动存储产品，可以通过USB接口与计算机连接，实现即插即用。U盘的优点是体积小巧、便于携带、存储容量大、性能可靠、价格便宜。U盘体积很小，一般仅为大拇指般大小，重量极轻，一般为15g左右，特别适合随身携带。U盘容量有128MB、256MB、512MB、1GB、2GB、4GB、8GB、16GB、32GB及64GB等，价格多为几十元。U盘中无任何机械式装置，抗震性能极强。另外，U盘还具有防潮防磁、耐高低温等特性，安全性、可靠性都很高。

(4) ROM。只读内存(Read-Only Memory)是一种只能读出事先所存数据的固态半导体存储器。其特性是一旦存储了内容就无法再被改变或删除，并且内容不会因为电源关闭而消失。因此，ROM通常用在不需要经常变更内容的电子或计算机系统中。

(5) RAM。随机存取存储器(Random Access Memory)是一种存储单元的内容可按需随意取出或存入，且存取的速度与存储单元的位置无关的存储器。这种存储器在断电时会丢失存储内容，故主要用于存储短时间内在线使用的程序。按照存储信息的不同，随机存取存储器又可分为静态随机存储器(Static RAM，SRAM)和动态随机存储器(Dynamic RAM，DRAM)。

4. 输入/输出系统

1) 控制方式

(1) 程序查询方式。这种方式是指在程序的控制下实现CPU与外设之间交换数据的方式。CPU 通过 I/O 指令询问指定外设当前的状态，如果外设准备就绪，则进行数据的输入或输出，否则 CPU 等待，查询循环。这种控制方式简单，但外设和主机不能同时工作，各外设之间也不能同时工作，系统效率很低，因此，仅适用于外设数量不多，对 I/O 处理实时要求不高和 CPU 操作任务比较单一的情况。这种方式的优点是硬件结构简单，只需要少量的硬件电路即可实现，缺点是由于 CPU 的速度远远高于外设，所以它通常处于等待状态，工作效率很低。

（2）中断方式。中断方式是指主机在执行程序的过程中遇到突发事件而中断程序的正常执行，转去处理突发事情，待处理完成后返回原程序继续执行的方式。中断过程包括中断请求、中断响应、中断处理和中断返回。计算机中有多个中断源，有可能在同一时刻有多个中断源向 CPU 发出中断请求，这种情况下 CPU 将按中断源的中断优先级顺序进行中断响应。中断处理方式的优点是显而易见的，它不但为 CPU 省去了查询外设状态和等待外设就绪所花费的时间，提高了 CPU 的工作效率，还满足了外设的实时性要求，缺点是它对系统的性能要求较高。

（3）直接存储器访问（Direct Memory Access，DMA）方式。DMA 方式是指高速外设与内存之间直接进行数据交换，不通过 CPU 且 CPU 不参加数据交换的控制方式。外设发出 DMA 请求，CPU 响应 DMA 请求并把总线让给 DMA 控制器，在 DMA 控制器的控制下通过总线实现外设与内存之间的数据交换，整个工作过程如图 3-8 所示。DMA 最明显的一个特点是，它不是用软件而是采用一个专门的控制器来控制内存与外设之间的数据交流，无需 CPU 介入，大大提高了 CPU 的工作效率。

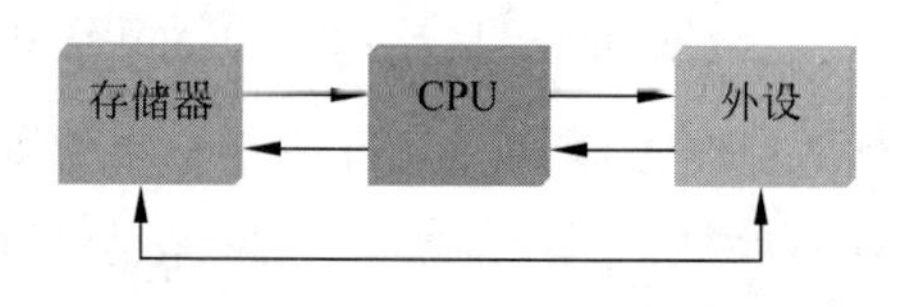

图 3-8　直接存储器访问方式工作过程

2）输入/输出设备

（1）输入设备。常用的输入设备有键盘、鼠标、扫描仪等。键盘按键数划分，可分为 83 键盘、101 键盘、104 键盘、107 键盘等；按形式划分，可分为有线键盘、无线键盘、带托键盘和 USB 键盘等。鼠标按照工作原理划分，可分为机械式鼠标和光电式鼠标两类；按形式划分，可分为有线鼠标和无线鼠标。扫描仪通过光源照射到被扫描的材料上来获得图像，常用的有台式、手持式和滚筒式 3 种扫描仪；分辨率是扫描仪的重要特征，常见的扫描仪分辨率有 300dpi×600dpi、600dpi×1200dpi 等。

（2）输出设备。常用的输出设备有显示器、打印机等。显示器按使用的器件分类，可分为阴极射线管（CRT）显示器、液晶显示器（LCD）和等离子显示器；按显示颜色划分，可分为彩色显示器和单色显示器；显示器的主要性能指标有像素、分辨率、屏幕尺寸、点间距、灰度级、对比度、帧频、行频和扫描方式。打印机可以分为针式打印机、喷墨打印机、激光打印机、热敏打印机等。

（3）其他输入/输出设备。例如，数码相机（DC）、数码摄像机（DV）、手写笔等也为输入设备，投影机、绘图仪等也为输出设备。

3）I/O 接口

（1）接口的功能是使主机和外设之间能够按照各自的形式传输信息，如图 3-9 所示。

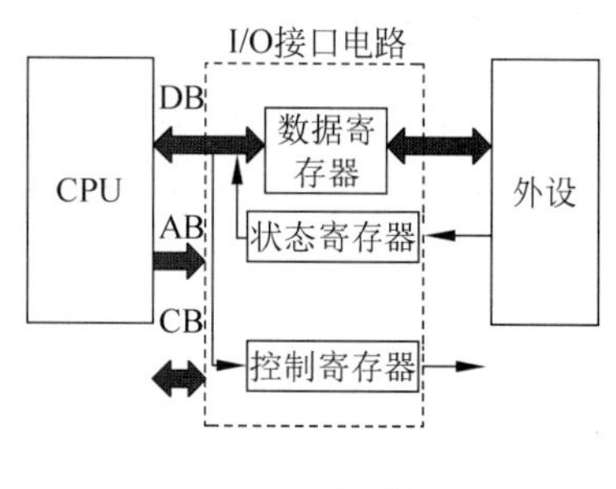

图 3-9　I/O 接口

（2）几种常用接口如下。①显示卡：主机与显示器之间的接口；②硬盘接口：包括 IDE 接口、EIDE 接口、ULTRA 接口和 SCSI 接口等；③串行接口：COM 端口，也称串行通信接口；④并行接口：是一种打印机并行接口标准。

3.2　硬件计算设备

3.2.1　超级计算机

1. 定义

超级计算机（Super Computer）是指计算机中功能非常强，运算速度非常快，存储容量非常大的一类计算机。超级计算机通常是由数十万、数百万甚至更多处理器（机）组成的，能计算普通 PC 和服务器不能完成的大型、复杂的问题。

2. 发展历史

（1）第一阶段。有 ASC（1972 年）、美国 ILLIAC-Ⅳ（1973 年）和 STAR-100（1974 年）等超级计算机。其中，ILLIAC-Ⅳ机是一台采用 64 个处理单元在统一控制下进行数据处理的阵列机，另外两台都是采用向量流水处理数据的向量计算机。

(2) 第二阶段。1976年研制成功的CRAY-1机标志着现代超级计算机进入第二阶段。这台计算机设有向量、标量、地址等通用寄存器,有12个运算流水部件,指令控制和数据存取也都流水线化。主频达80MHz,每秒可获得8000万个浮点结果,主存储器容量为100~400万字(每字64位),外存储器容量达109~1011字,主机柜呈圆柱形,功耗达数百千瓦,采用氟里利冷却。

(3) 第三阶段。20世纪80年代以来,采用多处理机(多指令流、多数据流MIMD)结构、多向量阵列结构等技术的更高性能超级计算机相继问世。例如,美国的CRAY-XMP、CDCCYBER205,日本的S810/10和20、VP/100和200、S×1和S×2等,均采用超高速门阵列芯片烧结到多层陶瓷片上的微组装工艺,主频高达50~160MHz,最高速度有的可达每秒5亿~10亿个浮点结果,主存储器容量为400~3200万字,外存储器容量达1012字以上。

3. 超级计算机技术

新一代的超级计算机采用涡轮式设计,每个刀片就是一台服务器,它们能实现协同工作,并可根据应用需要随时增减刀片。单个机柜的运算能力可达460.8千亿次/秒,理论上协作式高性能超级计算机的浮点运算速度为100万亿次/秒,实际高性能运算速度测试的效率高达84.35%。依托先进的架构和设计,超级计算机可实现存储和运算的分离,确保了用户数据、资料在软件系统更新或CPU升级时不受任何影响,保障了存储信息的安全,真正体现了保持长时、高效、可靠的运算并易于升级和维护的优势。

2010年,世界最快的超级计算机是我国国家超级计算天津中心的"天河-1A",运算速度为2.507千万亿次/秒。2011年,由日本政府出资、富士通制造的巨型计算机K Computer成为了运算速度排行榜第一,其运算速度为8千万亿次/秒,而到2012年完全建成时,其运算速度达到了1万万亿次/秒。

4. 未来之争

继我国首台千万亿次超级计算机"天河一号"于2010年荣登世界运转速度最快的计算机宝座后,在2014年11月17日公布的全球超级计算机500强榜单中,我国"天河二号"以比第二名美国"泰坦"快近一倍的速度连续第四次获得冠军。2016年6月20日,使用中国自主芯片制造的"神威·太湖之光"取代"天河二号"登上榜首。

2017 年 11 月，全球超级计算机 500 强榜单中“神威·太湖之光”依然排名第一。2019 年 2 月 12 日，美国“Summit”获得排名第一，中美交错领先的态势形成。自此，中国、美国和日本间的“超级计算机之争”已经全面展开。

3.2.2 小型机与工作站

1. 小型机

计算机发展到第三代，开始出现了小型化倾向。1960 年，美国数据设备公司(DEC)生产了第一台速度为 3000 次/秒的小型集成电路计算机。

小型机是指一种采用 8～32 枚处理器，性能和价格介于 PC 服务器和大型主机之间的高性能 64 位计算机，如图 3-10 所示。在国外，小型机被称为 Minicomputer 和 Midrange Computer，其中，Midrange Computer 是相对于大型主机和微型计算机而言的。

图 3-10 小型机

高端小型机的配置包括基于 RISC 的多处理器体系结构，兆数量级字节高速缓存，几千兆字节 RAM，使用 I/O 处理器的专门 I/O 通道上的数百级字节的磁盘存储器，专设管理处理器。它们体积较小且是气冷的，因此对用户现场没有特别的冷却管道要求。

小型机跟普通的服务器是有很大差异的，最重要的一点就是小型机具有高 RAS 特性，即高可靠性(Reliability)、高可用性(Availability)、高服务性(Serviceability)。

2. 工作站

工作站(Workstation)是一种以个人计算机和分布式网络计算为基础，主要面向专业应用领域，具备强大的数据运算与图形、图像处理能力，为满足工程设计、动画制作、科学研究、软件开发、金融管理、信息服务及模拟仿真等专业领域而设计开发的高性能计算机。工作站是一种高档的微型计算机，通常配有高分辨率的大屏幕显示器及容量相当大的内存和外存，并且具有较强的信息处理能力和高性能的图形、图像处理功能及联网功能，如图 3-11 所示。

图 3-11 工作站

工作站是 20 世纪 80 年代迅速发展起来的一种计算机系统，介于高档个人计算机与小型机之间。工作站是由计算机和相应的外设及成套应用软件包所组成的信息处理系统，能够完成用户交给的特定任务，是推动计算机广泛应用的有效方式。工作站应具备强大的数据处理能力，拥有直观且便于人机交换信息的用户接口，可以与计算机网相连，在更大的范围内互通信息、共享资源。工作站可以在编程、计算、文件书写、存档、通信等各方面给专业工作者以综合的帮助。常见的工作站有计算机辅助设计(CAD)工作站(或称工程工作站)、办公自动化(OA)工作站、图像处理工作站等，实现不同任务的工作站有不同的硬件和软件配置，具体要求如下。

(1) CAD 工作站的典型硬件配置包括小型计算机(或高档的微型计算机)、带有功能键的 CRT 终端、光笔、平面绘图仪、数字化仪及打印机等。软件配置包括操作系统，编译程序，相应的数据库和数据库管理系统，二维和三维的绘图软件及成套的计算、分析软件包。CAD 工作站可以完成用户提交的各种有关机械、电气的设计任务。

(2) OA 工作站的主要硬件配置包括微型计算机、办公用终端设备(如电传打字机、交互式终端、传真机、激光打印机及智能复印机等)、通信设施(如局部区域网、程控交换机、公用数据网、综合业务数字网等)。软件配置包括操作系统、编译程序、各种服务程序、通信软件、数据库管理系统、电子邮件工具、文本处理软件、表格处理软件、各种编辑软件、用于处理专门业务活动的软件包(如人事管理、财务管理、行政事务管理等软件)和相应的数据库。OA 工作站的任务是完成各种办公信息的处理。

(3) 图像处理工作站的主要硬件配置包括计算机、图像数字化设备(包括电子、光学或机电的扫描设备及数字化仪)、图像输出设备、交互式图像终端。软件配置除了一般的系统软件外,还要有成套的图像处理软件包。图像处理工作站可以完成用户提交的各种图像处理任务。

3.2.3 桌上型计算机与笔记本电脑

个人计算机(Personal Computer,PC)也称为个人电脑。从狭义上来说,个人计算机指 IBM PC/AT 相容机种,此架构中的中央处理器采用英特尔或 AMD 等厂商所生产的 CPU。个人计算机可分为桌上型计算机与笔记本电脑。

桌上型计算机也称台式机,相对于笔记本电脑和上网本,其体积较大,它的主机、显示器等设备都是相对独立的,一般需要放在计算机桌上或专用的工作台上,如图 3-12(a)所示。

笔记本电脑(NoteBook Computer,NB)又称手提计算机或膝上型计算机,是一种小型、便于携带的个人计算机,其发展趋势是体积越来越小,重量越来越轻,而功能越来越强大。例如 Netbook,俗称上网本,它跟个人计算机的主要区别在于方便携带,如图 3-12(b)所示。

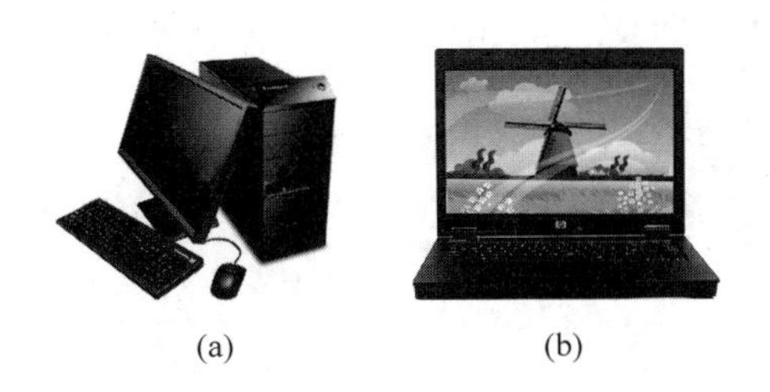

(a) (b)

图 3-12 台式计算机和笔记本电脑

个人计算机的发展历史如下。

1962 年 11 月 3 日,《纽约时报》在相关报道中首次使用“个人计算机”一词。

1968 年,惠普公司在广告中将其产品 Hewlett-Packard 9100A 命名为“个人计算机”。

世界公认的第一台个人计算机为 1971 年 Kenbak Corporation 推出的 Kenbak-1。Kenbak-1 当时售价 750 美元,1971 年在《科学美国人》杂志上做广告销售。

1973 年,法国工程师夫朗索瓦 · 热尔内尔(Francois Gernelle)和安德烈 · 特鲁昂

(André Truong)所发明的 Micral 为第一款使用 Intel 微处理器的商用个人计算机。

1985 年,日本东芝公司采用 x86 架构,开发出世界第一台真正意义的笔记本电脑。

3.2.4 平板电脑与掌上电脑

1. 平板电脑

第一台商用平板电脑(Tablet Personal Computer)是 1989 年 9 月上市的 GRiD Systems 制造的 GRiDPad,它的操作系统基于 MS-DOS。

平板电脑是一种小型、便携的个人计算机,以触摸屏作为基本的输入设备。触摸屏(也称为数位板)允许用户通过触控笔或数字笔来进行作业,用户也可以通过内置的手写识别、屏幕上的软键盘、语音识别或一个真正的键盘(如果该机型配备的话)来实现输入操作。平板电脑的概念由比尔·盖茨提出,它至少应该是 x86 架构从微软提出的概念上看,平板电脑就是一款无须翻盖、没有键盘、小到足以放入女士手袋但功能完整的个人计算机,如图 3-13 所示。

图 3-13 平板电脑

大多数平板电脑使用的是 Wacom 数位板,这种数位板能够快速地将触控笔的位置告诉计算机。使用这种数位板的平板电脑会在其屏幕表面产生一种微弱的磁场,该磁场只能和触控笔内的装置发生作用,所以用户可以放心地将手放到屏幕上,而不影响到屏幕。

平板电脑的主要特点是显示屏可以随意旋转,显示屏一般小于 10.4 英寸,并且都是带有触摸识别功能的液晶屏,用电磁感应笔或手写可以实现输入。平板电脑集移动商务、移动通信和移动娱乐功能于一体,具有手写识别和无线网络通信功能,被称为“笔记本电脑的终结者”。

平板电脑按设计结构大致可分为两种类型,即集成键盘的“可变式平板电脑”和可外接键盘的“纯平板电脑”。平板电脑本身内置了一些应用软件,用户只要用手在屏幕上书写绘制,即可将文字或手绘图形输入计算机。

2. 掌上电脑

1992 年,美国一家计算机公司推出一种袖珍计算机,其大小与一本能装在口袋里的日历簿差不多。它只需要使用 4 个 AA 型电池便能够连续工作 8 小时。同其他计算机一样,它可同国际商用机器公司的 PC/XT 兼容,且带有一个小键盘。

掌上电脑(Personal Digital Assistant,PDA)又称为个人数字助理,主要提供记事、通讯录、名片交换及行程安排等功能,如图 3-14 所示。它同样有 CPU、存储器、显示芯片及操作系统等,其中,操作系统包括 Linux OS、Palm OS、Windows Mobile 操作系统(Pocket PC)。

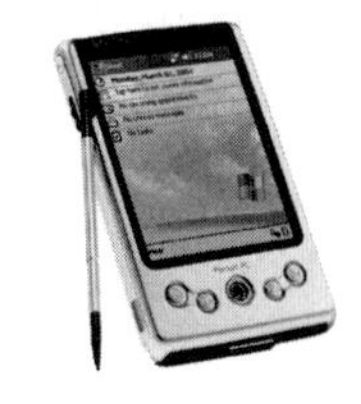

图 3-14 掌上电脑

掌上电脑的主要功能包括录音机功能、英汉和汉英词典功能、全球时钟对照功能、提醒功能、休闲娱乐功能和传真功能。

3.2.5 计算机化手机

iPhone 是 2007 年由苹果公司(Apple, Inc.)推出的,将移动电话、可触摸宽屏 iPod 及具有桌面级电子邮件、网页浏览搜索和地图功能合而为一的 Internet 通信设备,是集合了照相手机、个人数字助理、媒体播放器及无线通信设备功能的掌上设备。iPhone 引入了基于大型多触点显示屏和领先型软件的全新用户界面,让用户用手指即可控制 iPhone。iPhone 还开创了移动设备软件尖端功能的新纪元,重新定义了移动电话的功能。

2011 年 6 月 21 日,诺基亚发布全球首款 MeeGo 移动智能终端 NOKIA 手机 N9,它代表了智能手机的发展趋势。从诺基亚 N9、摩托罗拉 ME860,到 HTC 的 Sensation、三星 Galaxy S II,再到苹果 iPhone 4 等知名品牌的智能手机新品来看,高速处理器、大内存、大硬盘和智能操作系统是它们的共同点,其中一些产品还安装了独立的图像处理器,NOKIA N9 和苹果 iPhone 4 如图 3-15 所示。除了硬盘和屏幕以外,这些手机几乎已经赶上,甚至超过一些计算机产品了。如果说苹果公司重新定义了手机,点燃了手机计算机化的“星星之火”,那么谷歌公司安卓操作系统的走俏,则让这一趋势在全球范围内“燎原”。2010 年第四季度,全球智能手机出货量首次超过了计算机。

从只能打电话、发短信的黑白屏手机，再到彩屏手机、照相手机、音乐手机以及现在的智能上网手机，短短数十年时间里，手机实现了好几代升级，功能日益强大。原来需要通过计算机来完成的网络应用，现在用一部手机就能解决。手机计算机化包括手机屏幕、键盘、软件和应用的计算机化，例如，很多计算机上的通信、娱乐、办公应用功能已顺利地转移到手机上。截至2018年底，尽管手机厂家宣称其产品仍在不断升级，但其基本功能却没有太大变化，因此，很多人已不再追风。百姓正等待着划时代产品的出现。

图 3-15 NOKIA N9 和 iPhone 4

3.3 检测系统

3.3.1 检测系统概述

1. 检测技术

检测技术就是利用各种物理、化学效应，选择合适的方法和装置，将生产、科研、生活中的有关信息通过检查与测量的方法赋予定性或定量结果。能够自动地完成整个检测处理过程的技术称为自动检测与转换技术。

检测技术与自动化装置是一种将自动化、电子、计算机、控制工程、信息处理及机械等多种学科和多种技术融合为一体并综合运用的复合技术，该技术广泛应用于交通、电力、冶金、化工、建材等各领域自动化装备及生产自动化过程中。

检测技术以自动化、电子、计算机、控制工程、信息处理及机械等为研究对象，以现代控制理论、传感技术与应用、计算机控制等为技术基础，以检测系统设计、人工智能、工业计算机集散控制系统等技术为专业基础，众多学科相互渗透，从事以检测技术与自动化装置研究领域为主体的，与控制、信息科学、机械等领域相关的理论和技术方面的研究。

2. 检测系统

检测系统是指传感器与测量仪表、变换装置等的有机组合，是传感技术发展到一定阶段的产物。

在实际工程中，需要将传感器与多台测量仪表有机地组合起来，构成一个整体，才能完成信号的检测，这样便形成了检测系统。随着计算机技术及信息处理技术的不断发展，检测系统所涉及的内容也不断充实。在现代化的生产过程中，过程参数的检测都是自动进行的，即检测任务是由检测系统自动完成的，因此研究和掌握检测系统的构成及原理是十分必要的。

检测系统中的传感器是用来感受被测量属性的大小并输出相对应可用输出信号的器件或装置。当检测系统的几个功能环节独立分隔开的时候，必须由一个地方向另一个地方传输数据，数据传输环节就是来完成这种传输功能的。

数据处理环节是将传感器的输出信号进行处理和变换。例如对信号进行放大、运算、滤波、线性化、数/模(D/A)或模/数(A/D)转换，转换成另一种参数信号或某种标准化的统一信号等，使其输出信号便于显示、记录，也可以与计算机系统连接，以便对测量信号进行处理或用于系统的自动控制。

数据显示环节将被测量信息变成感官能接受的形式，以达到监视、控制或分析的目的。测量结果可以采用模拟显示，也可以采用数字显示，并可以由记录装置进行自动记录或由打印机将数据打印出来。

测量的目的是获取被测量属性的真实值，但在实际测量过程中，由于种种原因，例如传感器本身性能不理想，测量方法不完善，受外界干扰影响及人为的疏忽等，都会造成被测参数的测量值与真实值不一致，两者不一致的程度用测量误差表示。随着科学技术的发展，人们对测量精度的要求越来越高，可以说测量工作的价值就取决于测量的精度。当测量误差超过一定限度时，测量工作和测量结果就失去了意义，甚至会给工作带来危害。因此，对测量误差的分析和控制就成为衡量测量技术水平乃至科学技术水平的一个重要方面。由于误差存在的必然性和普遍性，人们只能将误差控制在尽可能小的范围内，而不能完全消除它。

3.3.2 传感器

1. 传感器概述

传感器(Transducer/Sensor)是一种物理装置或生物器官,能够探测、感受外界的信号、物理条件(如光、热、湿度)或化学组成(如烟雾),并将探知的信息传递给其他装置或器官。

国家标准GB/T 7665—2005中对传感器的定义是"能感受被测量并按照一定的规律转换成可用输出信号的器件或装置,通常由敏感元件和转换元件组成"。传感器是一种检测装置,能感受到被测量的信息,并能将检测到的信息按一定规律转换成电信号或其他所需形式的输出信息,以满足信息的传输、处理、存储、显示、记录和控制等要求。它是实现自动检测和自动控制的首要环节。

传感器在新韦式大词典中被定义为从一个系统接收功率,通常以另一种形式将功率送到第二个系统中的器件。根据这个定义,传感器的作用是将一种能量转换成另一种能量形式,所以不少学者也用"换能器"(Transducer)来称谓"传感器"(Sensor)。

2. 各种传感器

电阻式传感器是一种把位移、力、压力、加速度、扭矩等非电物理量转换为电阻值变化的传感器。电容式传感器是一种把被测的机械量(如位移、压力等)转换为电容量变化的传感器。电感式传感器是利用电磁感应把被测的物理量(如位移、压力、流量、振动等)转换成线圈的自感系数和互感系数的变化,再由电路转换为电压或电流的变化量输出,实现非电量到电量的转换。压电效应传感器是一种自发电式和机电转换式传感器。光电传感器是采用光电元件作为检测元件的传感器。热电式传感器是将温度变化转换为电量变化的装置。气敏传感器是一种检测特定气体的传感器。湿敏传感器是由湿敏元件和转换电路等组成,将环境湿度转换为电信号的一种装置。数字式传感器是把被测参量转换成数字量输出的传感器。生物传感器是对生物物质敏感并将其浓度转换为电信号进行检测的仪器。微波传感器是利用微波特性来检测一些物理量的器件。超声波传感器是利用超声波的特性研制而成的传感器。

3.3.3 自动化仪表

1. 定义

自动化仪表是指由若干自动化元件构成，具有较完善功能的自动化工具。它一般同时具有数种功能，如测量、显示、记录或测量、控制、报警等。它本身是一个系统，又是整个自动化系统的一个子系统。

自动化仪表是一种信息机器，其主要功能是实现信息形式的转换，将输入信号转换成输出信号。信号可以按时间域或频率域表达，信号的传输则可调制成连续的模拟量或断续的数字量形式。几种常见的自动化仪表如图 3-16 所示。

图 3-16 各种自动化仪表

2. 分类

自动化仪表的分类方法有很多，可以根据不同原则进行相应分类。按仪表所使用的能源不同，自动化仪表可以分为气动仪表、电动仪表和液动仪表（很少见）；按仪表组合形式不同，自动化仪表可以分为基地式仪表、单元组合仪表和综合控制装置；按仪表安装形式不同，自动化仪表可以分为现场仪表、盘装仪表和架装仪表；按仪表是否引入微处理机（器），自动化仪表可分为智能仪表和非智能仪表；按仪表信号的形式不同，自动化仪表可分为模拟仪表和数字仪表。

3. 发展历史

仪器仪表的发展历史悠久。据《韩非子·有度》记载，我国在战国时期已有了利用天然磁铁制成的指南仪器，称为司南。古代仪器在很长一段历史时期内，多属于用以定向、计时或供度量衡用的简单仪器。

17 世纪～18 世纪，欧洲的一批物理学家开始利用电流与磁场作用力原理制成简单的检流计，利用光学透镜制成望远镜，奠定了电学和光学仪器的发展基础。其他用于测量和观察的各种仪器也随之逐渐得到了发展。

19 世纪～20 世纪，工业革命和现代化的大规模生产促进了新学科和新技术的发展，后来又出现了电子计算机和空间技术等，因而仪器、仪表也得到迅速发展。现代仪器、仪表已成为测量、控制和实现自动化不可或缺的技术工具。

4. 发展趋势

自动化技术的发展趋势是系统化、柔性化、集成化和智能化。自动化技术不断发展的同时提高了光电子、自动化控制系统、传统制造等行业的技术水平和市场竞争力。它与光电子、计算机、信息技术的融合和创新，不断创造和形成新的行业经济增长点，同时不断提供新的行业发展管理战略。

具体来说，数控技术趋于模块化、网络化、多媒体化和智能化，如 CAD/CAM 系统面向产品的整个生命周期，自动控制系统可以实现产品质量的在线监测与控制，设备运行状态的动态监测/诊断和事故处理，生产状态的监控和设备之间的协调控制与连锁保护及厂级管理决策与控制等。系统网络普遍以通用计算机网络为基础，自动化控制产品正向着成套化、系列化、多品种的方向发展，集自动控制技术、数据通信技术、图像显示技术为一体的综合性系统装置已成为国外工业过程控制的主导产品，现场总线成了自动化控制技术发展的第一热点，可编程控制器(PLC)与工业控制系统(DCS)的实现功能越来越接近，价格也逐步接近，国外自动控制与仪器、仪表领域的前沿厂商已推出了类似PCS(Process Control System，过程控制系统)的产品。

自动化仪表发展趋势是以实现过程工艺参数的稳定运行发展为目标，以最优质量、最优控制为指标，控制方法由模拟的反馈控制发展为数字式的开环预测控制，由传统的手动定值调节器、PID调节器及各种顺序控制装置发展为以微型机构成的数字调节器和自适应调节器。

3.3.4 RFID

1. RFID概述

RFID(Radio Frequency IDentification，无线射频识别)又称电子标签、射频识别，它是一种通信技术，可通过无线电信号来识别特定目标并读写相关数据，而无须在识别系统与特定目标之间建立机械或光学接触。

RFID技术是一种易于操控、简单实用且特别适用于自动化控制的灵活性应用技术。这一工作无需人工干预，既可支持只读工作模式，也可支持读写工作模式，且无须接触或瞄准。RFID可以在各种环境下工作，例如短距离射频产品就具有不怕油渍、灰尘等污染的特点；长距离射频产品则多用于交通，识别距离可达几十米，如自动收费或识别车辆身份等。RFID技术具有条形码所不具备的防水、防磁、耐高温、使用寿命长、读取距离大、数据加密、存储容量大及信息更改自如等优点。

RFID也被称为感应式电子芯片或近接卡、感应卡、非接触卡、电子条码等。RFID技术的应用非常广泛，典型的应用有动物芯片、汽车芯片防盗器、门禁管制、停车场管制、生产线自动化及物料管理等。

2. RFID系统组成

RFID系统主要包括电子标签和阅读器两部分。电子标签是RFID系统的数据载体，由标签天线和标签专用芯片组成。电子标签依据供电方式不同，可以分为有源电子标签(Active Tag)、无源电子标签(Passive Tag)和半无源电子标签(Semi-passive

Tag)，有源电子标签有内装电池，无源电子标签没有内装电池，半无源电子标签部分依靠电池工作；依据频率的不同，可分为低频电子标签、高频电子标签、超高频电子标签和微波电子标签；电子标签依据封装形式的不同，可分为信用卡标签、线形标签、纸状标签、玻璃管标签、圆形标签及特殊用途的异形标签等。RFID阅读器(读写器)通过天线与RFID电子标签进行无线通信，可以实现对标签识别码和内存数据的读出或写入操作。典型的阅读器包括高频模块(发送器和接收器)、控制单元及阅读器天线。

一个典型的RFID系统由无线阅读器、天线、电子标签及计算机系统等部分组成。

(1) 阅读器(Reader)。阅读器是读取(或写入)标签信息的设备，可设计为手持式或固定式，如图3-17所示分别为手持式和固定式阅读器。

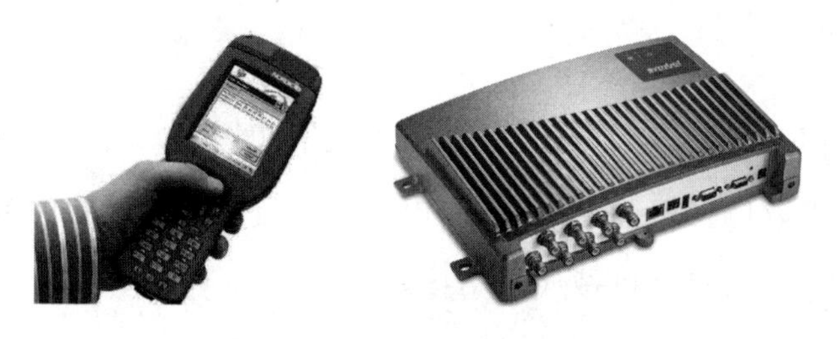

图3-17 RFID阅读器

(2) 天线(Antenna)。天线在标签和阅读器间传递射频信号，如图3-18所示。

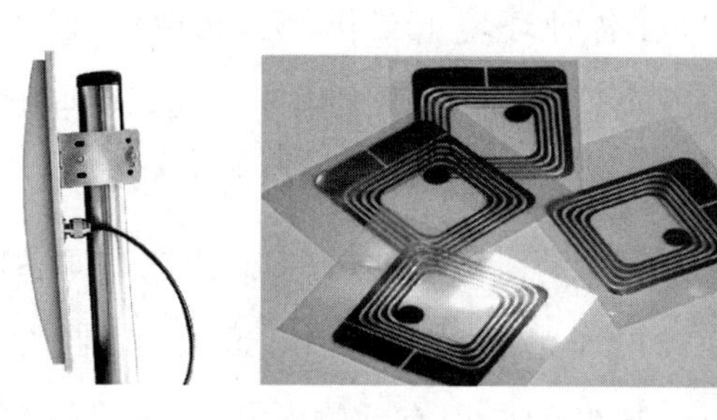

图3-18 天线

(3) 电子标签(Tag)。电子标签由耦合元器件及芯片组成，每个标签具有唯一的电子编码，附着在物体上标识目标对象。每个标签都有一个唯一的ID——UID。UID是在制作芯片时放在ROM中的，无法修改。用户数据区是供用户存放数据的，可以进行读写、覆盖、添加等操作。阅读器对标签的操作有识别(Identify，读取UID)、读取(Read，读取用户数据)和写入(Write，写入用户数据)3类。RFID电子标签如图 3-19 所示。

(4) 计算机系统。计算机系统可以根据逻辑运算判断该标签的合法性,控制过程自动完成,如图 3-20 所示。

图 3-19 RFID 电子标签

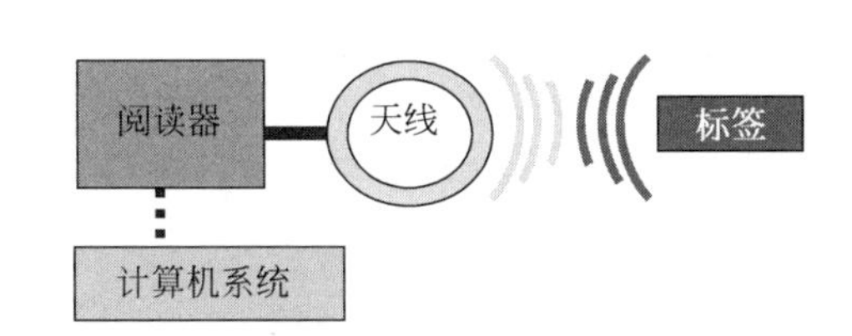

图 3-20 计算机系统

3. 基本工作原理

RFID 技术的工作原理并不复杂,电子标签进入磁场后,接收解读器发出的射频信号,凭借感应电流所获得的能量发送出存储在芯片中的产品信息(即 Passive Tag,无源标签或被动标签),或者主动发送某一频率的信号(即 Active Tag,有源标签或主动标签),解读器读取信息并解码后,送至中央信息系统进行有关数据处理。

以一套完整的 RFID 系统为例,它由阅读器、电子标签、应答器及应用软件系统 4 个部分组成,其工作原理是阅读器发射一特定频率的无线电波能量给应答器,用以驱动应答器电路将内部的数据送出,此时阅读器便依序接收并解读数据,送给应用程序做相应的处理。

RFID 卡片阅读器和电子标签之间的通信及能量感应方式大致可以分成感应耦合(Inductive Coupling)及后向散射耦合(Backscatter Coupling)两种,一般低频的 RFID 系统大多数都采用第一种方式,而较高频的大多数采用第二种方式。

阅读器根据使用的结构和技术不同,可以分为只读或读写装置,它是 RFID 系统的信息控制和处理中心。阅读器通常由耦合模块、收/发模块、控制模块和接口单元组成。阅读器和电子标签之间一般采用半双工通信方式进行信息交换,同时阅读器通过耦合给无源电子标签提供能量和时序。在实际应用中,进一步通过 Ethernet 或 WLAN 等可实现对物体识别信息的采集、处理及远程传送等管理功能。

思考题

1. 简述图灵模型的结构。
2. 简述冯·诺依曼模型的结构。
3. 简述计算机系统的组成。
4. 简述微型计算机的结构。
5. 有几种系统总线？它们的功能是什么？
6. CPU 由几个部分组成？
7. 简述存储器的分类。
8. 什么是超级计算机？
9. 什么是手机计算机化？
10. 什么是检测系统？
11. 什么是传感器？
12. 什么是自动化仪表？
13. 什么是 RFID？

第 4 章

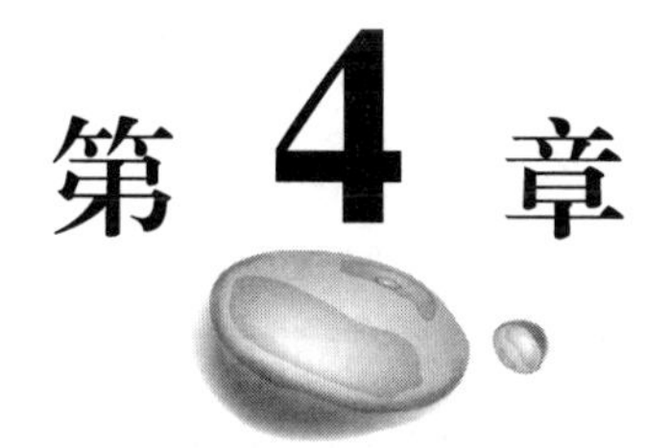

数据通信与计算机网络

4.1　数据通信

4.1.1　通信系统

1. 系统组成

实现信息传递的所需所有技术设备和传输媒质的总和称为通信系统。以最基本的点对点通信为例，通信系统的组成模型如图 4-1 所示。

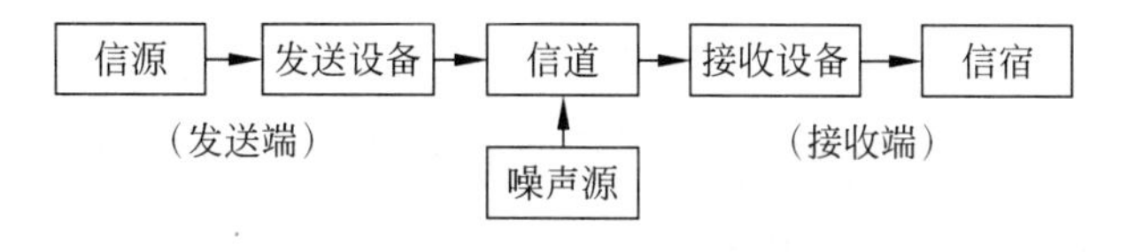

图 4-1　通信系统的一般模型

（1）信源，即信息源，也称发终端，其作用是把待传输的消息转换成原始电信号，如电话系统中的电话机可看成是信源。信源输出的信号称为基带信号，所谓基带信号，是指没有经过调制（进行频谱搬移和变换）的原始电信号，其特点是信号频谱从零频附近开始，具有低通形式。根据原始电信号的特征，基带信号可分为数字基带信号和模拟基带信号，相应地，信源也分为数字信源和模拟信源。

（2）发送设备，其基本功能是将信源和信道匹配起来，即将信源产生的原始电信号变换成适合在信道中传输的信号。变换方式是多种多样的，在需要频谱搬移的场合，调制是最常见的变换方式。如果传输数字信号，发送设备又常常包含信源编码和信道编码等。

（3）信道，指信号传输的通道，可以是有线的，也可以是无线的，甚至还可以是某些设备。如图 4-1 中的噪声源，就是信道中的所有噪声及分散在通信系统中其他各处噪声的集合。

（4）接收设备，其功能与发送设备相反，即进行解调、译码、解码等，任务是从带有干扰的接收信号中恢复出相应的原始电信号。

（5）信宿，也称受信者或收终端，它将复原的原始电信号转换成相应的消息，例如电话机可将对方传来的电信号还原成声音。

2. 系统分类

通信的目的是传递消息，按照不同的分类方法，通信可分成许多类型。下面介绍几种较常用的分类方法。

（1）按传输媒质分。按消息由一地向另一地传递时传输媒质的不同，通信系统可分为两大类：一类称为有线通信系统，另一类称为无线通信系统。所谓有线通信，是指传输媒质为架空明线、电缆、光缆、波导等形式的通信，其特点是媒质能看得见、摸得着；所谓无线通信，是指传输媒质看不见、摸不着（如电磁波）的一种通信形式。通常，有线通信可进一步再分类，如明线通信、电缆通信、光缆通信等；无线通信常见的形式有微波通信、短波通信、移动通信、卫星通信、散射通信和激光通信等，其形式较多。

（2）按信道中所传信号的特征分。按照信道中传输的是模拟信号还是数字信号，可以相应地把通信系统分为模拟通信系统与数字通信系统。

（3）按工作频率分。按通信设备的工作频率不同，通信系统可分为长波通信系统、中波通信系统、短波通信系统、微波通信系统等。

(4) 按调制方式分。根据是否采用调制,可将通信系统分为基带传输和频带(调制)传输。基带传输是将没有经过调制的信号直接传送,如音频市内电话;频带传输是对各种信号调制后再送到信道中传输的方式的总称。

(5) 按业务的不同分。按通信业务分,通信系统可分为话务通信系统和非话务通信系统。电话业务在电信领域中一直占主导地位,它属于人与人之间的通信。近年来,非话务通信发展迅速,它主要包括数据传输、计算机通信、电子信箱、电报、传真、可视图文、会议电视及图像通信等。另外,从广义的角度来看,广播、电视、雷达、导航、遥控及遥测等也应列入通信的范畴,因为它们都满足通信的定义。其中,广播、电视、雷达、导航等已从通信系统中派生出来,形成了独立的学科。

(6) 按通信者是否运动分。通信系统还可按收发信者是否运动分为移动通信系统和固定通信系统。移动通信是指通信双方至少有一方在运动中进行信息交换。固定通信则指通信双方都必须是在固定位置进行信息交换。

3. 通信方式

从不同角度考虑,通信的工作方式通常有以下几种。

(1) 按消息传送的方向与时间分。对于点对点之间的通信,按消息传送的方向与时间分,通信方式可分为单工通信、半双工通信和全双工通信 3 种。所谓单工通信,是指消息只能单方向进行传输的一种通信工作方式。单工通信的例子很多,如广播、遥控、无线寻呼等,这里信号(消息)只从广播发射台、遥控器和无线寻呼中心分别传到收音机、遥控对象上。所谓半双工通信方式,是指通信双方都能收发消息,但不能同时进行收和发的工作方式,对讲机、收发报机等都是这种通信方式。所谓全双工通信,是指通信双方可同时传输消息的双向工作方式,在这种方式下,双方都可同时收发消息。显然,全双工通信的信道必须是双向信道。生活中全双工通信的例子非常多,如固定电话、手机等。

(2) 按数字信号排序方式分。在数字通信系统中,按照数字信号代码排列顺序的方式不同,可将通信方式分为串序传输和并序传输。串序传输是将代表信息的数字信号序列按时间顺序一个接一个地在信道中传输的方式。如果将代表信息的数字信号序列分割成两路或两路以上的数字信号序列同时在信道上传输,则称为并序传输通信方式。

(3) 按通信网络形式分。按通信的网络形式分，通信方式通常可分为两点间直通方式、分支方式和交换方式 3 种。直通方式是通信网络中最简单的一种形式，终端 A 与终端 B 之间是专用线路。在分支方式中，它的每一个终端(A、B、C、……、N)经过同一信道与转接站相互连接，此时，终端之间不能直通信息，必须经过转接站转接，此种方式只在数字通信中出现。交换方式是终端之间通过交换设备灵活地进行线路交换的一种方式，即把要求通信的两终端之间的线路接通(自动接通)，或者通过程序控制实现消息交换，即通过交换设备先把发方传来的消息存储起来，然后再转发至收方的一种方式。

4.1.2 调制解调技术

1. 模拟调制技术

1) 模拟通信系统

信道中传输模拟信号的系统称为模拟通信系统。模拟通信系统可由一般通信系统模型稍加改变而成，将一般通信系统模型中的发送设备和接收设备分别用调制器和解调器代替。

模拟通信系统工作过程中包括两种变换。第一种变换是把连续消息变换成电信号(发端完成)和把电信号恢复成最初的连续消息(收端完成)，由信源输出的电信号(基带信号)具有频率较低的频谱分量，一般不能直接作为传输信号而送到信道中去。第二种变换即将基带信号转换成适合信道传输的信号，这一变换由调制器完成，在收端同样需要经过相反的变换(由解调器完成)。经过调制后的信号通常称为已调信号，已调信号有三个基本特性：一是携带消息；二是适合在信道中传输；三是频谱具有带通形式，且中心频率远离零频，因而已调信号又常称为频带信号。

2) 模拟调制

大多数待传输的信号具有较低的频率成分，它们被称为基带信号。如果直接传输基带信号，则称为基带传输。但是，很多信道不适宜进行基带信号的传输，或者说，如果基带信号在其中传输，会产生很大的衰减和失真，因此，需要将基带信号进行调制，变换为适合信道传输的形式。

调制是让基带信号控制载波的某个参数，使该参数按照信号规律变化的过程。

载波可以是正弦波，也可以是脉冲序列，以正弦信号作为载波的调制称连续波调制。连续波调制又分为幅度调制、频率调制和相位调制。幅度调制是使载波的振幅按照所需传送信号的变化规律而变化，但频率保持不变的调制方法。频率调制和相位调制都是使载波的相位角发生变化，因此两者又统称为角度调制。

调制在通信系统中十分重要，通过调制，可对消息信号的频谱进行搬移，使已调信号适合信道传输的要求，同时也有利于实现信道复用。例如，通过调制可将多路基带信号调制到不同的载频上并行传输，实现信道的频分复用。

3）幅度调制

幅度调制是用调制信号去控制高频载波的振幅，使其按调制信号的规律变化的过程，常分为标准调幅、抑制载波双边带调制、单边带调制和残留边带调制等。

4）角度调制

一个正弦载波有幅度、频率、相位 3 个参量，因此，不仅可以把调制信号的信息寄托在载波的幅度变化中，还可以寄托在载波的频率和相位变化中。这种使高频载波的频率或相位按照调制信号的规律变化而振幅恒定的调制方式，也称为频率调制和相位调制，可分别简称为调频和调相。因为频率或相位的变化都可以看成是载波角度的变化，故调频和调相又统称为角度调制。

2. 数字调制解调技术

信道中传输数字信号的系统称为数字通信系统。数字通信系统可进一步细分为数字频带传输通信系统、数字基带传输通信系统和模拟信号数字化传输通信系统。

图 4-2 所示是点对点的数字通信系统模型。

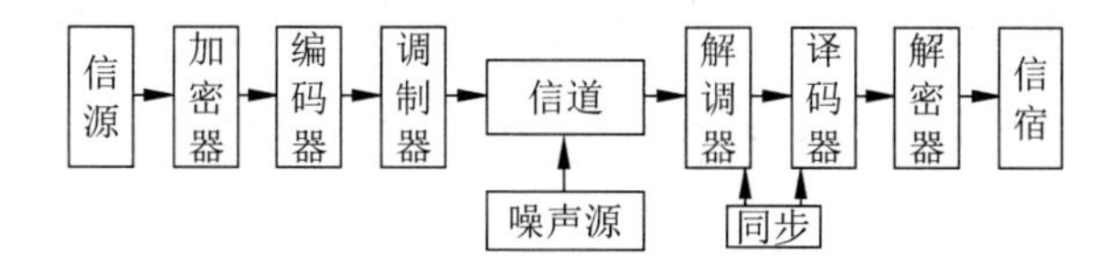

图 4-2 数字频带传输通信系统

图 4-2 中调制器/解调器、加密器/解密器、编码器/译码器等环节，在具体的通信系统中是否全部采用，取决于具体的设计条件和要求。但在一个系统中，如果发端有调制/加密/编码环节，则收端必须有解调/解密/译码环节。通常有调制器/解调器的数字通信系统称为数字频带传输通信系统。

数字振幅调制、数字频率调制和数字相位调制这3种基本的数字调制方式都存在不足之处，如频谱利用率低、抗多径抗衰落能力差、功率谱衰减慢、外辐射严重等。

为了克服这3种基本数字调制方式的不足，近几十年来，人们不断地提出一些新的数字调制解调技术，以适应各种通信系统的要求。例如，在恒参信道中，正交振幅调制（QAM）和正交频分复用（OFDM）方式都具有高的频谱利用率，正交振幅调制在卫星通信和有线电视网络高速数据传输等领域得到了广泛应用，而正交频分复用在非对称数字环路ADSL和高清晰度电视HDTV的地面广播系统等得到了成功应用；高斯最小移频键控GMSK具有抗多径抗衰落性能较强、带外功率辐射小等特点，前者用于泛欧数字蜂窝移动通信系统（GSM），后者用于北美和日本的数字蜂窝移动通信系统。

1）QAM

QAM是一种用两个独立的基带数字信号对两个相互正交的同频载波进行抑制载波的双边带调制，它利用这种已调信号在同一带宽内频谱正交的性质来实现并行两路传输数字信息。

2）OFDM

OFDM是一种多载波调制，它将要传送的数字信号分解成多个低速比特流，再用这些比特流去分别调制多个正交的载波。

3）最小频移键控（MSK）

由于相位不连续、频偏较大等原因，一般的频移键控信号频谱利用率较低。最小频移键控（Minimum Frequency Shift Keying，MSK）也称为快速频移键控，是连续相位二进制频移键控（FSK）的一种特殊形式。所谓“最小”，是指这种调制方式能以最小的调制指数（0.5）获得正交信号，而“快速”是指在给定的同样的频带内，MSK比二进制相移键控（2PSK）的数据传输速率更高，且在带外的频谱分量要比2PSK衰减更快。

4）GMSK

MSK调制方式的优点是已调信号具有恒定包络，且功率谱在主瓣以外衰减较快。但是在移动通信中，对信号带外辐射功率的限制十分严格，一般要求必须衰减70dB以上，从MSK信号的功率谱可以看出，MSK信号仍不能满足这样的要求。GMSK是针对这个要求提出来的，该方式使用高斯预调制滤波器进一步减小调制频谱，可以降低频率转换速度。

4.1.3 数据传输技术

1. 数字基带传输

来自数据终端的原始数据信号，如计算机输出的二进制序列、电传机输出的代码，或者来自模拟信号经数字化处理后的PCM码组、ΔM序列等，都是数字信号。这些信号往往包含丰富的低频分量，甚至有直流分量，因而称为数字基带信号。在某些具有低通特性的有线信道中，特别是传输距离不太远的情况下，数字基带信号可以直接传输，称为数字基带传输。与频带传输系统相对应，没有调制器/解调器环节的数字通信系统称为数字基带传输通信系统，如图4-3所示。基带信号形成器一般包括编码器、加密器及波形变换等，接收滤波器一般包括译码器、解密器等。

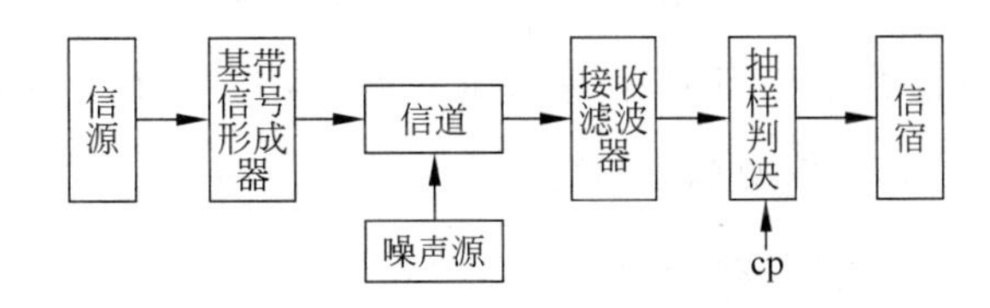

图4-3 数字基带传输通信系统模型

数字基带传输通信系统的结构如图4-4所示，它主要由编码器、信道发送滤波器、信道、接收滤波器、抽样判决器和解码器组成。此外，为了保证系统能够可靠有序地工作，还应有同步系统。

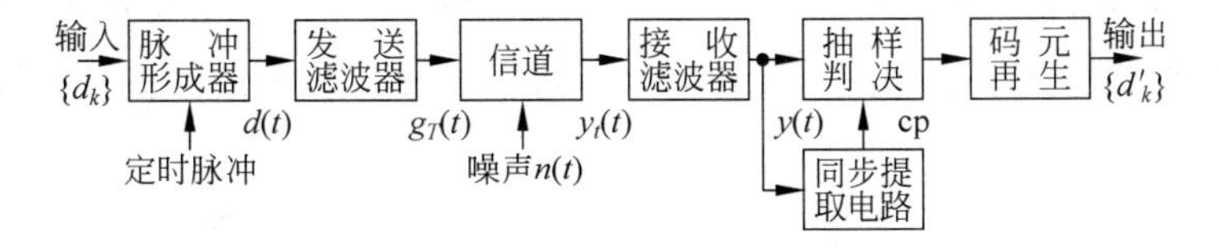

图4-4 数字基带传输通信系统结构

2. 模拟信号的数字传输

在日常生活中，大部分信号(如语音信号)为连续变化的模拟信号，要实现模拟信号在数字系统中传输，则必须在发端将模拟信号数字化，即进行A/D转换，最后在接收端进行相反的转换，即D/A转换。实现模拟信号数字化传输的通信系统模型如图4-5所示。

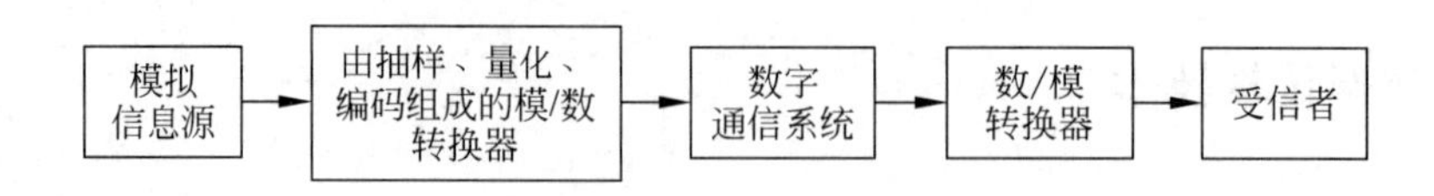

图 4-5　模拟信号数字化传输通信系统模型

尽管数字通信系统有许多优点,但许多信源输出的都是模拟信号。若要利用数字通信系统传输模拟信号,一般需 3 个步骤:①把模拟信号数字化,即模数转换(A/D),将原始的模拟信号转换为时间离散和值离散的数字信号;②进行数字方式传输;③把数字信号还原为模拟信号,即数模转换(D/A)。

A/D 或 D/A 变换的过程通常由信源编码器实现,所以通常将发端的 A/D 变换称为信源编码(如将语音信号的数字化称为语音编码),而将收端的 D/A 变换称为信源译码。

广义上所讲的信源编码除了模拟信号的数字化外,还包括对数字信号的压缩编码。信源编码寻求对信源输出符号序列的压缩方法,同时确保能够无失真地恢复原来的符号序列,目的是减少信源输出符号序列中的信息冗余度,提高符号的平均信息量(信源熵),从而提高系统的传输效率。

3. 数字频带传输系统

在实际通信中,有不少信道都不能直接传送基带信号,而必须用基带信号对载波波形的某些参量进行控制,使载波的这些参量随基带信号的变化而变化,这个过程称为调制,系统基本结构如图 4-6 所示。数字调制是用载波信号的某些离散状态来表征所传送的信息,在收端对载波信号的离散调制参量进行检测。数字调制信号也称键控信号。

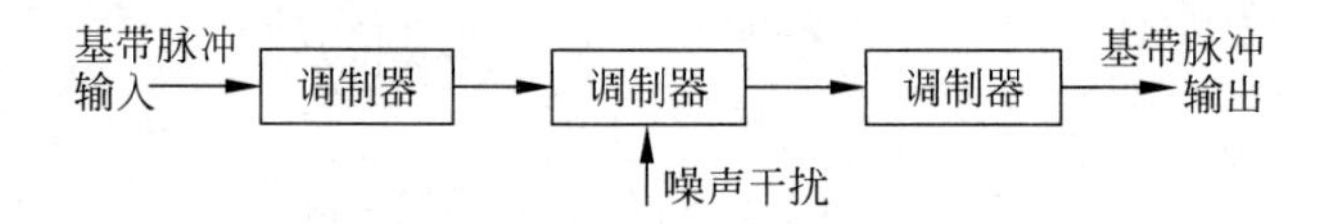

图 4-6　数字调制系统的基本结构图

二进制振幅键控是用 0、1 码基带矩形脉冲去键控一个连续的载波,使载波时断时续地输出。最早使用的载波电报就是这种情况。

振幅键控是正弦载波的幅度随数字基带信号而变化的数字调制,当数字基带信号为二进制时,则为二进制振幅键控。设发送的二进制符号序列由 0、1 序列组成,发送 0 符号的概率为 P,则发送 1 符号的概率为 $1-P$,两个概率相互独立。

4.1.4　数字信号的接收

1. 噪声与信道容量

1）信道的定义

信道有狭义信道和广义信道两种定义。

通常发送设备和接收设备之间用以传输信号的传输媒介定义为狭义信道，例如架空明线、同轴电缆、双绞线、光缆、自由空间、电离层及对流层等。

在研究消息传输时，通常关心通信系统中的问题。因此，信道的范围还可以扩大，即除了传输媒介外，还包括有关的转换器，如天线、调制器、解调器等。这种扩大了范围的信道称为广义信道。

2）信道分类

狭义信道按具体媒介的类型不同可分为有线信道和无线信道。

广义信道可分为调制信道和编码信道，其中，编码信道还可细分为无记忆编码信道和有记忆编码信道。

3）信道的加性噪声

调制信道对信号的影响除了乘性干扰（即乘性噪声，它不会主动对信号形成干扰）外，还有加性干扰（即加性噪声）。

信道中加性噪声的来源一般有人为噪声、自然噪声、内部噪声 3 个方面。人为噪声来源于由人类活动造成的其他信号源，如外台信号、开关接触噪声、工业的点火辐射和荧光灯干扰等。自然噪声是指自然界存在的各种电磁波源，如闪电、大气中的电暴、银河系噪声及其他各种宇宙噪声等。内部噪声是系统设备本身产生的各种噪声，如电阻一类的导体中自由电子的热运动，真空管中电子的起伏发射和半导体载流子的起伏变化等。

有些噪声是确知的，如自激振荡、各种内部谐波干扰等，这类噪声在原理上可消除。另一些噪声是无法预测的，统称为随机噪声。

4）信道容量的概念

信道容量指在特定约束下的给定信道从规定源发送消息的能力度量。其通常是在采用适当的代码且差错率在可接受范围内的条件下，以所能达到的最大比特率来表示。对于只有一个信源和一个信宿的单用户信道，信道容量是一个数字，单位是比特每秒或比特每符号，代表每秒或每个信道符号能传送的最大信息量，或者说小于这个数字的信息率必能在此信道中无错误地传送。

根据统计特性是否随时间变化来分，信道可分为恒参信道（即平稳信道，信道的统计特性不随时间变化，卫星通信信道在某种意义下可以近似为恒参信道）和随参信道（即非平稳信道，信道的统计特性随时间变化），如在短波通信中，其信道可看成随参信道。

信道容量是信道的一个参数，反映了信道所能传输的最大信息量，其大小与信源无关。对于不同的输入概率分布，互信息一定存在最大值，可将其最大值定义为信道的容量。一旦确定转移概率矩阵以后，信道容量即可完全确定。尽管信道容量的定义涉及输入概率分布，但信道容量的数值与输入概率分布无关。可将不同的输入概率分布称为试验信源，对不同的试验信源来说互信息也不同，其中必有一个试验信源使互信息达到最大，这个最大值就是信道容量。

信道容量有时也表示为单位时间内可传输的二进制位的位数，称为信道的数据传输速率或位速率，以位/秒（bit/s）的形式予以表示。

2. 数字信号最佳接收

任何一种接收设备的任务都是要在接收到遭受各种干扰和噪声破坏的信号中将原来发送的信号无失真地复制出来。但在数字通信系统中，由于所传送的信号比较简单（例如在采用二元调制的情况下，信号就只有两种状态，即信号 1 或信号 0），因此接收机的任务也就简化为正确地接收和判决数字信号，使得发生判决错误（信号 1 被判为信号 0，或者信号 0 被判为信号 1）的可能性最小。

数字通信系统和信号检测系统一样，接收机要想在强噪声中将信号正确地提取出来，就必须提高接收机本身的抗干扰性能。按照最佳接收准则来设计的最佳接收机就具有高抗干扰性能。

对于信号检测或识别系统，只要增加信号功率相对于噪声功率的比值，就有利于在背景噪声中将信号提取出来。因此，在同样的输入信噪比的情况下，输出信噪比大的接收机总是要比输出信噪比小的接收机抗干扰性能强，并且希望输出信噪比越大越好，这就是最大输出信噪比准则。

总之，数字信号的最佳接收是指接收机错误概率最小，在接收判决时信噪比最大。

3. 复用和数字复接技术

在实际通信中，信道上往往允许多路信号同时传输。理论上，只要各路信号分量相互正交，就能实现信道的复用，常用的复用方式有频分复用、时分复用、码分复用等。

将多路信号在发送端合并后通过信道进行传输，然后在接收端分开并恢复为原始各路信号的过程分别称为复接和分接。数字复接技术就是在多路复用的基础上把若干个小容量低速数据流合并成一个大容量的高速数据流，再通过高速信道传输，传到接收端再分开。

1）频分多路复用（FDM）

它是将多路信号按频率不同进行复接并传输的方法，多用于模拟通信。在频分多路复用中，信道的带宽被分成若干个互不重叠的频段，每路信号占用其中一个频段，因而在接收端可采用适当的带通滤波器将多路信号分开，进而恢复出所需要的原始信号，这个过程就是多路信号的复接和分接，其实质是每个信号在全部时间内占用部分频率谱。

2）时分多路复用（TDM）

在数字通信系统中，模拟信号的数字化传输或数字信号的多路传输一般都采用时分多路复用方式来提高系统的传输效率。由对信号的抽样过程可知，抽样的一个重要特点是信号占用时间的有限性，这就可以使得多路信号的抽样值在时间上互不重叠。当多路信号在信道上传输时，各路信号的抽样只是周期性地占用抽样间隔的一部分。因此，在分时使用信道的基础上，可以用一个信源信息相邻样值之间的空闲时间区段来传输其他多个彼此无关的信源信息，这样便构成了时分多路复用通信。

3）码分多路复用（CDM）

它是利用各路信号码型结构正交的属性而实现多路复用的通信方式。CDM 与 FDM 和 TDM 不同，它既共享信道的频率，也共享时间，是一种真正的动态复用技术。其原理是每比特时间被分成 m 个更短的时间槽，称为码片（Chip），通常情况下每比特有 64 个或 128 个码片。每个站点（通道）被指定一个唯一的 m 位的代码或码片序列，当发送 1 时，站点就发送码片序列；发送 0 时，就发送码片序列的反码。当两个或多个站点同时发送时，各路数据在信道中被线性相加，为了从信道中分离出各路信号，要求各个站点的码片序列是相互正交的。

4. 同步原理

同步是指收发双方在时间上步调一致。在数字通信中，同步分为载波同步、位同步、群同步和网同步。

1）载波同步

在相干解调时，接收端需要提供一个与接收信号中的调制载波同频同相的相干载波，这个载波的获取称为载波提取或载波同步。

2）位同步

位同步又称码元同步。在数字通信系统中，任何消息都是通过一连串码元序列传送的，所以接收时需要知道每个码元的起始时刻，以便在恰当的时刻进行取样判决。

3）群同步

群同步也称帧同步，包括字同步、句同步和分路同步。在数据通信中，信息流是用若干码元组成一个“字”，用若干“字”组成“句”，在接收这些信息时必须知道这些“字”“句”的起始时刻，否则接收端无法正确回复信息。

4）网同步

随着数字通信的发展，尤其是计算机通信的发展，多个用户之间的通信和数据交换构成了数字通信网。为了保证通信网络内各用户之间进行可靠的通信和数据交换，全网必须有统一的时间标准时钟，这就是网同步。

4.2 计算机网络

4.2.1 计算机网络概述

1. 定义

计算机网络指将地理位置不同的、具有独立功能的多台计算机及其外部设备，通过通信线路连接起来，在网络操作系统、网络管理软件及网络通信协议的管理和协调下,实现资源共享和信息传递的计算机系统,如图 4-7 所示。

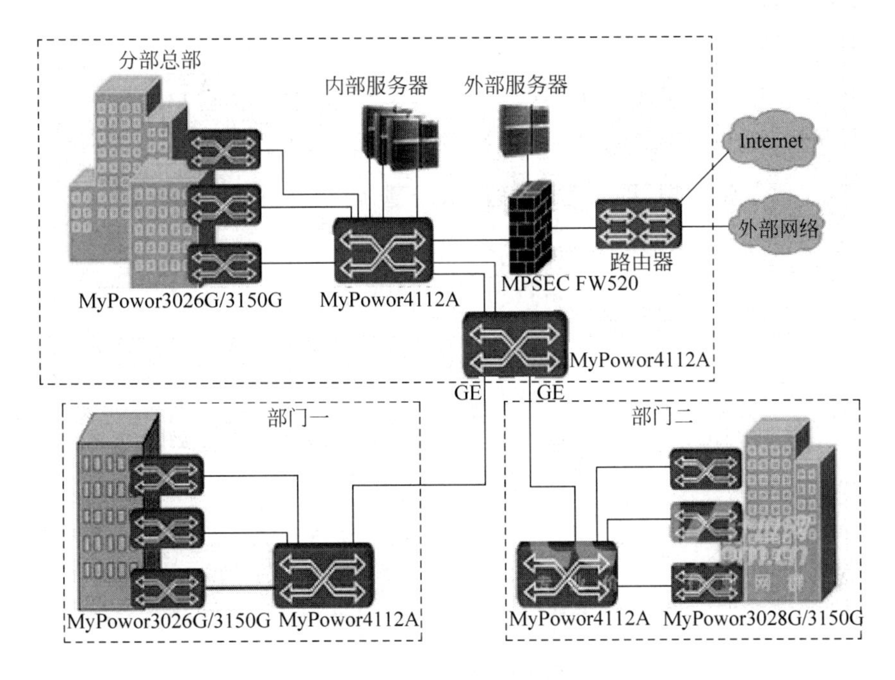

图 4-7　计算机网络

计算机网络的简单定义是指一些相互连接的、以共享资源为目的的、自治的计算机集合。从广义上来说,计算机网络是以传输信息为基础目的,用通信线路将多个计算机连接起来的计算机系统集合。从用户角度看,计算机网络是可以调用用户所需资源的系统。

2. 功能

计算机网络的主要功能是硬件资源共享、软件资源共享和用户间信息交换。

(1) 硬件资源共享。硬件资源共享指在全网范围内提供对处理资源、存储资源、输入/输出资源等昂贵设备的共享,使用户节省投资,也便于集中管理和均衡分担负荷。

(2) 软件资源共享。软件资源共享允许互联网上的用户远程访问各类大型数据库,可以得到网络文件传送服务、远地进程管理服务和远程文件访问服务,从而避免软件研制上的重复劳动及数据资源的重复存储,也便于集中管理。

(3) 用户间信息交换。计算机网络为分布在各地的用户提供了强有力的通信手段,用户可以通过计算机网络传送电子邮件,发布新闻消息和进行电子商务活动。

3. 拓扑结构

网络拓扑结构指网络上通信链路及各个计算机之间相互连接的几何排列或物理布局形式。网络拓扑指网络形状，即网络中各个节点相互连接的方法和形式。拓扑结构通常有5种主要类型，即星型、环型、总线型、树状和网状，如图4-8所示。

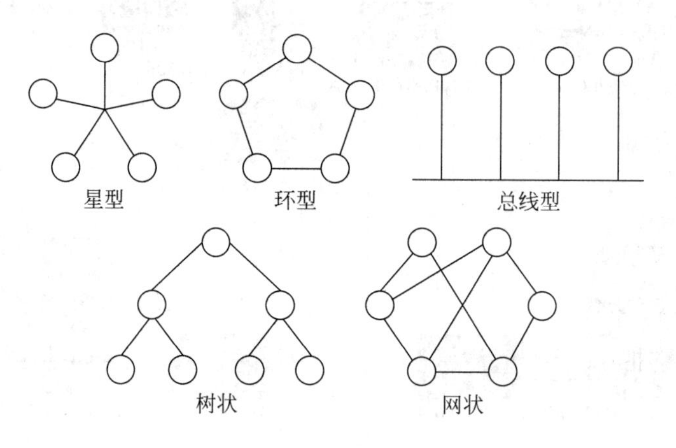

图4-8 网络拓扑结构

1）星型拓扑结构

星型拓扑结构即中央节点到各站之间呈辐射状连接，由中央节点完成集中式通信控制。其节点有两类，即中心节点和外围节点。中心节点只有一个，每个外围节点都通过独立的通信线路与中心节点相连，外围节点之间没有连线。其优点是结构简单，访问协议简单，单个外围结点的故障不会影响整个网络；缺点是可靠性较低，如果中央节点有故障，整个网络就无法工作，全网将瘫痪，且系统扩展较困难。

2）环型拓扑结构

环型拓扑结构的每个节点连接形成一个闭合回路，数据可以沿环单向传输，也可以设置两个环路实现双向通信。环型拓扑结构扩充方便，传输率较高，但网络中一旦有某个节点发生故障，则可能导致整个网络停止工作。

3）总线型拓扑结构

总线型拓扑结构指所有工作站点都连在一条总线上，通过这条总线实现通信。它是局域网采用较多的一种拓扑结构，连接简单且易于扩充和删除节点，节点的故障不会引起整个系统的瘫痪，但总线出问题会使整个网络停止工作，并且故障检测困难。

4）树状拓扑结构

树状拓扑结构有一个根节点和若干个枝节点，最末端是叶节点，形状像一个倒立的树根。根节点的功能较强,常常是高档微型计算机或小、中型机,叶节点可以是微型计算机。这种结构的优点是扩展容易,易分离故障节点,易维护,特别适合等级严格的行业或部门;缺点是整个网络对根节点的依赖性较强,这对整个网络系统的安全性是一个威胁,若根节点发生故障,整个网络的工作就会受到致命影响。

5)网状结构

它由上述4种拓扑结构中的两种或多种简单结构组合而成,形状像网一样。网状结构中,计算机之间的通信有多条线路可供选择,它继承了各种结构的优点,但是其结构复杂,维护难度更大。

4. 层次结构

OSI(开放系统互联)七层网络模型又称为开放式系统互联参考模型,是一个逻辑上的定义和规范,它把网络从逻辑上分为了7层,如图4-9所示。

1)物理层

物理层位于OSI七层网络模型的最低层或第一层,该层包括物理联网媒介,如电缆连线连接器等。物理层的协议产生并检测电压,以便发送和接收携带数据的信号。物理层的任务是为其上一层提供物理连接及它们的机械、电气、功能和过程,如规定使用电缆和接头的类型,传送信号的电压等。该层数据没有被组织,仅作为原始的位流或电气电压处理,单位是bit(比特)。

图4-9 OSI网络模型

2)数据链路层

数据链路层位于OSI七层网络模型的第二层,负责控制网络层与物理层之间的通信,其功能是在不可靠的物理线路上进行数据的可靠传递。为保证传输,从网络层接收到的数据被分割成特定的可被物理层传输的帧。帧是用来移动数据的结构包,它不仅包括原始数据,还包括发送方和接收方的物理地址及纠错和控制信息,地址确定了帧将发送到何处,纠错和控制信息则确保帧可以无差错地到达。如果在传送数据时接收点检测到所传数据中有差错,就要通知发送方重发这一帧。数据链路层在物理层提供比特流服务的基础上,建立相邻节点之间的数据链路,通过差错控制提供数据帧在信道上无差错的传输,并进行各链路上的系列动作。该层的作用包括物理地址寻址、数据成帧、流量控制、数据检错及重发等。数据链路层的协议包括SDLC、

HDLC、PPP、STP、帧中继等。

3）网络层

网络层位于OSI七层网络模型的第三层，其功能是将网络地址翻译成对应的物理地址，并决定如何将数据从发送方路由到接收方。网络层通过综合考虑了发送优先权、网络拥塞程度、服务质量及可选路由的花费来决定从一个网络中节点A到另一个网络中节点B的最佳路径。路由器连接网络各段，并智能指导数据传送，属于网络层。在网络中，路由基于编址方案、使用模式及可达性来指引数据的发送，网络层负责在源机器和目标机器之间建立它们所使用的路由。

4）传输层

传输层是OSI模型中最重要的一层。传输协议同时进行流量控制或基于接收方可接收数据的快慢程度规定适当的发送速率。除此之外，传输层按照网络能处理的最大尺寸将较长的数据包进行强制分割，例如以太网无法接收大于1500节的数据包，发送方节点的传输层将数据分割成较小的数据片，同时对每一个数据片安排一个序列号，以便数据到达接收方节点的传输层时能以正确的顺序重组，该过程即为排序。工作在传输层的一种服务是TCP/IP协议套中的TCP（传输控制协议），另一项传输层服务是IPX/SPX协议集的SPX（序列包交换）。

5）会话层

会话层负责在网络中的两节点之间建立、维持和终止通信，其功能包括建立通信链接，保持会话过程中通信链接的畅通，同步两个节点之间的对话，决定通信是否被中断及通信中断时从何处开始重新发送。

6）表示层

表示层是应用程序和网络之间的翻译官，表示层将数据按照网络能理解的方案进行格式化，这种格式化也因所使用网络的类型不同而不同。表示层管理数据的加密与解密，如系统口令的处理等，例如在Internet上查询银行账户，使用的即是一种安全连接，账户数据在发送前被加密，在网络的另一端，表示层将对接收到的数据解密。除此之外，表示层协议还将对图片和文件格式信息进行编码和解码。

7）应用层

应用层负责对软件提供接口，以使程序能使用网络服务。应用层并不是指运行在网络上的某个特别应用程序，应用层提供的服务包括文件传输、文件管理及电子邮件的信息处理。

5. 网络分类

计算机网络可按不同的标准进行分类，具体如下所述。

(1) 从网络节点分布来看，可分为局域网(LAN)、广域网(WAN)和城域网(MAN)。

(2) 按交换方式分类，可分为线路交换网络、报文交换网络和分组交换网络。

(3) 按网络拓扑结构分类，可分为星型网络、树状网络、总线型网络、环型网络和网状网络(见图 4-8)。

(4) 按传输介质分类，可分为有线网和无线网。

(5) 按通信方式分类，可分为点对点传输网络和广播式传输网络。

(6) 按网络使用目的分类，可分为共享资源网、Internet、数据处理网、数据传输网等。

(7) 按服务方式分类，可分为客户机/服务器网络和对等网。

(8) 还存在其他分类方法，如按信息传输模式的特点来分类的 ATM 网。

6. 发展历史

随着计算机网络技术的蓬勃发展，计算机网络的发展大致可划分为如下 4 个阶段。

1) 第一阶段：诞生阶段

20 世纪 60 年代中期之前的第一代计算机网络，是以单个计算机为中心的远程联机系统，典型应用是由一台计算机和全美范围内 2000 多个终端组成的飞机定票系统。终端是一台计算机的外部设备，包括显示器和键盘，无 CPU 和内存，随着远程终端的增多，主机前增加了前端机。当时，人们把计算机网络定义为“以传输信息为目的而连接起来，实现远程信息处理或进一步达到资源共享的系统”，这样的通信系统已具备了网络的雏形。

2) 第二阶段：形成阶段

20 世纪 60 年代中期至 70 年代的第二代计算机网络是多个主机通过通信线路互联起来的系统，典型代表是美国国防部高级研究计划局协助开发的 ARPANET，主机之间不是直接用线路相连，而是由接口报文处理机(IMP)转接后互联，IMP 和它们之间互联的通信线路一起负责主机间的通信任务，构成通信子网，通信子网互联的主机负责运行程序，提供资源共享，组成资源子网。这个时期，网络概念为“以能够相互共享资源为目的互联起来的具有独立功能的计算机集合体”，计算机网络的基本概念已经形成。

3）第三阶段：互联互通阶段

20 世纪 70 年代末至 90 年代的第三代计算机网络是具有统一的网络体系结构并遵循国际标准的开放式和标准化网络。ARPANET 兴起后，计算机网络发展迅猛，各大计算机公司相继推出自己的网络体系结构及实现这些结构的软硬件产品，由于没有统一的标准，不同厂商的产品之间互联很困难，人们迫切需要一种开放性的标准化实用网络环境，这样，两种国际通用的最重要的体系结构，即 TCP/IP 体系结构和国际标准化组织的 OSI 体系结构应运而生。

4）第四阶段：高速网络技术阶段

20 世纪 90 年代末至今的第四代计算机网络是一个主干用光纤连接，采用高速网络技术、多媒体技术和智能技术的计算机系统，即 Internet 互联网。

4.2.2 网络硬件

1. 网络硬件概述

网络硬件主要有以下几部分。

（1）服务器。它是提供网络资源服务的设备，一般为高性能计算机。

（2）终端。它可以是工作站、微机、笔记本、平板及手机等固定或移动设备。

（3）联网部件。它包括网卡、适配器、调制解调器、连接器、收发器、终端匹配器、FAX 卡、中继器、集线器、网桥、路由器、桥由器、网关、集线器及交换机等。

（4）通信介质。它包括双绞线、同轴电缆和光纤等有线介质及短波、卫星等无线介质。

2. 网络互联设备

由于不同层实现的机理不一样，网络互联设备又具体分为网络传输介质互联设备、网络物理层互联设备、数据链路层互联设备、网络层互联设备和应用层互联设备。常用的网络互联设备包括中继器、网桥、路由器、桥由器、网关、集线器及交换机等。

（1）中继器。它是工作在物理层上的连接设备，适用于完全相同的两类网络的互联,主要功能是通过对数据信号的重新发送或者转发来扩大网络传输的距离。

(2) 集线器。其主要功能是对接收到的信号进行再生整形放大,以增加网络的传输距离,同时把所有节点集中在以它为中心的节点上。

(3) 网桥。它是一个局域网与另一个局域网之间建立连接的桥梁,属于网络层设备。

(4) 交换器。它可以为接入交换机的任意两个网络节点提供独享的电信号通路。

(5) 路由器。它工作在网络层,可以在多个网络上交换和路由数据包。

(6) 网关。当连接不同类型且协议差别又较大的网络时,则要选用网关设备。网关工作在应用层。

4.2.3 Internet 概述

1. 定义

Internet 是由使用公用语言互相通信的计算机连接而成的全球网络。一旦连接到它的任何一个节点上,就意味着计算机已经联入 Internet。Internet 目前的用户已经遍及全球,有超过几十亿人在使用,并且它的用户数还在上升。

Internet 是一组全球信息资源的总汇,由许多小的网络(子网)互联而成的一个逻辑网,每个子网中连接着若干台计算机(主机),它以相互交流信息资源为目的,基于一些共同的协议,并通过许多路由器和公共互联网而成,是一个信息资源和资源共享的集合。计算机网络只是传播信息的载体,优越性和实用性则在于其本身。Internet 最高层域名分为机构性域名和地理性域名两大类。

2. Internet 功能

1) WWW 服务

在 Web 方式下,用户可以浏览、搜索、查询各种信息,可以发布自己的信息,可以与他人进行实时或者非实时的交流,可以游戏、娱乐、购物等。

2) E-mail 服务

通过 E-mail 系统可以同世界上任何地方的朋友交换电子邮件。无论对方在哪个地方,只要也可以连入 Internet,那么发送的邮件只需要几分钟的时间就可以到达对方的手中了。

3）Telnet 服务

远程登录 Telnet 就是通过 Internet 进入和使用远程的计算机系统，就像使用本地计算机一样，发出命令，提交作业，使用系统资源。

4）FTP 服务

FTP 是文件传输程序。当用户登录到远程计算机时，可利用 FTP 服务把其中的文件传送回自己的计算机系统，或者反过来把本地计算机上的文件传送并装载到远程的计算机系统。

3. Internet 发展历史

20 世纪 60 年代，美国国防部高级研究计划局（Advance Research Projects Agency，ARPA）为建立阿帕网 ARPANet，向一些美国大学和公司提供经费，以促进计算机网络和分组交换技术的研究。1969 年 12 月，ARPANet 投入运行，建成了一个实验性的、由 4 个节点连接的网络。到 1983 年，ARPANet 已连接了三百多台计算机，供美国各研究机构和政府部门使用。ARPANet 分为 ARPANet 和军用 MILNet（Military Network），两个网络之间可以进行通信和资源共享。由于这两个网络都是由许多网络互联而成的，因此它们都被称为 Internet 且 ARPANet 是 Internet 的前身。1986 年，NSF（National Science Foundation，美国国家科学基金会）建立了自己的计算机通信网络 NSFnet，将美国各地的科研人员连接到分布在美国不同地区的超级计算机中心，并将按地区划分的计算机广域网与超级计算机中心相连（实际上它是一个三级计算机网络，分为主干网、地区网和校园网，覆盖了全美国主要的大学和研究所）。

4. 第二代 Internet

Internet 2 是美国参与开发该项目的 184 所大学和 70 多家研究机构给未来网络起的名字，旨在为美国的大学和科研群体建立并维持一个技术领先的互联网，以满足大学之间进行网上科学研究和教学的需求。与传统的互联网相比，Internet 2 的传输速率可达 2.4Gb/s，比标准拨号的调制解调器快 8.5 万倍，理论上最高网速可达 100Gb/s。其应用更为广泛，从医疗保健、国家安全、远程教学、能源研究、生物医学、环境监测、制造工程到紧急情况下的应急反应、危机管理等项目都有应用。

5. 协议

在计算机网络中，为了使不同结构、不同型号的计算机之间能够正确地传送信息，必须有一套关于信息传输顺序、信息格式和信息内容等的约定，即协议。协议是用来描述进程之间交换数据时的规则术语，网络系统不同，网络协议也就不同。

TCP/IP(Transmission Control Protocol/Internet Protocol，传输控制协议/因特网互联协议)是 Internet 最基本的协议，由网络层 IP 和传输层的 TCP 组成。TCP/IP 是一个五层的分层体系结构，包括物理层、数据链路层、网络层、传输层、应用层，如图 4-10 所示。

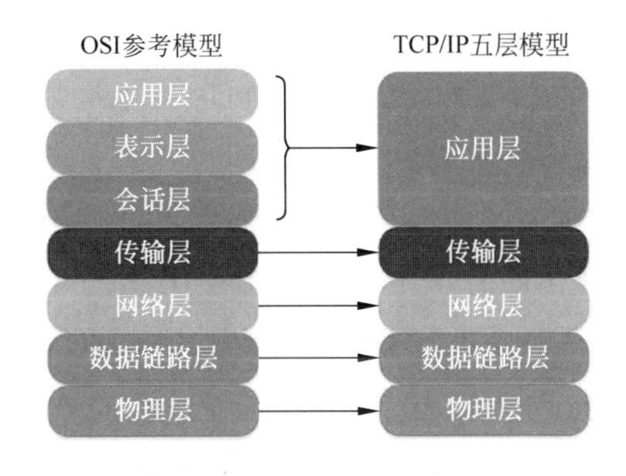

图 4-10　TCP/IP 层次图

网络接口层包括物理层和数据链路层。物理层定义物理介质的各种特性，包括机械特性、电子特性、功能特性和规程特性。数据链路层负责接收 IP 数据报并通过网络发送，或者从网络上接收物理帧，抽出 IP 数据报并交给传输层。

网络层负责相邻计算机之间的通信，其功能包括如下 3 方面。

(1) 处理来自传输层的分组发送请求。收到请求后，将分组装入 IP 数据报，填充报头，选择去往信宿机的路径，然后将数据报发往适当的网络接口。

(2) 处理输入数据报。首先检查其合法性，然后进行寻径，假如该数据报已到达信宿机，则去掉报头，将剩下部分交给适当的传输协议；假如该数据报尚未到达信宿，则转发该数据报。

(3) 处理路径、流控、拥塞等问题。

传输层负责提供应用程序间的通信，其功能包括格式化信息流和提供可靠传输。为实现后者，传输层协议规定接收端必须发回确认，并且如果分组丢失，必须重新发送。传输层协议主要是传输控制协议 TCP 和用户数据报协议 UDP。

应用层向用户提供一组常用的应用程序，比如电子邮件、文件传输访问、远程登录等。远程登录 Internet 使用协议提供了在网络其他主机上注册的接口。Internet 会话提供了基于字符的虚拟终端。文件传输访问 FTP 使用 FTP 协议来提供网络内机器间的文件复制功能。应用层一般负责面向用户的服务，如 FTP、TELNET、DNS、SMTP 及 POP3。

6. IP 地址与域名

1）IP 地址

（1）定义。IP 地址就是给每个连接在 Internet 上的主机(Host)分配的一个地址。按照 TCP/IP 规定，IP 地址用二进制来表示，每个 IP 地址长 32bit，换算成字节，就是 4 字节。例如一个采用二进制形式的 IP 地址是 00001010000000000000000000000001，这么长的地址，处理起来太费劲。为了方便人们使用，IP 地址经常写成十进制的形式，中间使用符号“.”分隔不同的字节，因此上面的 IP 地址可以表示为 10.0.0.1。IP 地址的这种表示法叫作“点分十进制表示法”，这显然比 1 和 0 容易记忆得多。

（2）IP 构成。Internet 上的每台主机都有一个唯一的 IP 地址，IP 协议就是使用这个地址在主机之间传递信息，这是 Internet 运行的基础。IP 地址的长度为 32 位，分为 4 段，每段 8 位，用十进制数字表示，每段数字范围为 0～255，段与段之间用符号“.”隔开，例如 159.226.1.1。为了便于寻址，每个 IP 地址包括网络 ID 和主机 ID 两个部分。网络 ID 在前，主机 ID 在后。同一个物理网络上的所有主机都使用同一个网络 ID，网络上的一个主机（包括网络上的工作站、服务器和路由器等）有一个主机 ID 与其对应。

（3）IP 地址分类。Internet 委员会定义了 5 种 IP 地址类型以适应不同容量的网络需求，即 A 类～E 类，其中 A、B、C 这 3 类由 Internet NIC 在全球范围内统一分配，如表 4-1 所示，D、E 类为特殊地址。

表 4-1　IP 地址分类

网络类别	最大网络数	第一个可用的网络号	最后一个可用的网络号	每个网络中的最大主机数
A	126	1	126	16777214
B	16383	128.1	191.255	65534
C	2097151	192.0.1	223.255.255	254

一个A类IP地址的4段号码中，第1段号码为网络号码，剩下的3段号码为本地计算机的号码。如果用二进制形式表示IP地址，A类IP地址就由1字节的网络地址和3字节的主机地址组成，网络地址的最高位必须是0。A类IP地址中网络的标识长度为7位，主机标识的长度为24位。A类IP地址范围为1.0.0.1～126.255.255.254(二进制表示为00000001 00000000 00000000 00000001～01111110 11111111 11111111 11111110)。A类IP地址的子网掩码为255.0.0.0，每个网络支持的最大主机数为$256^3-2=16\ 777\ 214$台。

一个B类IP地址的4段号码中，前两段号码为网络号码。如果用二进制形式表示IP地址，B类IP地址就由2字节的网络地址和2字节的主机地址组成，网络地址的最高位必须是10。B类IP地址中网络的标识长度为14位，主机标识的长度为16位。B类IP地址范围为128.1.0.1～191.255.255.254(二进制表示为10000000 00000001 00000000 00000001～10111111 11111111 11111111 11111110)。B类IP地址的子网掩码为255.255.0.0，每个网络支持的最大主机数为$256^2-2=65\ 534$台。

一个C类IP地址的4段号码中，前三段号码为网络号码，剩下的一段号码为本地计算机的号码。如果用二进制形成表示IP地址，C类IP地址就由3字节的网络地址和1字节的主机地址组成，网络地址的最高位必须是110。C类IP地址中网络的标识长度为21位，主机标识的长度为8位。C类IP地址范围为192.0.1.1～223.255.254.254(二进制表示为11000000 00000000 00000001 00000001～11011111 11111111 11111110 11111110)。C类IP地址的子网掩码为255.255.255.0，每个网络支持的最大主机数为$256-2=254$台。

D类IP地址第一个字节为1110，它是一个专门保留的地址。它并不指向特定的网络，目前这一类地址被用在多点广播中。多点广播地址用来一次寻址一组计算机，它标识共享同一协议的一组计算机。地址范围为224.0.0.1～239.255.255.254。E类IP地址以11110开始，它是一个保留的用于将来和进行实验使用的地址。

2）域名

网络是基于TCP/IP进行通信和连接的，每一台主机都有一个唯一固定的IP地址，以区别于网络上其他成千上万个用户和计算机。网络在区分所有与之相连的网络和主机时，均采用了一种唯一、通用的地址格式，为了保证网络上每台计算机的IP地址的唯一性，用户必须向特定机构申请注册，该机构会根据用户单位的网络规模和近期发展计划分配IP地址。网络中的地址方案分为IP地址系统和域名地址系统，这两套地址系统其实是一一对应的关系。由于 IP 地址是数字标识,使用时难以记忆和书写,因此在 IP 地址的基础上又发展出一种符号化的地址方案,来代替数字型的 IP 地址,每一个符号化的地址都与特定的 IP 地址对应,这个与网络上的数字型 IP 地址相对应的字符型地址就称为域名。

一个公司如果希望在网络上建立自己的主页,就必须取得一个域名。域名是上网单位和个人在网络上的重要标识,起着识别作用,便于他人识别和检索某一企业、组织或个人的信息资源,从而更好地实现网络上的资源共享。除了识别功能外,在虚拟环境下,域名还可以起到引导、宣传、代表等作用。可见域名就是上网单位的名称,是一个通过计算机登上网络的单位在该网中的地址,通过该地址,人们可以在网络上找到所需的详细资料。

以一个常见的域名为例,百度网址(www. baidu. com)由两部分组成,标号"baidu"是这个域名的主体,标号"com"是该域名的后缀,代表这是一个 com 国际域名,是顶级域名,前面的 www. 是网络名,为 www 域名。DNS 规定,域名中的标号都由英文字母和数字组成,每一个标号不超过 63 个字符,也不区分大小写字母,除连字符(-)外,不能使用其他标点符号。级别最低的域名写在最左边,级别最高的域名写在最右边。由多个标号组成的完整域名要求总共不超过 255 个字符。

3) 域名级别

域名分为不同级别,包括顶级域名、二级域名等。

(1) 顶级域名。顶级域名又分为两类:一是国家顶级域名,目前 200 多个国家都按照 ISO3166 国家代码分配了顶级域名,例如中国是 cn,美国是 us,日本是 jp;二是国际顶级域名,例如表示工商企业用 com,表示网络提供商用 net,表示非营利组织用 org。目前大多数域名争议都发生在 com 的顶级域名下,因为多数公司上网的目的都是为了盈利。为加强域名管理,解决域名资源的紧张,Internet 协会、Internet 分址机构及世界知识产权组织(WIPO)等国际组织经过广泛协商,在原有三个国际通用顶级域名 com、net、org 的基础上,新增加了 7 个国际通用顶级域名,分别为 firm(公司企业)、store(销售公司或企业)、Web(WWW 活动单位)、arts(突出文化、娱乐活动的单位)、rec(消遣、娱乐活动单位)、info(提供信息服务的单位)及 nom(个人),并在世界范围内选择新的注册机构来受理域名注册申请。某些域名注册商除了提供以. com,. net 和. org 结尾的域名的注册服务之外,还提供国家代码顶级域名的注册。ICANN 并没有特别授权注册商提供国家代码顶级域名的注册服务。

(2) 二级域名。二级域名是指顶级域名之下的域名，在国际顶级域名下，它是指域名注册人的网上名称，例如 ibm、yahoo、microsoft 等；在国家顶级域名下，它是表示注册企业类别的符号，例如 com、edu、gov、net 等。我国在国际互联网络信息中心(Inter NIC)正式注册并运行的顶级域名是 cn，这也是我国的一级域名。在顶级域名之下，我国的二级域名又分为类别域名和行政区域名两类，类别域名共 6 个，包括用于科研机构的 ac、用于工商金融企业的 com、用于教育机构的 edu、用于政府部门的 gov、用于互联网络信息中心和运行中心的 net、用于非营利组织的 org；行政区域名有 34 个，分别对应于我国各省、自治区和直辖市。

(3) 三级域名。三级域名用字母(A～Z，a～z)、数字(0～9)和连字符(-)组成，各级域名之间用符号“.”连接，要求三级域名的长度不能超过 20 个字符。如无特殊原因，建议采用申请人的英文名(或者缩写)或者汉语拼音名(或者缩写)作为三级域名，以保持域名的清晰性和简洁性。

(4) 组织域名。我国的域名体系也遵照国际惯例，包括类别域名和行政区域名两套。类别域名分别依照申请机构的性质依次分为 ac(科研机构)、com(工商金融等企业)、edu(教育机构)、gov(政府部门)、mil(军事机构)。

7. 互联网接入

互联网接入是指通过特定的信息采集与共享的传输通道，利用以下传输技术完成用户与 IP 广域网的高带宽、高速度的物理连接。

(1) PSTN，即通过电话线拨号，利用当地运营商提供的接入号码拨号接入互联网，速率不超过 56Kb/s。

(2) ISDN，采用数字传输和数字交换技术，将电话、传真、数据、图像等多种业务综合在一个统一的数字网络中进行传输和处理。用户利用一条 ISDN 用户线路，可以在上网的同时拨打电话、收发传真，就像使用两条电话线一样。

(3) xDSL，主要是以 ADSL/ADSL2＋接入方式为主，ADSL 可直接利用现有的电话线路，通过 ADSLMODEM 进行数字信息传输。理论速率可达到 8Mb/s 的下行和 1Mb/s 的上行，传输距离可达 4～5km，适用于家庭、个人等用户的应用需求，如 IPTV、视频点播、远程教学、可视电话、多媒体检索、LAN 互联及 Internet 接入等。

(4) HFC，是一种基于有线电视网络铜线资源的接入方式，具有专线上网的连接特点，允许用户通过有线电视网实现高速接入互联网，适用于拥有有线电视网的家庭、个人或中小团体。特点是速率较高，接入方式方便(通过有线电缆传输数据，不需要布线)，可实现各类视频服务、高速下载等；缺点在于基于有线电视网络的架构是属于网络资源分享型的，当用户激增时，速率就会下降且不稳定，扩展性不够。

(5) 光纤宽带，通过光纤接入小区节点或楼道，再由网线连接到各个共享点(一般不超过100m)，提供一定区域的高速互联接入。特点是速率高，抗干扰能力强，适用于家庭、个人或各类企事业团体，可以实现各类高速率的互联网应用(视频服务、高速数据传输、远程交互等)；缺点是一次性布线成本较高。

(6) 无源光网络(PON)，是一种一点对多点的光纤传输和接入技术，局端到用户端最大距离为20km，接入系统总的传输容量为上行155Mb/s，下行为622Mb/s或1Gb/s，由各用户共享，每个用户使用的带宽可以以64Kb/s步进划分。特点是接入速率高，可以实现各类高速率的互联网应用(视频服务、高速数据传输、远程交互等)；缺点是一次性投入较大。

(7) 无线网络，是一种有线接入的延伸，使用无线射频技术越空收发数据，减少了电线连接的使用，因此无线网络系统既可达到建设计算机网络系统的目的，又可让设备自由安排和搬动。在公共开放的场所或者企业内部，无线网络(比如wifi)一般会作为已有有线网络的补充，装有无线网卡的计算机可以通过无线手段方便接入互联网。近年，手机已成为重要的上网方式。

4.3 未来网络发展

4.3.1 全光网

1. 全光网概述

随着Internet业务和多媒体应用的快速发展，网络的业务量正在以指数级的速度迅速膨胀，这就要求网络必须具有高比特率的数据传输能力和大吞吐量的交叉能力。光纤通信技术出现以后，其近30THz的巨大潜在带宽容量给通信领域带来了蓬勃发展的机遇，特别是在提出信息高速公路以来，光技术开始渗透于整个通信网，光纤通信有了向全光网推进的趋势。

全光网指光信息流在网络中传输及交换时始终以光的形式存在，而不需要经过光/电、电/光转换，为此，网络的交换功能直接在光层中完成且需要新型的全光交换器件，如光交叉连接(OXC)、光分插复用(OADM)和光保护倒换等。全光网以光节点取代现有网络的电节点，并用光纤将光节点互联成网，采用光波完成信号的传输、交换等功能，克服了现有网络在传输和交换时的瓶颈，减少信息传输的拥塞延时，提高了网络的吞吐量。

2. 全光网关键技术

(1) 关键技术一——光交叉连接 OXC。全光网中的核心器件与光纤组成一个全光网络，OXC 交换的是全光信号，它在网络节点处对指定波长进行互联，从而有效地利用波长资源，实现波长重用，使用较少数量的波长互联较大数量的网络节点。当光纤中断或业务失效时，OXC 能够自动完成故障隔离，重新选择路由和网络重新配置等操作，使业务不中断。

(2) 关键技术二——光分插复用 OADM。利用光分插复用 OADM 具有的选择性，可以从传输设备中选择下路信号或上路信号，又或者某个波长信号，但不影响其他波长信道的传输。OADM 在光域内实现了传输系统中的分插复用器在时域内完成的功能，且具有透明性，可以处理任何格式和速率的信号，能提高网络的可靠性，降低节点成本，提高网络运行效率，是组建全光网必不可少的关键性设备。

(3) 关键技术三——全光网的管理、控制和运作。全光网对管理和控制提出了新的问题：①现行的传输系统(SDH)有自定义的表示故障状态监控的协议，这就存在着要求网络层必须与传输层一致的问题；②由于表示网络状况的正常数字信号不能从透明的光网络中取得，所以存在着必须使用新的监控方法的问题；③在透明的全光网中，有可能不同的传输系统共享相同的传输媒质，而每一不同的传输系统会有自己定义的处理故障的方法，这便产生了如何协调、处理好不同系统、不同传输层之间关系的问题。从现阶段的 WDM 全光网发展来看，网络的控制和管理要比网络的实现技术更具挑战性，网络的配置管理、波长的分配管理、管理控制协议、网络的性能测试等都是网络管理方面需解决的技术。

(4) 关键技术四——光交换技术。光交换技术可以分成光路交换技术和分组交换技术，光路交换又可分成空分(SD)、时分(TD)和波分/频分(WD/FD)光交换及由这些交换形式组合而成的结合型。其中，空分交换按光矩阵开关所使用的技术又分成两类：一是基于波导技术的波导空分。另一个是使用自由空间光传播技术的自由空分光交换。光分组交换中,异步传送模式是近年来广泛研究的一种方式。

(5) 关键技术五——全光中继技术。在传输方面,光纤放大是建立全光通信网的核心技术之一,DWDM 系统的传统基础是掺铒光纤放大器(EDFA)。光纤在 1.55μm 窗口有一较宽的低损耗带宽(30THz),可以容纳 DWDM 的光信号同时在一根光纤上传输。最近研究表明,1590nm 宽波段光纤放大器能够把 DWDM 系统的工作窗口扩展到 1600nm 以上。

4.3.2 云计算

1. 云计算的概念

狭义的云计算指 IT 基础设施的交付和使用模式,指通过网络以按需、易扩展的方式获得所需资源;广义的云计算指服务的交付和使用模式,指通过网络以按需、易扩展的方式获得所需服务,这种服务可以是和软件、互联网相关的服务,也可是其他服务。云计算的核心思想是将大量用网络连接的计算资源统一管理和调度,构成一个计算资源池向用户按需服务,提供资源的网络称为“云”。“云”中的资源在使用者看来是可以无限扩展的,并且可以随时获取,按需使用,随时扩展,按使用付费。

云计算是网格计算、分布式计算、并行计算、效用计算、网络存储、虚拟化及负载均衡等传统计算机和网络技术发展融合的产物。事实上,许多云计算部署依赖于计算机集群(但与网络的组成、体系机构、目的、工作方式大相径庭),吸收了自主计算和效用计算的特点。通过使计算分布在大量的分布式计算机上,而非本地计算机或远程服务器中,企业数据中心的运行与互联网更相似,这使得企业能够将资源切换到需要的应用上,继而根据需求访问计算机和存储系统,好比是从古老的单台发电机模式转向了电厂集中供电的模式。它意味着计算能力也可以作为一种商品进行流通,就像煤气、水电一样,取用方便,费用低廉,最大的不同在于它是通过互联网进行传输的“商品”。

2. 云计算服务

云计算包括基础设施即服务(Infrastructure as a Service, IaaS),软件即服务(Software as a Service, SaaS)和平台即服务(Platform as a Service, PaaS)3 个层次的服务。云计算服务通常提供通用的、通过浏览器访问的在线商业应用,软件和数据可存储在数据中心。

（1）基础设施即服务 IaaS 指消费者通过 Internet 可以从完善的计算机基础设施中获得服务。

（2）软件即服务 SaaS 是一种通过 Internet 提供软件的模式，用户无须购买软件，而是向提供商租用基于 Web 的软件来管理企业经营活动。相对于传统的软件，SaaS 解决方案有明显的优势，包括较低的前期成本，便于维护，可以快速展开使用等。

（3）平台即服务 PaaS 指将软件研发的平台作为一种服务，以 SaaS 的模式提交给用户。因此，PaaS 也是 SaaS 模式的一种应用。但是，PaaS 的出现可以加快 SaaS 的发展，尤其是加快 SaaS 应用的开发速度。

3. 云计算体系架构

除客户端和服务器外，云计算具有三级分层：云软件、云平台、云设备，如图 4-11 所示。

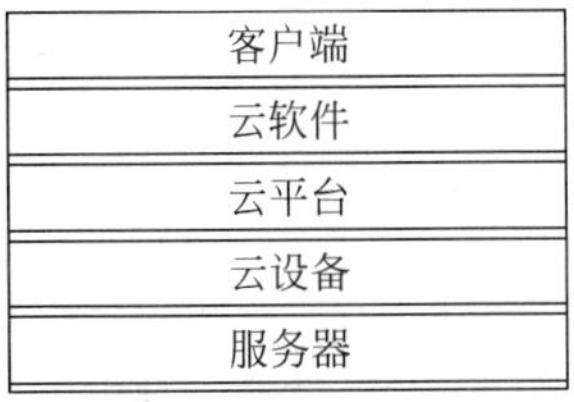

（1）上层分级：云软件 SaaS 打破以往大厂商垄断的局面，所有人都可以在上面自由挥洒创意，提供各式各样的软件服务，参与者是世界各地的软件开发者。

（2）中层分级：云平台 PaaS 打造程序开发平台与操作系统平台，让开发人员可以通过网络撰写程序与服务，一般消费者也可以在上面运行程序，参与者是 Google、微软、苹果、Yahoo 等。

客户端
云软件
云平台
云设备
服务器

图 4-11　云层次结构

（3）下层分级：云设备 IaaS 将基础设备（如 IT 系统、数据库等）集成起来，像旅馆一样分隔成不同的房间供企业租用，参与者是英业达、IBM、戴尔、升阳、惠普及亚马逊等。

大部分云计算基础构架是由通过数据中心传送的可信赖的服务和创建在服务器上的不同层次的虚拟化技术组成的，用户可以在任何提供网络基础设施的地方使用这些服务。“云”通常表现为对所有用户的计算需求的单一访问点，用户通常希望商业化的产品能够满足服务质量的要求，并且一般情况下要提供服务水平协议，所以开放标准对于云计算的发展是至关重要的，并且开源软件已经为众多云计算实例提供了基础。

云计算的基本概念是通过网络将庞大的计算处理程序自动分拆成无数个较小的子程序，再由多部服务器所组成的庞大系统搜索、计算分析之后将处理结果回传给用户。通过这项技术,远程的服务供应商可以在数秒之内处理数以千万计甚至亿计的信息,达到和超级计算机性能同样强大的网络服务。它可完成DNA结构分析、基因图谱定序、癌症细胞解析等高级计算,例如Skype以点对点方式来共同组成单一系统,又如Google通过MapReduce架构将数据拆成小块计算后再重组回来,而且Big Table技术完全跳脱一般数据库的运作方式,它以HBase的Row Key设计存储且完全配合Google文件系统,以帮助数据快速地穿过"云"。

4.3.3 网格计算

1. 网格计算概述

20世纪90年代初,基于Internet上主机数量大量增加但利用率不高的状况,美国国家科学基金会将其四个超级计算中心构筑成一个元计算机,并逐渐发展到利用它研究、解决具有重大挑战性的并行问题。它提供统一管理、单一分配的机制和协调应用的程序,使任务可以透明地按需要分配到系统内各种结构的计算机中,包括向量机、标量机、SIMD和MIMD型各类计算机。NFS元计算环境主要包括高速互联通信链路、全局文件系统、普通用户接口和信息、视频电话系统及支持分布并行的软件系统等。

元计算被定义为"通过网络连接强力计算资源,形成对用户透明的超级计算环境",目前用得较多的术语"网格计算(Grid Computing)"更系统化地发展了最初元计算的概念,它通过网络连接地理上分散的各类计算机(包括机群)、数据库及各类存储设备等,形成对用户透明的、虚拟的高性能计算环境,应用包括了分布式计算、高吞吐量计算、协同工程和数据查询等诸多功能。网格计算被定义为一个广域范围的"无缝集成和协同计算环境"。网格计算模式已经发展为一种连接和统一各类不同远程资源的基础结构。

网格是把整个Internet整合成为一台巨大的超级计算机,实现计算资源、存储资源、数据资源、信息资源、知识资源及专家资源的全面共享。当然,网格并不一定非要这么大,也可以构造地区性的网格,如某某科技园区网格、企事业单位内部网格、局域网网格甚至家庭网格和个人网格。事实上,网格的根本特征是资源共享,而不是它的规模。网格是一种新技术,具有新技术的两个特征:其一,不同的群体用不同的名词来称谓;其二,网格的精确含义和内容还没有固定,仍在不断变化。

2. 网格的结构

1）网格计算“三要素”

（1）任务管理。用户通过该功能向网格提交任务，为任务指定所需资源，删除任务并监测任务的运行状态。

（2）任务调度。用户提交的任务由该功能按照任务的类型、所需资源、可用资源等情况安排运行日程和策略。

（3）资源管理。确定并监测网格资源状况，收集任务运行时的资源占用数据。

2）Globus 的体系结构

Globus 网格计算协议建立在互联网协议之上，以互联网协议中的通信、路由、名字解析等功能为基础。Globus 的协议分为构造层、连接层、资源层、汇集层和应用层 5 层，如图 4-12 所示，每层都有自己的服务、API 和 SDK，上层协议调用下层协议的服务，网格内的全局应用都通过协议提供的服务来调用操作系统。

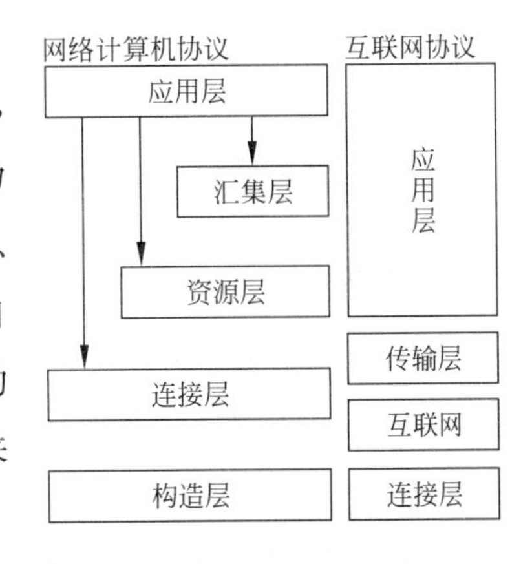

图 4-12 Globus 的体系结构

3. 网格计算发展趋势

（1）标准化趋势。如 Internet 需要 TCP/IP 一样，网格也需要标准协议才能共享和互通。目前，包括全球网格论坛(Global Grid Forum，GGF)、对象管理组织(Object Management Group，OMG)、环球网联盟(World Wide Web Consortium，W3C)和 Globus 项目组在内的诸多团体都在争夺网格标准的制定权。Globus 项目组在网格协议制定上有较大发言权，因为迄今为止，Globus Toolkit 已经成为事实上的网格工业标准。

（2）技术融合趋势。在 OGSA 出现之前，已经出现很多种用于分布式计算的技术和产品。2002 年，Globus Toolkit 的开发转向了 Web Services 平台，它用 OGSA 在网格世界一统天下。OGSA 之后，网格的一切对外功能都以网格服务(Grid Service)来体现，并借助一些现成的、与平台无关的技术，如 XML、SOAP、WSDL、UDDI、WSFL 及 WSEL 等，来实现这些服务的描述、查找、访问和信息传输等功能。这样，一切平台及所使用技术的异构性都被屏蔽，用户访问网格服务时，无须关心该服务是

CORBA 提供的，还是.Net 提供的。

(3) 大型化趋势。不单美国政府对网格投资，一些公司也不甘示弱，如 IBM 在 2001 年 8 月投入 40 多亿美元实施了“网格计算创新计划(Grid Computing Initiative)”，全面支持网格计算。另外，英国政府宣布投资 1 亿英镑，用以研发“英国国家网格(UK National Grid)”。除此之外，欧洲还有 DataGrid、UNICORE、MOL 等网格研究项目。其中，DataGrid 涉及欧盟的二十几个国家，是一种典型的大科学应用平台。日本和印度也启动了建设国家网格计划。

4.3.4 普适计算

1. 普适计算概述

1) 计算的发展历程

纵观计算机技术的发展历史，计算模式经历了第一代主机(大型机)计算模式和第二代 PC 机(桌面)计算模式，接着是第三代普适计算(Pervasive Computing 或 Ubiquitous Computing)模式。普适计算是当前计算技术研究的热点。

在主机计算模式时代，计算机资源稀缺，人与计算机之间是多对一的关系，计算机安装在为数不多的计算中心，人们必须使用生涩的机器语言与计算机打交道。此时，信息空间与人们生活的物理空间是脱节的，计算机的应用也局限于科学计算领域。

20 世纪 80 年代，个人计算机开始流行，计算模式也随之跨入桌面计算模式时代。这时，人与计算机之间演变为一对一的关系。随后，图形用户界面和多媒体技术的发展使计算机用户的范围从计算机专业人员扩展到其他行业的从业人员和家庭用户，计算机也从计算中心步入办公室和家庭，人们能够方便地获得计算服务。另外，随着计算机及相关技术的发展，通信设备和计算设备的价格正变得越来越“亲民”，所占用的体积也越来越小，各种新形态的传感器、计算/联网设备蓬勃发展。同时，由于对生产效率、生活质量有不懈的追求，人们开始希望能随时、随地、无困难地享用计算能力和信息服务，由此也带来了计算模式的新变革，这就是计算模式的第三个时代——普适计算时代。在这个时代，一个人可能拥有或使用多个计算设备，如手机、iPad、台式计算机、便携计算机等。

从图 4-13 中可以看出，主机计算模式经过了一个高峰后开始呈现下降趋势，桌面计算模式近几年也开始呈下降趋势，而普适计算模式这些年呈上升趋势。

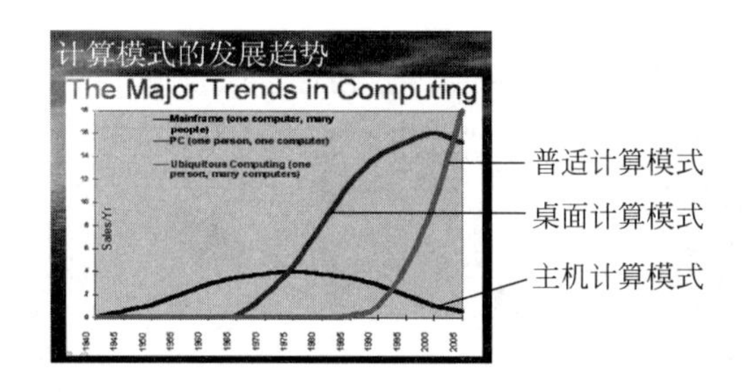

图 4-13 3 种计算模式的发展趋势

在普适计算时代，各种具有计算和联网能力的设备将变得像现在的水、电、纸、笔一样，随手可得。计算机不再局限于桌面，已深入人们的工作、生活空间中，变为手持或可穿戴式的设备，甚至与日常生活中使用的各种器具融合在一起。此时，信息空间与物理空间融合为一体，这种融合体现在两方面：首先，物理空间中的物体将与信息空间中的对象互相关联，例如一张挂在墙上的油画将同时带有一个 URL 指向与这幅油画相关的 Web 站点；其次，在操作物理空间中的物体时，可以同时透明地改变相关联的信息空间中的对象的状态，反之亦然。

2）普适计算的定义

普适计算是指在普适环境下使人们能够使用任意设备、通过任意网络、在任意时间都可以获得一定质量网络服务的技术。

普适计算的含义十分广泛，所涉及的技术包括移动通信技术、小型计算设备制造技术、小型计算设备上的操作系统技术及软件技术等。

间断连接与轻量计算（即计算资源相对有限）是普适计算最重要的两个特征，普适计算的软件技术就是要实现在这种环境下的事务和数据处理。

在信息时代，普适计算可以降低设备使用的复杂程度，使人们的生活更轻松、更有效率。实际上，普适计算是网络计算的自然延伸，它使得个人计算机和其他小巧的智能设备都可以连接到网络中，从而方便人们即时获得信息并采取行动。

普适计算是在网络技术和移动计算的基础上发展起来的，其重点在于提供面向客户的、统一的、自适应的网络服务。如图 4-14 所示，普适环境主要包括网络、设备和服务。网络环境包括 Internet、移动网络、电话网、电视网和各种无线网络等；普适计算设备更是多种多样，包括计算机、手机、汽车、家电等能够通过任意网络上网的设备；服务内容包括计算、管理、控制、资源浏览等。

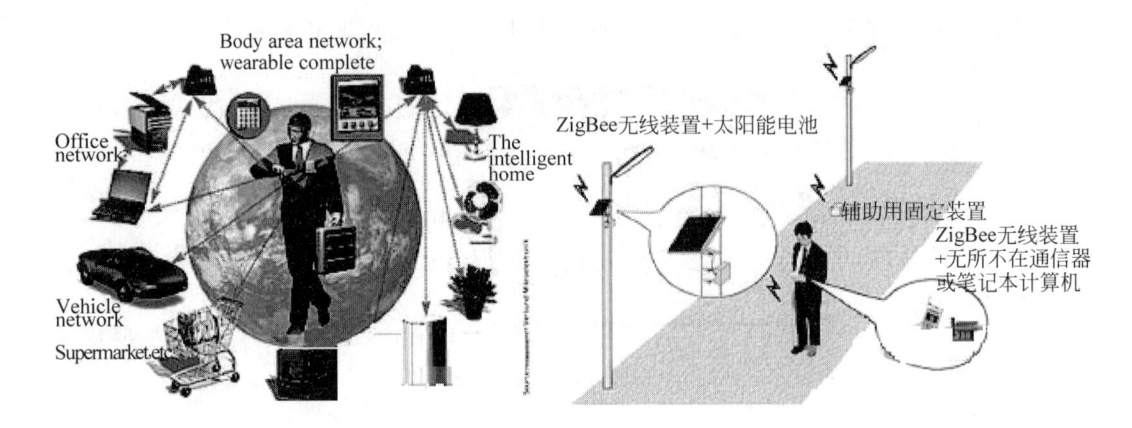

图 4-14 普适计算系统

实现普适计算的目标需要一些关键技术，如场景识别、资源组织、人机接口、设备无关性技术及设备自适应技术等。

普适计算具有以下环境特点：在任何时间、任何地点，用不同的网络（不同协议、不同带宽）和不同的设备（屏幕、平台、资源），根据个人的偏好，提供方便的服务。

2. 普适计算的发展历史

被称为普适计算之父的是施乐公司 PALOATO 研究中心的首席技术官 Mark Weiser，他最早在 1991 年提出："21 世纪的计算将是一种无所不在的计算（Ubiquitous Computing）模式"。

1999 年，IBM 提出普适计算（又叫普及计算）的概念。普适计算是 IBM 电子商务之后的又一重大发展战略，开始了端到端解决方案的技术研发。IBM 认为，实现普适计算的基本条件是计算设备越来越小，计算设备无时不在、无所不在，方便人们随时随地佩带和使用。

早在 20 世纪 90 年代中期，作为普适计算研究的发源地，Xerox Parc 研究室的科学家就曾预言普适计算设备（智能手机、PDA 等）的销量将在 2003 年前后超过代表桌面计算模式的个人计算机，这一点已经得到了验证。据 IDC 统计，2001 年美国和西欧的个人计算机销量已经开始进入平稳期，甚至开始下滑，而在同期，手机、PDA 的销量却大幅度攀升，而且在很多国家，手机的拥有量已经超过了个人计算机，奠定了普适计算模式发展的坚实基础。

4.3.5　物联网

1. 定义

物联网是新一代信息技术的重要组成部分，英文拼写是“The Internet of things”。顾名思义，物联网就是物物相连的互联网。这有两层意思：第一，物联网的核心和基础仍然是互联网，它是在互联网的基础上延伸和扩展的网络；第二，其用户端延伸和扩展到了任何物品与物品之间进行信息交换和通信。物联网的定义是通过射频识别（RFID）、红外感应器、全球定位系统、激光扫描器等信息传感设备，按约定的协议，把任何物品与互联网相连接，进行信息交换和通信，以实现对物品的智能化识别、定位、跟踪、监控和管理的一种网络，如图4-15所示。

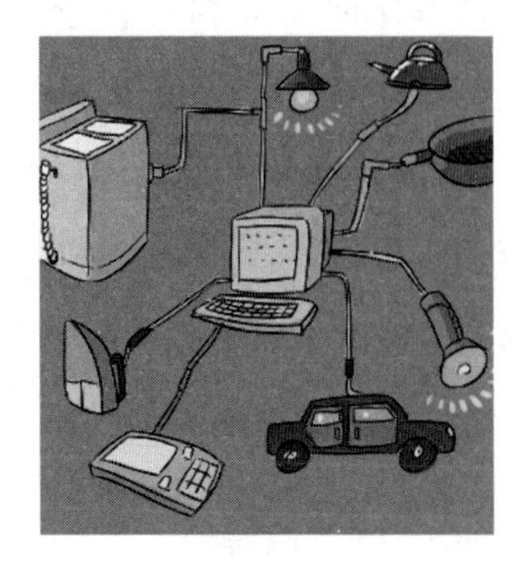

图4-15　物联网

物联网将无处不在的末端设备（Devices）和设施（Facilities），包括具备“内在智能”的传感器、移动终端、工业系统、楼控系统、家庭智能设施、视频监控系统等和“外在使能”（Enabled）的、贴上RFID的各种资产（Assets）及携带无线终端的个人与车辆等“智能化物件或动物”或“智能尘埃”（Mote）等，通过各种无线/有线的长距离/短距离通信网络实现互联互通（M2M），应用大集成（Grand Integration）及基于云计算的SaaS营运等模式，提供安全可控及个性化的实时在线监测、定位追溯、报警联动、调度指挥、预案管理、远程控制、安全防范、远程维保、在线升级、统计报表、决策支持及领导桌面（集中展示的Cockpit Dashboard）等管理和服务功能，实现对“万物”的高效、节能、安全、环保、管、控、营一体化。

2. 发展历史

物联网最早可追溯到1990年施乐公司的网络可乐贩售机Networked Coke Machine。

1999年，在美国召开的移动计算和网络国际会议上，MIT Auto-ID中心的Ashton教授首先提出物联网的概念。

2003年，美国《技术评论》提出传感网络技术将是未来改变人类生活的十大技术之首。

2005年11月17日，在突尼斯举行的信息社会世界峰会(WSIS)上，国际电信联盟(ITU)发布《ITU互联网报告2005：物联网》报告。

2009年1月28日，奥巴马就任美国总统后，与美国工商业领袖举行了一次“圆桌会议”，IBM首席执行官彭明盛首次提出“智慧地球”这一概念，建议新政府投资新一代的智慧型基础设施。美国将新能源和物联网列为振兴经济的两大重点。

2009年8月，温家宝同志在视察中科院无锡物联网产业研究所时，对于物联网的应用也提出了一些看法和要求，他提出“感知中国”，自此物联网被正式列为国家五大新兴战略性产业之一并写入“政府工作报告”，物联网在中国受到了全社会极大的关注。

3. 技术原理

从技术架构上来看，物联网可分为感知层、网络层和应用层3层。

感知层由各种传感器及传感器网关构成，包括二氧化碳浓度传感器、温度传感器、湿度传感器、二维码标签、RFID标签和读写器、摄像头、GPS等感知终端。感知层的作用相当于人的眼耳鼻喉和皮肤等神经末梢，其主要功能是识别物体，采集信息。

网络层由各种私有网络、互联网、有线和无线通信网、网络管理系统和云计算平台等组成，相当于人的神经中枢和大脑，负责传递和处理感知层获取的信息。

应用层是物联网和用户(包括人、组织和其他系统)的接口，它与行业需求结合，可以实现物联网的智能应用。

4.3.6 无线传感器网

无线传感器网络(Wireless Sensor Networks, WSN)以其低功耗、低成本、分布式和自组织的特点带来了一场信息感知的变革。无线传感器网络由部署在监测区域内的大量廉价微型传感器节点组成，通过无线通信方式形成一个多跳自组织网络。

1. 定义

无线传感器网络是由大量无处不在的，具有通信与计算能力的微小传感器节点密集布设在无人值守的监控区域，从而构成能够根据环境自主完成指定任务的“智能”自治测控网络系统，如图4-16所示。

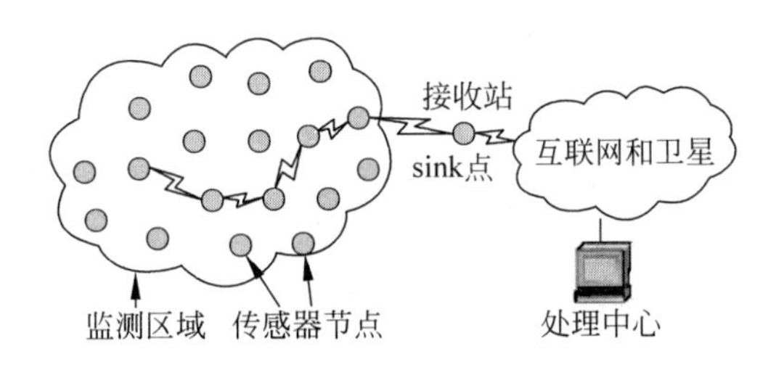

图4-16　无线传感器网络

无线传感器网络是大量静止或移动的传感器以自组织和多跳的方式构成的无线网络，其目的是协作地感知、采集、处理和传输网络覆盖地理区域内感知对象的监测信息，并报告给用户，大量传感器节点可将探测数据通过汇聚节点经其他网络发送给用户。在这个定义中，传感器网络实现了数据采集、处理和传输3种功能，而这正对应着现代信息技术的3大基础技术，即传感器技术、计算机技术和通信技术。

由于传感器节点数量众多，布设时只能采用随机投放的方式，传感器节点的位置不能预先确定。在任意时刻，传感器节点间通过无线信道连接，自组织网络拓扑结构，其节点间具有很强的协同能力，通过局部的数据采集、预处理及节点间的数据交互来完成全局任务。无线传感器网络是一种无中心节点的全分布系统，由于大量传感器节点是密集布设的，传感器节点间的距离很短，因此多跳（Multi-hop）、对等（Per to pecr）通信方式比传统的单跳、主从通信方式更适合在无线传感器网络中使用。而且，由于每跳的距离较短，无线收发器可以在较低的能量级别上工作。另外，多跳通信方式可以有效地避免无线信号长距离传播过程中遇到的信号衰减和干扰等各种问题。

无线传感器网络可以在独立的环境下运行，也可以通过网关连接到现有的网络基础设施上，如Internet等。在连接到Internet的情况下，远程用户可以通过Internet浏览无线传感器网络所采集的信息。

2. 特点

无线传感器网络有如下特点。

（1）大规模网络。为了获取精确信息，在监测区域通常部署大量传感器节点，传感器节点数量可能达到成千上万，甚至更多。

（2）自组织网络。传感器节点具有自组织的能力，能够自动进行配置和管理，通过拓扑控制机制和网络协议自动形成转发监测数据的多跳无线网络系统。

(3) 动态性网络。传感器网络的拓扑结构可能因为下列因素发生改变：环境因素或电能耗尽造成的传感器节点故障或失效；环境条件变化可能造成无线通信链路带宽变化，甚至时断时通；传感器网络的传感器、感知对象和观察者这3要素都可能具有移动性；新节点的加入。若要能够适应这种变化，传感器网络系统要具有动态的系统可重构性。

(4) 可靠的网络。传感器节点可能工作在露天环境中，这就要求传感器节点非常坚固，不易损坏，能够适应各种恶劣环境条件。而且，为保障传感器网络的通信保密性和安全性，要防止出现监测数据被盗取和获取伪造的监测信息的情况。

(5) 应用相关的网络。不同的应用背景对传感器网络的要求不同，其硬件平台、软件系统和网络协议必然会有很大差别，传感器网络应用可以适应这种差异。

(6) 以数据为中心的网络。传感器网络中的节点采用节点编号标识，但节点编号之间的关系是完全动态的，表现为节点编号与节点位置没有必然联系。网络在获得指定事件的信息后汇报给用户，这种以数据本身作为查询或传输线索的思想就是传感器网络的特点之一。

4.3.7 GSM全球移动通信系统与5G

1. 概述

全球移动通信系统(Global System of Mobile Communication，GSM)是当前应用最为广泛的移动电话标准，由欧洲电信标准组织(ETSI)制订。它的空中接口采用时分多址技术。GSM标准的设备占据当前全球蜂窝移动通信设备市场份额80%以上。

从用户观点出发，GSM的主要优势在于用户可以在更高的数字语音质量和更低的费用之间作出选择。网络运营商的优势是他们可以为不同的客户定制相应的设备配置，因为GSM作为开放标准提供了更简易的互操作性。这样，就允许网络运营商提供漫游服务，用户就可以在全球使用他们的移动电话。

2. 发展历史

GSM小组创立于1982年，其技术在1987年被提出，1990年第一个GSM规范说明完成，文本长约6000多页。商业运营开始于1991年，地点是芬兰的Radiolinja。1998年，3G项目启动。4G集3G与WLAN于一体，能够快速传输高质量数据、音频、视频和图像等。4G下载速度为100Mbps，比家用宽带ADSL(4M)快25倍，并能够满足无线服务的要求。5G是4G的延伸，5G网络的理论下行速度为10Gb/s(相当于下载速度1.25GB/s)。2017年12月21日，在国际电信标准组织3GPP RAN第78次全体会议上，5G NR首发版本正式冻结并发布。2018年2月23日，沃达丰和华为完成首次5G通话测试。2018年8月3日，美国联邦通讯委员会(FCC)发布高频段频谱的竞拍规定，这些频谱将用于开发下一代5G无线网络。2018年12月1日，韩国三大运营商SK、KT与LG U+同步在韩国部分地区推出5G服务，这也是新一代移动通信服务在全球首次实现商用。同年12月10日工信部正式对外公布，已向中国电信、中国移动、中国联通发放了5G系统中低频段试验频率使用许可。2019年6月6日，工信部向中国电信、中国移动、中国联通、中国广电发放5G商用牌照，这意味着5G正式商用。

3. GSM技术

GSM是一种蜂窝网络，也就是说移动电话要连接到它能搜索到的最近的蜂窝单元区域。GSM网络运行在多个不同的无线电频率上。它一共有4种不同的蜂窝单元尺寸：巨蜂窝、微蜂窝、微微蜂窝和伞蜂窝，覆盖面积因环境的不同而不同。巨蜂窝可以被看作是基站天线安装在天线杆或者建筑物顶上。微蜂窝则是那些天线高度低于平均建筑高度的蜂窝，一般用在市区内。微微蜂窝则是那种很小的、只覆盖几十米范围的蜂窝，主要用于室内。伞蜂窝则用于覆盖更小的蜂窝网盲区，填补蜂窝之间的信号空白区域。蜂窝半径范围根据天线高度、增益和传播条件可以从百米以下到数十公里。实际使用的最长距离GSM规范支持到35公里，还有个扩展蜂窝的概念，其半径可以增加一倍甚至更多。GSM同样支持室内覆盖，通过功率分配器可以把室外天线的功率分配到室内天线分布系统上。这是一种典型的配置方案，用于满足室内高密度通话要求，在购物中心和机场十分常见。然而这并不是必须的，因为室内覆盖也可以通过无线信号穿越建筑物来实现，只是这样可以提高信号质量，减少干扰和回声。

4. 5G通信

5G是第五代移动通信网络，其峰值理论传输速度可达1Gb/s，比4G网络的传输速度快数百倍。举例来说，一部1G的电影可在8秒之内下载完成。5G网络的主要目标是让终端用户始终处于联网状态。5G网络将来支持的设备远远不止是智能手机，它还支持智能手表、健身腕带、智能家庭设备(如鸟巢式室内恒温器)等。5G具体特征参数如下。

(1) 传输速率。5G网络已成功在28千兆赫(GHz)波段下达到了1Gbps，相比之下，当前的第四代长期演进(4G LTE)服务的传输速率仅为75Mbps。此前这一传输瓶颈被业界普遍认为是一个技术难题，而三星电子则利用64个天线单元的自适应阵列传输技术破解了这一难题。

(2) 智能设备。5G网络中看到的最大改进之处是它能够灵活支持各种不同的设备。除了支持手机和平板电脑外，5G网络还将支持可佩戴式设备。在一个给定的区域内支持无数台设备，这是设计的目标。在未来，每个人将拥有10～100台设备为其服务。

(3) 网络链接。5G网络改善端到端性能将是另一个重大的课题。端到端性能是指智能手机的无线网络与搜索信息的服务器之间保持连接的状况。例如，在观看网络视频时，如果发现视频播放不流畅甚至停滞，这很可能就是因为端到端网络连接较差的缘故。

4.3.8 第六代移动通信6G

1. 6G提出的背景

6G指的是第六代移动通信技术，6G网络属于概念性技术，是5G的延伸，理论下载速度可达1TB/s，目前已有机构开始研发，预计2026年正式投入商用。

2018年3月9日工信部部长苗圩对中央电视台表示，中国已经开始着手6G研究。2019年3月15日美国联邦通讯委员会(FCC)投票通过了开放95千兆赫到3太赫兹频段的决定，以供6G实验使用。纽约大学教授泰德·拉帕波特称："联邦通信委员会已经启动了6G的全球竞赛"。美国总统特朗普发推特说："我希望5G甚至6G的技术能尽快在美国普及。这比当前的标准要更强、更快、更智能。美国公司必须加紧努力，否则就会落后。我们没有理由落后……”。除中美两国外，欧盟、俄罗斯等也正在紧锣密鼓地开展相关工作。

实际上，5G的发展需求源自高速视频图像的传输。随着人们对视频体验的要求的提升，视频在媒介中占据着越来越重要的地位。除了更高的清晰度之外，一些新技术如增强现实、虚拟现实等的融入，要求视频技术必须具有更快的传输速度和处理能力，这是6G发展的原动力。

移动通信更新换代的过程中，由于1G只能语音不能上网，1971年12月被AT&T提出并实施后，很快被2G取代。尽管3G在处理图像、音乐、视频流等方面有一定优势，但4G以广带接入和分布网络为基础且50倍快于3G速度实现三维图像高质量传输，而迅速将其代替。目前的5G也有类似的开端景象，因为6G似乎在各方面都有较多的优势。这也提醒移动通信厂商在加紧部署5G应用推广的同时，也需尽快展开6G技术的开发和应用研究。

2. 关键技术

频率范围为95千兆赫(GHz)至3太赫兹(THz)的太赫兹波频谱被开放供实验使用，使下一代6G无线网络的研发有了技术政策层面的许可。曾经被认为无用的太赫兹波频谱，或将成为未来高速通信的频段。从1G到5G，为了提高速率、提升容量，移动通信在向着更多的频谱、更高的频段扩展。5G由小于6GHz扩展到毫米波频段，6G将迈进太赫兹(THz，1THz=1000GHz)时代。通常，太赫兹波指0.1THz到3THz的电磁波，见图4-17。

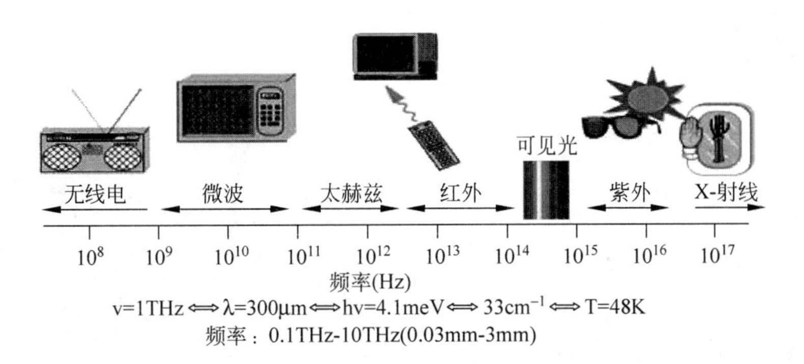

图4-17　频率范围及其应用(http://www.mwrf.net/news/suppliers/2012/5282.html)

太赫兹波的波长在3μm到1000μm之间，它被认为是6G的关键技术之一。事实上，太赫兹波能否用于无线通信还需科学家和工程师进一步认证。以前太赫兹波主要用于雷达探测、医疗成像。其在无线通信方面的应用是近两年刚刚开始的研究工作。其特点是频率高、通信速率高，理论上能够达到太字节每秒(TB/S)，但太赫兹波有明显的缺点，那就是传输距离短，易受障碍物干扰，现在能做到的通信距离只有10米左右，也就是说，只有解决通信距离问题，才能用于现有的移动通信蜂窝网络。此外，通信频率越高对硬件设备的要求越高，需要更好的性能和加工工艺。这些技术是目前必须在短时间内解决的问题。

因为300GHz频段的频率是下一代移动通信技术的重点研究领域，泰克科技公司及法国著名的研究实验室IEMN已经实现了300GHz频段中使用单载波无线链路实现100Gb/s数据传输，见图4-18。

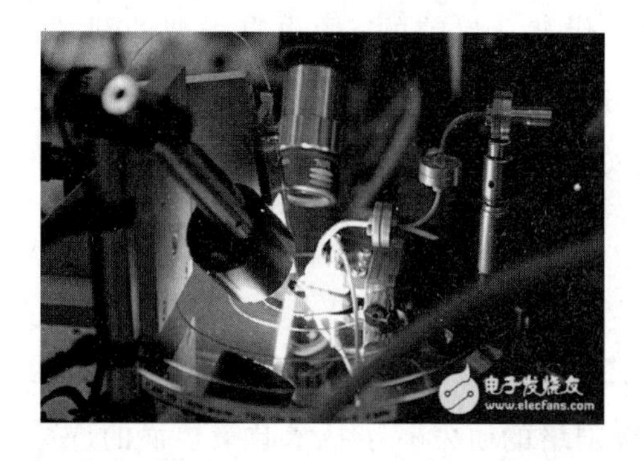

图4-18　300GHz传输实验(http://www.elecfans.com/tongxin/rf/20180601688185.html)

300GHz频段通信的实验原理是将一种高隔离技术应用于混频器元件，借助一种带有磷化铟高电子迁移率晶体管(InP-HEMT)的IC，以抑制每个IC内部和IC中端口之间的信号泄漏，这解决了300 GHz频段无线前端长期以来面临的挑战，实现了100Gbps的传输速率，见图4-19。

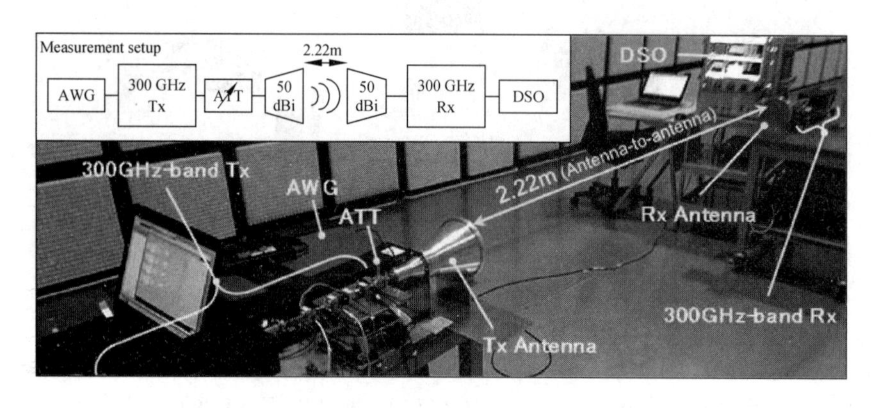

图4-19　300GHz频段通信的实验原理图(image.baidu.com)

3. 技术方案

4G主要依托正交频分复用技术，而5G主要依托天线技术和高频段技术。由于6G要求更短的网络延迟时间、更大的带宽、更广的覆盖和更高的资源利用率，因此6G除了要求高密度组网、全双工技术外，将卫星通信技术、平流层通信技术与地面技术融合，使此前大量未被通信信号覆盖的地方如无法建基站的海洋、难以铺设光纤的偏远无人地区等都有可能收发信号。除陆地通信覆盖外，水下通信覆盖也有望在6G时代启动，6G将实现地面无线与卫星通信集成的全连接。通过将卫星通信整合到6G移动通信，实现永远在线的全球无缝覆盖。

1）技术研究

目前，国际通信技术研发机构相继提出了多种6G技术路线，但这些方案都处于概念阶段，能否落地还需要验证。

芬兰的奥卢大学无线通信中心是全球最先开始6G研发的机构，目前正在无线连接、分布式计算、设备硬件、服务应用4个领域展开研究。无线连接是利用太赫兹波甚至更高频率的无线电波通信；分布式计算则是通过人工智能、边缘计算等算法解决大量数据带来的时延问题；设备硬件主要面向太赫兹波通信，研发对应的天线、芯片等硬件；服务应用则是研究6G可能的应用领域，如自动驾驶等。

韩国SK集团信息通信技术中心曾在2018年提出了“太赫兹波＋去蜂窝化结构＋高空无线平台(如卫星等)”的6G技术方案，不仅应用太赫兹波通信技术，还要彻底变革现有的移动通信蜂窝架构，并建立空天地一体的通信网络。去蜂窝化结构是当前的研究热点之一，即基站未必按照蜂窝状布置，终端也未必只和一个基站通信，这确实能提高频谱效率。去蜂窝结构构想最早由瑞典林雪平大学的研究团队提出。但这一构想能否满足6G时延、通信速率等指标，还需要验证。

美国贝尔实验室提出了“太赫兹波＋网络切片”的技术路线。但该方案的技术细节还需要长时间试验和验证。

2）硬件技术方案

提高通信速率有两个技术方案：一是基站更密集，部署量增加，虽然基站功率可以降低，但数量增加仍会带来成本上升；二是使用更高频率通信，比如太赫兹波或者毫米波，但高频率对基站、天线等硬件设备的要求更高，现在进行太赫兹波通信硬件试验的成本都非常高，超出一般研究机构的承受能力。另外，从基站天线数上来看，

4G 基站天线数只有 8 根,5G 能够做到 64、128 甚至 256 根,6G 的天线数可能会更高,基站的更换也会提高应用成本。

基站小型化是一个发展趋势,比如已有公司正在研究“纳米天线”,如同将手机天线嵌入手机一样,将采用新材料的天线紧凑集成于小基站里,以实现基站小型化和便利化,让基站无处不在。

不改变现有的通信频段,只依靠算法优化等措施很难实现设想的 6G 愿景,全部替换所有基站也不现实。未来很有可能会采取非独立组网的方式,即在原有基站等设施的基础上部署 6G 设备,6G 与 5G 甚至 4G、4.5G 网络共存,6G 主要用于人口密集区域或者满足自动驾驶、远程医疗、智能工厂等垂直行业的高端应用。其实,普通百姓对几十个 G、甚至太字节每秒的速率没有太高的需求,况且如果 6G 以毫米波或太赫兹波为通信频率,其移动终端的价格必然不菲,因此,混合网也是一种方案。

3) 软件技术方案

软件化与开源化将颠覆 6G 网络建设方式。软件化和开源化趋势正在涌入移动通信领域,在 6G 时代,软件无线电(SDR)、软件定义网络(SDN)、云化、开放硬件等技术将进入成熟阶段。这意味着,从 5G 到 6G,电信基础设施的升级更加便利,基于云资源和软件的升级就可实现。同时,随着硬件白盒化、模块化、软件开源化,本地化和自主式的网络建设方式或将是 6G 时代的新趋势。

4.3.9 量子通信

1. 量子通信

量子通信是指利用量子纠缠效应进行信息传递的一种新型通信方式。量子通信是近二十年发展起来的新型交叉学科,是量子论和信息论相结合的新的研究领域。量子通信主要涉及量子密码通信、量子远程传态和量子密集编码等,近来这门学科已逐步从理论走向实验,并向实用化方面发展。高效安全的信息传输日益受到人们的关注。目前,它已成为国际上量子物理和信息科学的研究热点。

量子通信系统的基本部件包括量子态发生器、量子通道和量子测量装置。按其所传输的信息是经典还是量子而分为两类。前者主要用于量子密钥的传输,后者则可用于量子隐形传态和量子纠缠的分发。所谓隐形传送指的是脱离实物的一种"完全"的信息传送。从物理学角度,可以这样来想象隐形传送的过程:先提取原物的所有信息,然后将这些信息传送到接收地点,接收者依据这些信息,选取与构成原物完全相同的基本单元,制造出原物完美的复制品。但是,量子力学的不确定性原理不允许精确地提取原物的全部信息,这个复制品不可能是完美的。因此长期以来,隐形传送不过是一种幻想而已。

2. 量子密码术

量子密码术是密码术与量子力学结合的产物,它利用了系统所具有的量子性质。量子密码术并不用于传输密文,而是用于建立、传输密码本。根据量子力学的不确定性原理以及量子不可克隆定理,任何窃听者的存在都会被发现,从而保证密码本的绝对安全,也就保证了加密信息的绝对安全。最初的量子密码通信利用的是光子的偏振特性,目前主流的实验方案则是用光子的相位特性进行编码。首先想到将量子物理用于密码术的是美国科学家威斯纳。他于1970年提出,可利用单量子态制造不可伪造的"电子钞票"。但这个设想的实现需要长时间保存单量子态,不太现实。

3. 量子信息学

量子力学的研究进展导致了新兴交叉学科——量子信息学的诞生,为信息科学展示了美好的前景。另一方面,量子信息学的深入发展,遇到了许多新课题,反过来又有力地促进量子力学自身的发展。当前量子信息学无论在理论上,还是在实验上都在不断取得重要突破,从而激发了研究人员更大的研究热情。但是,实用的量子信息系统是宏观尺度上的量子体系,人们要想做到有效地制备和操作这种量子体系的量子态,目前还是十分困难的。其应用主要在下面3个方面:保密通信、量子算法和快速搜索。

4. 国内量子通信的发展

中科院物理所于1995年以BB84方案在国内首次做了演示性实验。华东师范大学用B92方案做了实验,但也是在距离较短的自由空间里进行的。2000年,中科院物理所与研究生院合作,在850纳米的单模光纤中完成了1.1公里的量子密码通信演示性实验。

2008 年 8 月 12 日美国《国家科学院院刊》发表了中国科学技术大学潘建伟教授关于量子容失编码实验验证的研究成果。潘建伟小组首次在国际上原理性地证明了利用量子编码技术可以有效克服量子计算过程中的一类严重错误——量子比特的丢失，为光量子计算机的实用化发展扫除了一个重要障碍。

2012 年潘建伟等人在国际上首次成功实现百公里量级的自由空间量子隐形传态和纠缠分发，为发射全球首颗“墨子号”量子通讯卫星奠定技术基础。国际权威学术期刊《自然》杂志 8 月 9 日重点介绍了该成果，见图 4-20。

图 4-20 “墨子号”量子通讯卫星

2017 年 9 月 29 日，世界首条量子保密通信干线——“京沪干线”正式开通。中国科学家成功实现了洲际量子保密通信。这标志着中国在全球已构建出首个天地一体化广域量子通信网络雏形，为未来实现覆盖全球的量子保密通信网络迈出了坚实的一步。

5. 国外量子通信的发展

近年，美国、日本、欧洲、俄罗斯等国竞相开始量子通信的研发。

1994 年美国国防高级研究计划局开始量子通信研究。1999 年美国洛斯•阿拉莫斯国家实验室量子信息研究团体实现了 500 米的自由空间传输。随后，其相关研究逐步展开。2018 年美国 Battelle 公司提出建造环美国的万公里广域商业化量子通信骨干网络规划，试图为谷歌、IBM、微软、亚马逊等公司的数据中心之间提供量子通信服务。

为此，日本邮政省也及时提出 21 世纪量子通信中长期战略研究计划，要在 2020—2030 年间建成绝对安全保密的高速量子信息通信网。2005 年日本三项量子通信技术取得阶段性成果。2011 年量子密码技术被应用于电视会议系统，实现全球最快的密钥生成速度。2017 年 7 月 12 日日本用超小型卫星成功进行了量子通信实验。

几乎同时，欧盟在其《欧洲研究与发展框架规划》中也提出了《欧洲量子科学技术》计划以及《欧洲量子信息处理与通信》计划，并专门成立了包括英国、法国、德国、意大利、奥地利和西班牙等国在内的量子信息物理学研究网，主要用于研究量子通信、量子计算和量子信息科学。2015 年 3 月 23 日英国政府技术战略委员会发布了《量子技术国家战略》报告。2019 年 1 月 10 日意大利帕多瓦大学实现了地球轨道卫星与地基接收站之间 2 万公里单光子实际传输。2019 年 5 月德国政府宣布将资助大型量子通信研究项目。

2016 年 8 月俄罗斯在其鞑靼斯坦共和国境内启动了首条多节点量子互联网络试点项目，节点间距为 30～40 公里。2019 年中俄实现了量子通信的合作。

思考题

1. 什么是计算机网络？
2. 计算机网络拓扑结构有几种？
3. 简述计算机网络发展历史。
4. 什么是 Internet？什么是第二代 Internet？
5. 简述 TCP/IP 协议。
6. 什么是 IP 地址？
7. 什么是万兆以太网？
8. 什么是模拟通信系统？
9. 通信系统由几个部分组成？
10. 什么是 D/A 转换？什么是 A/D 转换？
11. 什么是信道？
12. 什么是频分多路复用？什么是时分多路复用？
13. 什么是网桥？什么是网关？什么是路由？什么是交换机？
14. 互联网有几种接入方式？

15. 什么是全光网？

16. 什么是云计算？

17. 什么是网格计算？

18. 什么是普适计算？

19. 什么是物联网？一般物联网分几层？

20. 什么是无线传感器网？它有什么特点？

第 5 章

程序、软件与系统

5.1 程序、语言与软件

5.1.1 程序

程序(包括计算机程序和软件程序)是指一组指示计算机执行动作或做出判断的指令,通常用某种程序设计语言编写,运行于某种目标计算机或智能仪器上。

1. 程序的基本结构

早在 1966 年,Bohm 和 Jacopin 就证明了程序设计语言中只要有 3 种基本控制结构,就可以表示出各种复杂的程序结构。这 3 种基本控制结构是顺序、选择和循环。对于具体的程序语句来说,每种基本控制结构都包含若干语句。

(1) 顺序结构。顺序结构表示程序中的各操作是按照它们出现的先后顺序执行的,如图 5-1(1)所示,先执行 A 模块,再执行 B 模块。

(2) 选择结构。选择结构表示程序的处理步骤出现了分支,它需要根据某一特定的条件选择执行其中一个分支。选择结构有单选择、双选择和多选择 3 种形式。如图 5-2(2)所示,当条件 P 的值为真时执行 A 模块,否则执行 B 模块。

(3) 循环结构。循环结构表示程序反复执行某个或某些操作,直到某个条件为假(或为真)时才可终止循环。在循环结构中最重要的是什么情况下执行循环以及哪些操作需要执行循环。如图 5-1(3)所示为当型循环结构:当条件 P 的值为真时,就执行 A 模块,然后再次判断条件 P 的值是否为真,直到条件 P 的值为假时才向下执行。如图 5-1(4)所示为直到型循环结构:先执行 A 模块,然后判断条件 P 的值是否为真,若 P 为假,再次执行 A 模块,直到条件 P 的值为真时才向下执行。

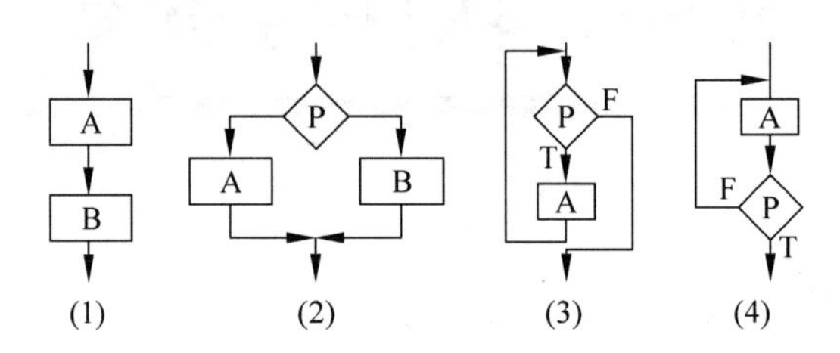

图 5-1 程序的 3 种基本结构

2. 程序的执行方式

程序一般是用高级语言编写的,如 C/C++和面向对象的 Visual 系列。高级语言程序在计算机上是不能直接执行的,因为计算机只能执行二进制程序。因此,要将编写的程序翻译成二进制程序。在计算机上执行程序的方式有两种:一是解释执行方式,二是编译执行方式。

(1) 解释执行方式。即翻译一句,执行一句,也就是边解释边执行。这种方式每次运行程序时都要重新翻译整个程序,效率较低,执行速度慢,如 BASIC 语言程序。解释执行方式按照源程序中语句的动态顺序逐句进行分析解释,并立即执行,直至源程序结束。

(2) 编译执行方式。即在程序第一次执行前,先将编写的程序翻译成二进制程序,然后直接执行这个翻译好的二进制程序。程序的翻译过程叫编译。现在的大多数语言都是采用这种方式。编译执行方式把源程序的执行过程严格地分成编译和运行两大步,即先把源程序全部翻译成目标代码,再运行此目标代码,最后获得执行结果。

5.1.2 计算机语言

计算机语言的发展是一个不断演化的过程，其推动力是对抽象机制更高的要求及对程序设计思想更好的支持。计算机语言从最开始的机器语言，到汇编语言，再到各种结构化高级语言，最后演化到支持面向对象技术的面向对象语言。

1. 机器语言

二进制是计算机语言的基础。计算机发明之初，人们编写一串串由 0 和 1 组成的指令序列交由计算机执行，这种语言就是机器语言。使用机器语言是十分痛苦的，特别是在程序有错需要修改时比较麻烦。由于每台计算机的指令系统不同，所以，在一台计算机上执行的程序，要想在另一台计算机上执行，必须重新编程，重复工作量大。但是，由于使用的是针对特定型号计算机的语言，故而运算效率是所有语言中最高的。机器语言是第一代计算机语言。

2. 汇编语言

为了降低使用机器语言编程的难度，人们对机器语言进行了改进：用一些简洁的英文字母、符号串来替代特定的二进制指令串，例如用 ADD 代表加法，用 MOV 代表数据传递等。这样，人们便可以很容易读懂并理解程序要干什么，纠错及维护也变得方便很多，这种程序设计语言就是汇编语言，即第二代计算机语言。然而计算机不认识这些符号，这就需要一个专门的程序负责将这些符号翻译成二进制的机器语言，这种翻译程序称为汇编程序。汇编语言同样十分依赖于机器硬件，移植性不好，但效率很高。针对计算机特定硬件而编制的汇编语言程序，能准确发挥计算机硬件的功能和特长，程序精炼而质量高，所以汇编语言至今仍是一种常用而强有力的软件开发工具。

3. 高级语言

从最初与计算机交流的“痛苦经历”中，人们意识到应该设计一种这样的语言：它接近于数学语言或人类的自然语言，同时又不依赖于计算机硬件，编出的程序能在所有机器上通用，这种就是高级语言。经过努力，1954 年第一个完全脱离机器硬件的高级语言——FORTRAN 问世。60 多年来，已出现了几百种高级语言，其中，有几十种语言影响较大，应用普遍性好，如 FORTRAN、ALGOL、COBOL、BASIC、LISP、SNOBOL、PL/1、Pascal、C、PROLOG、Ada 及 C++、VC、VB、Delphi、JAVA 等。高级语言的发展经历了从早期语言到结构化程序设计语言，从面向过程到非过程化程序语言的过程，相应地，软件的开发也由最初的个体手工作坊式的封闭式生产方式发展为产业化、流水线式的工业化生产方式。

4. 第四代语言

第四代语言(Fourth-Generation Language，4GL)具有简单易学、用户界面良好、非过程化程度高、面向问题、只须告知计算机“做什么”而不必告知计算机“怎么做”等特点。用 4GL 编程的代码量较传统语言明显减少，并可提高软件生产率。这类语言有 ADA、MODULA-2、SMALLTALK-80 等。第四代语言的出现属于商业驱动，4GL 一词最早出现在 20 世纪 80 年代初的软件厂商广告和产品介绍中。1985 年美国召开全国性的 4GL 研讨会，在这之后，许多计算机专家对 4GL 展开了全面研究。20 世纪 90 年代，基于数据库管理系统的 4GL 商品化软件在软件开发中获得应用，使得 4GL 成为面向数据库应用的主流工具。

5. 计算机语言的未来发展趋势

面向对象程序设计和数据抽象在现代程序设计思想中占有很重要的地位，未来语言的发展将不再是一种单纯的语言标准，而是采用完全面向对象的形式，更易于表达现实世界，更易于为人编写。语言使用人员将不再只是专业的编程人员，人们完全可以用订制真实生活中一项工作流程的简单方式来完成编程。计算机语言发展的特性：①简单性：提供最基本的方法来完成指定的任务，用户只须理解一些基本的概念，就可以用它编写出适合于各种情况的应用程序；②面向对象：提供简单的类机制及动态的接口模型，对象中封装状态变量及相应的方法，实现模块化和信息隐藏；提供一类对象的原型，并且通过继承机制，子类可以使用父类所提供的方法，实现代码的复用；③安全性：用于网络、分布环境下时有安全机制保证；④平台无关性：与平台无关的特性使程序可以方便地被移植到网络上的不同机器和不同平台。

6. R 语言

R 语言是由数据操作、计算和图形展示功能整合而成的套件，包括统计分析、绘图语言和操作环境。R 是属于 GNU 系统的一个自由、免费、源代码开放的软件，其功能包括数据存储和处理、数组计算操作、数据分析工具、数据显示的图形功能及可以编程（包括条件、循环、自定义函数、输入/输出功能）。R 语言诞生于 1980 年，属于 AT&T 贝尔实验室开发的一种用来进行数据探索、统计分析和作图的解释型 S 语言系列，后由 MathSoft 公司完善。随后，新西兰奥克兰大学的 Robert Gentleman 和 Ross Ihaka 及其他志愿人员开发了 R 系统。

7. Python 语言

Python 是一种面向对象的解释型计算机程序设计语言，由荷兰人 Guido van Rossum 于 1989 年开发，1991 年公开。Python 是自由软件，源代码和解释器 Python 遵循 GPL(GNU General Public License)协议。Python 有丰富、强大的库，被喻为胶水语言，因为它能把用其他语言制作的各种模块很轻松地连接在一起，常见的一种应用是使用 Python 快速生成程序的原型（有时甚至是程序的最终界面），然后对其中有特别要求的部分用更合适的语言改写。2017 年编程语言排行榜中 Python 高居首位。

5.1.3 软件

1. 软件

软件(Software)是一系列按照特定顺序组织的计算机数据和指令的集合。一般来讲，软件被划分为编程语言、系统软件、应用软件以及介于系统软件和应用软件之间的中间件。软件并不只是包括可以在计算机（这里的计算机是指广义的计算机）上运行的程序，与这些程序相关的文档一般也被认为是软件的一部分。简单来说，软件就是程序加文档的集合体。

软件是用户与硬件之间的接口界面，用户主要是通过软件与计算机进行交流。软件是计算机系统设计的重要依据，为了方便用户，为了使计算机系统具有较高的总体效用，在设计计算机系统时，必须全局考虑软件与硬件的结合以及用户的要求和软件的要求。

2. 软件分类

一般来讲，软件划分为系统软件和应用软件，其中系统软件包括操作系统和支撑软件（包括微软发布的嵌入式系统，即硬件级的软件，可使计算机及其他设备的运算速度更快，更节能），如图 5-2 所示。

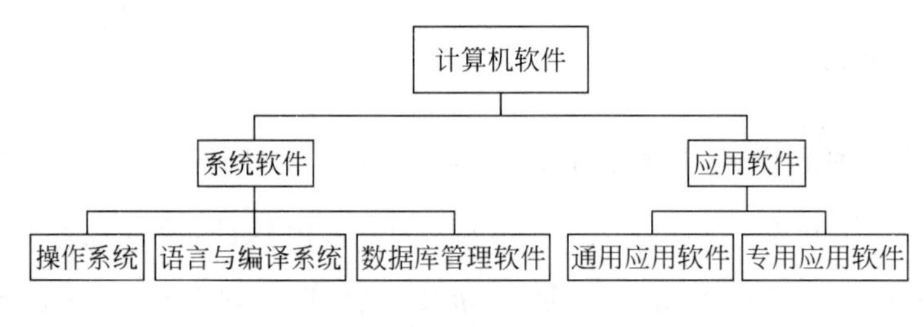

图 5-2　软件分类

1）系统软件

系统软件可为计算机提供最基本的功能，分为操作系统、数据库管理系统、系统实用程序等。

（1）操作系统是一种管理计算机硬件与软件资源的程序，同时也是计算机系统的内核与基石，负责内存管理与配置、系统资源供需的优先次序、输入与输出设备、操作网络与管理文件系统等事务。操作系统分为 Windows、Unix、Linux、Mac OS 及 OS/2 等。

（2）数据库管理系统是对数据库进行有效管理和操作的系统，是用户与数据库之间的接口，它提供了用户管理数据库的一套命令，可完成数据库的建立、修改、检索、统计和排序等功能。关系型数据库管理系统应用广泛，常见的有 FoxPro、SQL Server、Oracle、Sybase、DB2 和 Informix 等。

（3）系统实用程序是一些工具性的服务程序，便于用户使用和维护计算机。主要的系统实用程序有语言处理程序、编辑程序、连接装配程序、打印管理程序、测试程序和诊断程序等。

2）应用软件

（1）通用应用软件，是某些具有通用信息处理功能的商品化软件。它的特点是具有通用性，可以被许多有类似应用需求的用户使用，它所提供的功能往往可以由用户通过选择、设置和调配来满足需求。比较典型的通用软件有文字处理软件、表格处理软件等。

（2）专用应用软件，是满足用户特定要求的应用软件。某些情况下，用户对数据处理的功能需求存在很大的差异性，通用软件不能满足要求时，需要由专业人士采取单独开发的方法，开发满足特定要求的专门应用软件，例如数值统计分析软件、财务核算软件等。

3. Matlab 软件

Matlab 是 MathWorks 公司出品的商业数学软件，是用于算法开发、数据可视化、数据分析及数值计算的高级技术计算语言和交互式环境，包括 Matlab 和 Simulink 两大部分。Matlab 可以运算矩阵、绘制函数和数据、实现算法、创建用户界面、连接其他编程语言的程序等，主要应用于工程计算、控制设计、信号处理与通信、图像处理、信号检测以及金融建模设计与分析等领域。

5.2 操作系统

5.2.1 操作系统概述

1. 定义

操作系统（Operating System，OS）是一种管理计算机硬件与软件资源的程序。负责管理计算机系统的硬件资源、软件资源和数据资源，控制程序运行，改善人机界面，为其他应用软件提供支持等，使计算机系统的所有资源最大限度地发挥作用，为用户提供方便、有效、友善的服务。

操作系统是最靠近硬件的系统软件，它把硬件裸机改造成为一台功能完善的虚拟机，使得计算机系统的使用和管理更加方便，计算机资源的利用效率更高，上层的应用程序可以获得比硬件提供的功能更多的支持。

2. 功能

操作系统是一个庞大的管理控制程序，主要包括处理器管理、设备管理、文件管理、存储管理、作业管理5个方面的管理功能。操作系统主要对硬件资源和软件资源进行分配和调度。

(1) 处理器管理是根据一定的策略将处理器交替地分配给系统内等待运行的程序。

(2) 设备管理负责分配和回收外部设备，控制外部设备按用户程序的要求进行操作。

(3) 文件管理向用户提供创建文件、撤销文件、读写文件、打开和关闭文件等功能。

(4) 存储管理的功能是管理内存资源，主要实现内存的分配与回收、存储保护及内存扩充。

(5) 作业管理的功能是为用户提供一个使用系统的良好环境，使用户能有效地组织自己的工作流程，并使整个系统高效运行。

3. 操作系统的发展历史

(1) 20世纪80年代前。第一部计算机并没有操作系统，这是由于早期计算机的建立方式(如同建造机械算盘)与效能不足以执行如此程序。1947年，晶体管被发明，莫里斯·威尔克斯(Maurice V. Wilkes)发明了微程序方法。20世纪60年代早期，商用计算机制造商制造了批次处理系统，此系统可将工作的建置、调度及执行序列化。厂商为每一台不同型号的计算机设计了不同的操作系统，因此为某计算机写的程序无法移植到其他计算机上执行，即使同型号的计算机之间也不行。1964年，IBM System/360推出了一系列大型计算机，OS/360是适用于整个系列产品的操作系统。1963年，奇异公司与贝尔实验室合作，以PL/I语言建立Multics，为Unix系统奠定了良好的基础。

(2) 20世纪80年代。早期最著名的磁盘启动型操作系统是CP/M。1980年，微软公司与IBM签约，并且收购了一家公司出产的操作系统，修改后改名为MS-DOS。在解决了兼容性问题后，MS-DOS变成了IBM PC上最常用的操作系统。同年，另一个操作系统Mac OS出现，即苹果计算机的Mac OS，其采用图形用户界面，用户可以用鼠标下拉式菜单、桌面图标、拖曳式操作与双单击等实现操作。

(3) 20世纪90年代。这个时期出现了许多影响个人计算机市场的操作系统。

由于图形化用户界面日趋繁复，操作系统的能力也越来越复杂、巨大，因此强韧且具有弹性的操作系统就成了迫切的需求。1990 年，开源操作系统 Linux 问世。Linux 内核是一个标准 POSIX 内核，其血缘可算是 Unix 家族的一支。Linux 与 BSD 家族都搭配 GNU 计划所发展的应用程序，由于使用许可证及历史因素，Linux 取得了相当可观的开源操作系统市占率。苹果公司于 1997 年推出的新操作系统 Mac OS X 取得了巨大的成功。

(4) 21 世纪初。大型主机与嵌入式系统可使用的操作系统日趋多样化。有许多大型主机近期开始支持 Java 及 Linux，以便共享其他平台的资源。嵌入式系统近期百家争鸣，从给 Sensor Networks 用的 Berkeley Tiny OS 到可以操作 Microsoft Office 的 Windows CE。

5.2.2 不同的操作系统

1. 操作系统分类

操作系统的分类如下。

(1) 批处理操作系统(Batch Processing Operating System)将一批作业提交给操作系统后就不再干预，由操作系统控制它们自动运行。批处理操作系统分为单道批处理操作系统和多道批处理操作系统。

(2) 分时操作系统(Time Sharing Operating System)是使一台计算机采用时间片轮转的方式同时为几个、几十个甚至几百个用户服务的一种操作系统。

(3) 实时操作系统(Real Time Operating System)是指使计算机能及时响应外部事件的请求，并在规定的时间内严格完成对该事件的处理，并控制所有实时设备和实时任务协调一致地工作的操作系统。

(4) 网络操作系统(Network Operating System)是基于计算机网络的，在各种计算机操作系统上按网络体系结构协议标准开发的软件，包括网络管理、通信、安全、资源共享和各种网络应用，其目标是相互通信及资源共享。

(5) 分布式操作系统(Distributed Software Systems)是支持分布式处理的软件系统，是在由通信网络互联的多处理机体系结构上执行任务的系统，包括分布式操作系统、分布式程序设计语言及其编译(解释)系统、分布式文件系统和分布式数据库系统等。

2. 典型的操作系统

(1) Windows。它是一款微软公司开发的窗口化操作系统,采用了 GUI 图形化操作模式,比从前的指令操作系统(如 DOS)更为人性化。Windows 操作系统是目前世界上使用最广泛的操作系统。

(2) UNIX。它是一款强大的多用户、多任务操作系统,支持多种处理器架构,属于分时操作系统,1969 年由 AT&T 贝尔实验室开发。

(3) Linux。它是 UNIX 操作系统的一种克隆系统,1991 年 10 月 5 日正式向外公布。Linux 是一款免费的操作系统,用户可以通过网络或其他途径免费获得,并可以任意修改其源代码,这是其他操作系统所做不到的。正是由于这一点,程序员可以根据自己的兴趣和灵感对其进行改变,来自全世界的无数程序员参与了 Linux 的修改、编写工作,这让 Linux 吸收了无数程序员的精华而不断壮大。

(4) Mac OS。它是苹果公司为 Mac 系列产品开发的专属操作系统,1985 年由史蒂夫·乔布斯(Steve Jobs)组织开发,是一款图形界面的操作系统。

(5) Android。它是一种基于 Linux 的自由及开放源代码的操作系统,主要使用于移动设备,如智能手机和平板电脑等,由 Google 公司和开放手机联盟领导及开发,中文名称为“安卓”。Android 操作系统最初由 Andy Rubin 开发,主要支持手机,2005 年 8 月由 Google 收购注资。

(6) iOS。它是由苹果公司开发的移动操作系统,2007 年 1 月 9 日发布,最初是设计给 iPhone 使用的,后来陆续套用到 iPod touch、iPad 及 Apple TV 等产品上。iOS 与苹果的 Mac OS X 操作系统一样,属于类 Unix 的商业操作系统。

(7) 银河麒麟(Kylin)。它是国防科技大学研制的开源服务器操作系统,是 863 计划重大攻关科研项目,打破了国外操作系统的垄断,是一套中国自主知识产权的服务器操作系统。银河麒麟 2.0 包括实时版、安全版和服务器版。

(8) YunOS。它是阿里巴巴集团旗下的智能操作系统,融合了阿里巴巴在云数据存储、云计算服务及智能设备操作系统等多领域的技术成果,可搭载于智能手机、智能穿戴、互联网汽车、智能家居等多种智能终端设备。根据统计,截至 2016 年 7 月,搭载 YunOS 的物联网终端数量已经突破 1 亿。

5.3 软件工程

5.3.1 软件工程概述

1. 基本概念

软件工程(Software Engineering)是一门研究用工程方法构建和维护有效的、实用的和高质量的软件的学科。它涉及程序设计语言、数据库、软件开发工具、系统平台、标准及设计模式等方面。软件工程是应用计算机科学、数学、工程科学及管理科学等原理开发软件的工程,借鉴传统工程的原则和方法提高质量,降低成本。其中,计算机科学、数学用于构建模型与算法,工程科学用于制定规范,设计范型,评估成本及确定权衡,管理科学用于计划、资源、质量、成本等管理。

2. 软件工程过程

软件工程过程可概括为基本过程类、支持过程类和组织过程类3类。

(1) 基本过程类,包括获取过程、供应过程、开发过程、运作过程、维护过程和管理过程。

(2) 支持过程类,包括文档过程、配置管理过程、质量保证过程、验证过程、确认过程、联合评审过程、审计过程及问题解决过程。

(3) 组织过程类,包括基础设施过程、改进过程及培训过程。

3. 软件生命周期

同其他任何事物一样,一个软件产品或软件系统也要经历孕育、诞生、成长、成熟、衰亡等阶段,一般称为软件生命周期(Software Development Life Cycle,SDLC),它是软件产生直到报废的生命周期,周期内有问题定义、可行性分析、需求分析、系统设计、编码、调试、测试、验收、运行、维护升级到废弃等阶段,这种按时间分层的思想方法是软件工程中的一种思想原则,即按部就班,逐步推进,每个阶段都要有定义、工作、审查和形成文档以供交流和备查,从而提高软件的质量。

5.3.2 软件开发方法

1. 结构化方法

结构化方法(Structured Method)是一种传统的软件开发方法,它由结构化分析、结构化设计和结构化程序设计 3 部分有机组合而成。其思想是把一个复杂问题的求解过程分阶段进行,而且这种分解是自顶向下,逐层分解,每个阶段处理的问题都控制在人们容易理解和处理的范围内。结构化方法的基本要点是自顶向下,逐步求精和模块化设计。结构化方法按软件生命周期划分,有结构化分析(SA)、结构化设计(SD)、结构化实现(SP)3 个阶段。

2. 面向对象方法

面向对象方法(Object-Oriented Method)是一种把面向对象的思想应用于软件开发过程中指导开发活动的系统方法,简称 OO 方法,是建立在"对象"概念基础上的方法学。所谓面向对象,就是基于对象概念,以对象为中心,以类和继承为构造机制,来认识、理解、描述客观世界和设计、构建相应的软件系统。对象是由数据和允许的操作组成的封装体,与客观实体有直接对应关系,一个对象类定义具有相似性质的一组对象。继承性是对具有层次关系的类的属性和操作进行共享的一种方式。

3. 软件复用与构件

软件复用(Software Reuse)就是将已有的软件成分用于构造新的软件系统,以缩减软件开发和维护的花费。无论对可复用构件原封不动地使用,还是进行适当的修改后再使用,只要是用来构造新软件,都可称作复用。

构件(Component)是面向软件体系架构的可复用软件模块,它可以是被封装的对象类、类树、功能模块、软件框架(Framework)、软件构架(或体系结构,Architectural)、文档、分析件及设计模式等。开发人员可以通过组装已有的构件来开发新的应用系统,从而达到软件复用的目的。

4. 软件产品线

软件产品线是一组具有共同体系构架和可复用组件的软件系统,它们共同构建支持特定领域产品开发的软件平台。一个软件产品线由一个产品线体系结构、一个可复用构件集合和一个源自共享资源的产品集合组成，是组织开发一组相关软件产品的方式。软件产品线的产品是根据用户的基本需求对产品线架构进行定制，将可复用部分和系统独特部分集成而得到的，方法集中体现一种大规模、大粒度软件复用实践，是软件工程领域中软件体系结构和软件重用技术发展的结果。

软件产品线的思路是将软件的生产过程分到3类不同的生产车间进行，即应用体系结构提取车间、构件生产车间和基于构件、体系结构复用的应用集成（组装）车间，从而形成软件产业内部的合理分工，实现软件的产业化生产。软件产品线结构如图5-3所示。

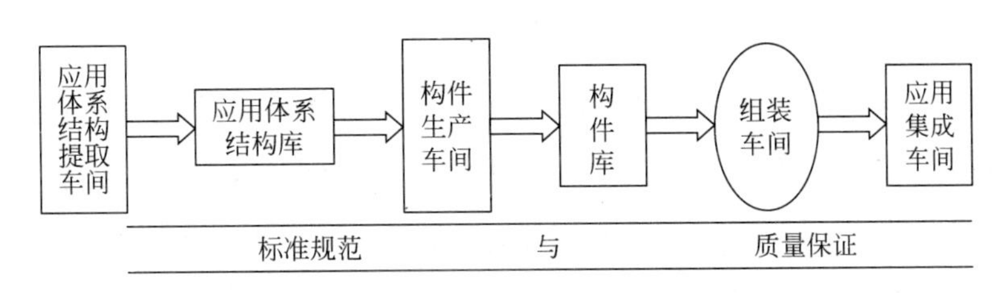

图5-3　软件产品线

5.3.3　软件开发工具

1. 软件开发工具的概念

软件开发工具是用于辅助软件生命周期开发的计算机程序。它是在高级程序设计语言之后，软件技术进一步发展的产物。其目的是在开发软件过程中给予人们各种不同方面、不同程度的支持或帮助，支持软件开发的全过程，而不是仅限于编码或其他特定的工作阶段。

2. 软件开发工具的分类

软件开发工具有以下几种分类。

（1）软件需求工具，包括需求建模工具和需求追踪工具。

（2）软件设计工具，用于创建和检查软件设计，因为软件设计方法具有多样性，这类工具的种类很多。

（3）软件构造工具，包括程序编辑器、编译器和代码生成器、解释器和调试器等。

(4) 软件测试工具,包括测试生成器、测试执行框架、测试评价工具、测试管理工具和性能分析工具。

(5) 软件维护工具,包括理解工具(如可视化工具)和再造工具(如重构工具)。

(6) 软件配置管理工具,包括追踪工具、版本管理工具和发布工具。

(7) 软件工程管理工具,包括项目计划、追踪工具、风险管理工具和度量工具。

(8) 软件工程过程工具,包括建模工具、管理工具和软件开发环境。

(9) 软件质量工具,包括检查工具和分析工具。

3. 软件开发工具的功能要求

软件开发工具应提供以下 5 个方面的功能。

(1) 认识与描述客观系统。这只用于软件工程的需求分析阶段。由于需求分析在软件开发中的地位越来越重要,人们迫切需要在明确需求和形成软件功能说明书方面得到工具的支持。与具体的编程相比,这方面工作的不确定性程度更高,更需要经验,更难形成规范化。

(2) 存储及管理开发过程中的信息。在软件开发的各阶段都要产生及使用许多信息。当项目规模比较大时,信息量就会大大增加,当项目持续时间较长的时候,信息的一致性就成为一个十分重要、十分困难的问题。如果再涉及软件的长期发展和版本更新,则有关的信息保存与管理问题就显得更为突出了。

(3) 代码的编写或生成。在整个软件开发工作过程中,程序编写工作量占了相当比例,提高代码的编制速度与效率显然是改进软件工作的一个重要方面。所以,代码自动生成和软件模块重用是必须考虑的两个方面。

(4) 文档的编制或生成。文档编写也是软件开发中十分繁重的一项工作,不仅费时费力,还很难保持一致。在这方面,计算机辅助的作用可以得到充分发挥。在各种文字处理软件的基础上,已有不少专用的软件开发工具提供了这方面的支持与帮助,有利于保持与程序的一致性,而且最后归结于信息管理方面的要求。

(5) 软件项目管理。这一功能是为项目管理人员提供支持的。对于软件项目来说,一方面,由于软件的质量比较难以测定,所以不仅需要根据设计任务书提出测试方案,还需要提供相应的测试环境与测试数据,人们希望软件开发工具能够提供这些方面的帮助;另一方面,当软件规模比较大的时候,版本更新后,各模块之间及模块与使用说明之间的一致性以及向外提供的版本控制等,都可能存在一系列十分复杂的管理问题，如果软件开发工具能够提供这方面的支持与帮助，将有利于软件开发工作的进行。

5.4 知识工程与数据工程

5.4.1 知识工程与数据工程概述

1. 知识工程

知识工程(Knowledge Engineering)是一门新兴的工程技术学科，最早由美国人工智能专家E. A. 费根鲍姆提出。它是社会科学与自然科学相互交叉和科学技术与工程技术相互渗透的产物。知识工程是运用现代科学技术手段高效率、大容量地获得知识、信息的技术，目的是为了最大限度地提高人的才智和创造力，掌握知识和技能，提高人们借助现代化工具利用信息的能力，为智力开发服务。作为一种工程技术，知识工程主要是研究如何组成由电子计算机和现代通信技术结合而成的新的通信、教育、控制系统。在建立专家系统时，主要处理专家或书本知识，内容包括知识的获取、知识的表示、知识的运用和处理3个方面。人工智能与计算机技术的结合产生了所谓"知识处理"的新课题，即要用计算机来模拟人脑的部分功能，解决各种问题，回答各种询问，从已有的知识推出新知识等。

知识工程过程包括如下5个活动。

(1) 知识获取。包括从人类专家、书籍、文件、传感器或计算机文件获取知识，知识可能是特定领域或这个活动特定问题的解决程序，也可能是一般知识或者是元知识解决问题的过程。

(2) 知识验证。即验证知识，直到它的质量是可以接受的。测试用例的结果通常被专家用来验证知识的准确性。

(3) 知识表示。获得的知识被组织在一起的活动叫作知识表示。这个活动需要准备知识地图及在知识库中进行知识编码。

(4) 推论。这个活动包括软件的设计，使计算机做出基于知识和细节问题的推论，然后该系统可以根据推论结果给非专业用户提供建议。

(5) 解释和理由。这个活动包括设计和编程的解释功能。

知识工程的过程中，知识获取被许多研究人员和实践者认为是一个瓶颈，限制了专家系统和其他人工智能系统的发展。

2. 数据工程

数据工程的概念早在20世纪80年代就被提出，并同时建立了相应的学术组织。1984年，国际数据工程大会由美国电气及电子工程师学会IEEE发起并组织召开，该会定期在世界各大城市轮流举行相关议题的学术研讨会，它是一个信息管理系统的学术协会。该组织给出的数据工程定义为"关于数据生产和数据使用的信息系统工程"，主要内容包括数据建模、数据标准化、数据管理、数据应用和数据安全等。由此可见，数据工程实质上是指数据库建设与管理的工程，虽然它所涉及的主要内容直接与大数据有关，如结构化数据表示、数据管理等，但它重点强调的是有关数据库方面的信息理论、方法和技术，在相当程度上弱化了大数据分析的价值发现功能。

学者李腊生认为，数据工程应该是突出大数据分析价值发现目标的工程技术，是建立在大数据背景下的数据工程。从这个意义上说，数据工程是指将工程思维引入大数据领域，综合采用各种工程技术方法设计、开发和实施新型的数据产品，并利用相关数据分析技术创造性地揭示与发现隐藏于数据中的特殊关系，为价值创造与发现提供系统解决方案的一门学科，是大数据、信息技术与工程方法的综合体，如图5-4所示。

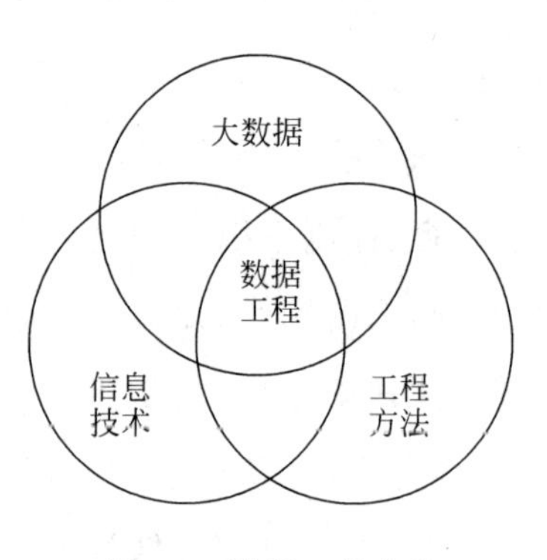

图5-4 数据工程定义

5.4.2 知识管理与数据管理

1. 知识管理

21世纪，企业的成功越来越依赖于企业所拥有知识的多少和质量，利用拥有的知识创造竞争优势和持续竞争优势对企业来说始终是一个挑战。

知识管理是知识经济时代涌现出来的一种新的管理思想与方法,它融合了现代信息技术、知识经济理论、企业管理思想和现代管理理念。知识管理,即在组织中构建一个量化与质化的知识系统,让组织中的资讯与知识,通过获得、创造、分享、整合、记录、存取、更新及创新等过程,不断回馈到知识系统内,形成永不间断的知识累积和智慧循环,在企业组织中成为管理与应用的智慧资本,帮助企业做出正确的决策,以适应市场的变迁。简言之,知识管理就是对知识、知识创造过程和知识的应用进行规划和管理的活动。

知识管理要遵循 3 条原则:①积累原则,知识积累是实施知识的管理基础;②共享原则,指一个组织内部的信息和知识要尽可能公开,使每一个员工都能接触和使用公司的知识和信息;③交流原则,即在公司内部建立一个有利于交流的组织结构和文化气氛,使员工之间的交流毫无障碍。知识积累是实施知识管理的基础;知识共享是使组织的每个成员都能接触和使用公司的知识和信息;知识交流则是使知识体现其价值的关键环节,它在知识管理的 3 个原则中处于最高层次。

根据知识能否清晰地表述和有效转移,可以把知识分为显性知识(Explicit Knowledge)和隐性知识(Tacit Knowledge)。显性知识也称编码知识,人们可以通过口头传授、教科书、参考资料、期刊杂志、专利文献、视听媒体、软件和数据库等方式获取,也可以通过语言、书籍、文字、数据库等编码方式传播,容易被人们学习。隐性知识是迈克尔·波兰尼(Michael Polanyi)在 1958 年从哲学领域提出的概念,指那种人们知道但难以言述的知识。

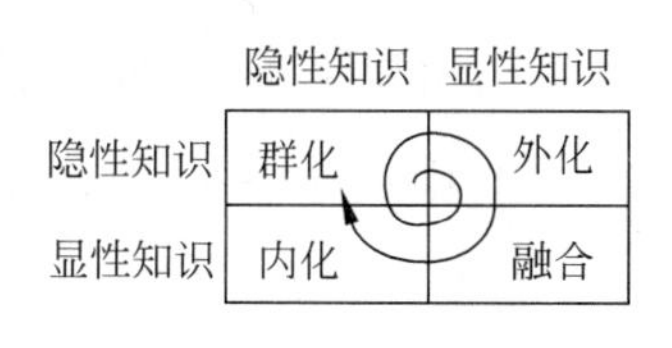

图 5-5 隐性知识与显性知识的转化关系

显性知识和隐性知识相互转化的过程:①群化(Socialization),即通过共享经验产生新的意会性知识的过程;②外化(Externalization),即把隐性知识表达成为显性知识的过程;③融合(Combination),即显性知识组合形成更复杂、更系统的显性知识体系的过程;④内化(Internalization),即把显性知识转变为隐性知识,成为企业的个人与团体的实际能力的过程。如图 5-5 所示为隐性知识与显性知识的转化关系。

2. 数据管理

数据管理是利用计算机硬件和软件技术对数据进行有效的收集、存储、处理和应用的过程，目的在于充分有效地发挥数据的作用。实现数据有效管理的关键是数据组织。

数据管理经历了人工管理、文件系统、数据库系统3个发展阶段。在数据库系统中所建立的数据结构，更充分地描述了数据间的内在联系，便于数据修改、更新与扩充，同时保证了数据的独立性、可靠性、安全性与完整性，减少了数据冗余，提高了数据共享程度及数据管理效率。

5.4.3 知件

1. 知件

知件是独立的、计算机可操作的、商品化的、符合某种工业标准的、有完备文档的、可被某一类软件或硬件访问的知识模块。

专家系统和知识库在某些方面类似于知件，但它们都不是知件。专家系统是传统意义上的软件，因为它包括以推理程序为核心的一系列应用程序模块。知识库也不是知件。首先是因为它至少包含一个知识库管理程序，并不满足知件的基本条件（即只含知识）；其次是因为这些知识库的知识表示和界面一般不是标准化的，难以用即插即用的方式和任意的软件模块组合使用，而且一般的知识库还没有商品化。知件应该成为一种标准的部件，更换知件就像更换计算机上的插件一样方便。

通过知件的形式，可以把软件中的知识含量分离出来，使软件和知件成为两种不同的研究对象和两种不同的商品，使硬件、软件和知件在IT产业中三足鼎立。对软件开发过程施以科学化和工程化的管理，就形成了软件工程。类似地，对知件开发的过程施以科学化和工程化的管理，就形成了知件工程，两者有某些共同之处，但也有很多不同。计算机发现知识，或计算机与人合作发现知识已经成为一种产业，即知识产业。而如果计算机生成的是规范化的、包装好的、商品化的知识，即知件，那么这个生成过程（包括维护、使用）涉及的全部技术的总和可以称为知件工程。它与软件工程既有共同之点，也有许多不同的地方，从某种意义上可以说，知件工程是商品化和大规模生产形式的知识工程。

2. 知件工程

根据知识获取和建模的3种不同方式,知件工程有下述3种开发模型。

(1)熔炉模型。它适用于存在着可以批量获取知识的知识来源的情形。采用类自然语言理解技术,让计算机把整本教科书或整批技术资料自动地转换为一个知识库,也可以把一个专家的谈话记录自动地转换为知识库。这个知识库就称为熔炉。由于成批资料中所含的知识必须分解成知识元后在知识库中重新组织,特别是当这些知识来自多个来源(多本教科书、多批技术资料、多位专家及它们的组合)时,更需要把获取的知识综合起来,这种重新组织的过程就是知识熔炼的过程。熔炉中的知识称为知识浆。熔炉模型的基本结构如图5-6所示。

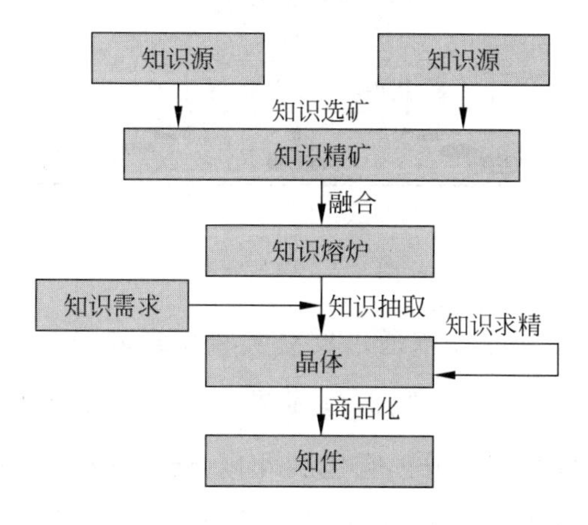

图5-6 熔炉模型

(2)结晶模型。它适用于从分散的知识资源中提取和凝聚知识。结晶模型的基本构思:在知件的整个生命周期中,新的、有用的知识是不断积累的,它需要一个获取、提炼、分析、融合、重组的过程。从这个观点看,人们周围的环境更像是一种稀释了的知识溶液,提取知识的过程就像是一个结晶过程。由于其规模之大,所以称它为知识海。而熔炉模型中的知识浆则是浓缩了的知识溶液。对知识的需求就像一个结晶中心,围绕这个中心,海里的知识不断析出并向它聚集,使结晶越来越大。知识晶体的结构就是知识表示和知识组织的规范,需要两个控制机制来控制知识晶体的形成和更新过程。第1个机制称为知识泵,它的任务是从分散的知识源中提取并凝聚知识。前文提到的类自然语言就是这样一种知识泵。它不仅可以控制知识析取的内容,还可以控制知识析取的粒度。已经获得的知识晶体可以作为新的知识颗粒进入知识海中，以便在高一级的水平上重用。类自然语言的使用在某种程度上体现了知识结晶的方式。第 2 个机制称为知识肾。由于知识是会老化和过时的，旧的、过时的知识不断被淘汰，表现为结晶的风化和蒸发。知识肾的任务是综合分析新来的和原有的知识，排除老化、过时和不可靠的知识，促进知识晶体的新陈代谢。综合这两者，知识泵和知识肾合作完成知识晶体的知识析取、知识融合和知识重组。知件的演化有赖于作为它的基础的知识晶体的演化和更新，从理论上说，这是一个无穷的过程。结晶模型如图 5-7 所示。

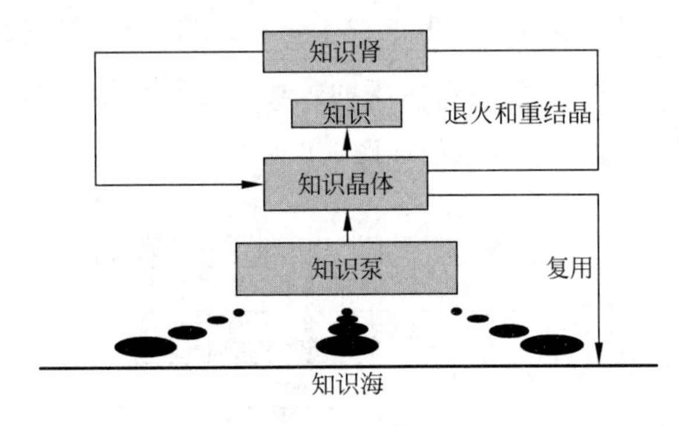

图 5-7 结晶模型

(3) 螺旋模型。它适用于获取通过反复实践积累起来的经验知识。该模型反映了学术界区分显知识和隐知识的观点，学术界认为知识创建的过程体现为显知识和隐知识的不断互相转化，螺旋上升。它包括外化（通过建模等手段使隐知识变为显知识）、组合（显知识的系统化）、内化（运用显知识积累新的隐知识）和社会化（交流和共享隐知识）4 个阶段，如图 5-8 所示。

3 种知件工程模型生成的知识模块统称为知识晶体，从应用的角度看，知识晶体还只是一个半成品，需要经过进一步的加工才能成为知件。

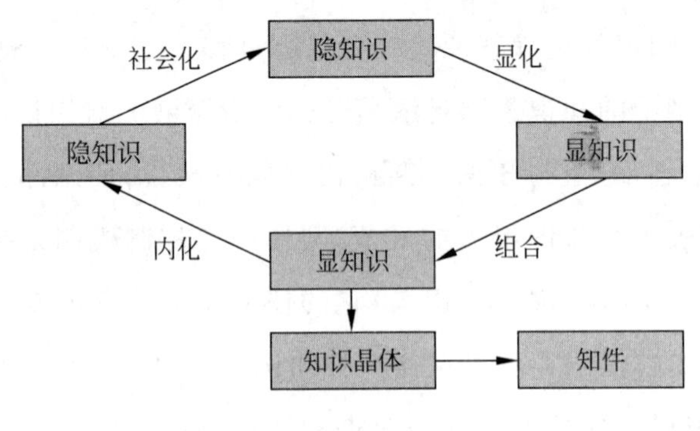

图 5-8 螺旋模型

思考题

1. 什么是计算机语言？什么是软件？什么是程序？
2. 软件怎么分类？
3. 程序有哪几种基本结构？程序有几种执行方式？
4. 简述计算机语言发展历史。
5. 什么是第四代语言？
6. 什么是操作系统？
7. 简述操作系统的历史、功能和分类。
8. 介绍几种主要的操作系统。
9. 什么是软件工程？什么是软件生命周期？
10. 简述结构化方法。
11. 简述面向对象方法。
12. 简述软件复用和构件技术。
13. 什么是知识工程？什么是数据工程？
14. 什么是知识管理？什么是数据管理？
15. 什么是知件？

第 6 章

数据采集与存储

6.1 数据采集与信号调理

6.1.1 数据采集

1. 数据采集的概念

数据采集(DAQ)是指从传感器和其他待测设备等模拟和数字被测单元中自动采集非电量或者电量信号送到上位机中进行分析、处理。数据采集的目的是为了测量电压、电流、温度、压力或声音等物理现象。基于个人计算机的数据采集,通过模块化硬件、应用软件和计算机的结合进行测量。

被采集数据是已被转换为电信号的各种物理量,如温度、水位、风速、压力等,可以是模拟量,也可以是数字量。采集方式一般是采样,即每隔一定时间(称采样周期)对同一点的数据重复采集。采集的数据大多是瞬时值,也可以是某段时间内的一个特征值。准确的数据量测是数据采集的基础。数据量测方法有接触式和非接触式,检测元件多种多样，无论哪种方法和元件，均以不影响被测对象状态、测量环境和保证数据的正确性为前提。数据采集含义很广，包括对面状连续物理量的采集。在计算机辅助制图、测图、设计中，对图形或图像的数字化过程也可称为数据采集，此时被采集的是几何量数据。

数据采集是计算机与外部物理世界连接的桥梁，利用串行通信方式，实现了对移动数据采集器的应用软件升级，通过制订上位机与移动数据采集器的通信协议，实现了两者之间的阻塞式通信交互过程。

在互联网快速发展的今天，数据采集已被广泛应用于互联网及分布式领域，首先，分布式控制应用场合中的智能数据采集系统在国内外取得了长足的发展；其次，总线兼容型数据采集插件的数量不断增大，与个人计算机兼容的数据采集系统的数量也在增加。同时，国内外各种数据采集机先后问世，将数据采集带入了一个全新的时代。

2. 数据采集系统

数据采集系统由硬件和软件两部分组成。硬件方面，数据采集系统的结构形式主要有两种：第1种是微型计算机数据采集系统，由传感器、模拟多路开关、程控放大器、采样持器、A/D转换器、计算机及外设等部分组成；第2种是集散型数据采集系统，由若干个数据采集站和一台上位机及通信线路组成。数据采集站由单片机数据采集装置组成，位于生产设备附近，可独立完成数据采集和预处理任务，还可将数据以数字信号的形式传送给上位机。上位机用来将各个数据采集站传送来的数据集中显示在显示器上，或用打印机打印成各种报表，或以文件形式储存在磁盘上。

数据采集系统整合了信号、传感器、激励器、信号调理、数据采集设备和应用软件，包括了可视化的报表定义、审核关系的定义、报表的审批和发布、数据填报、数据预处理、数据评审及综合查询统计等功能模块，通过信息采集网络化和数字化，扩大了数据采集的覆盖范围，提高了审核工作的全面性、及时性和准确性，最终实现相关业务工作管理现代化、程序规范化、决策科学化和服务网络化。

6.1.2 数据处理

1. 数据处理概述

通常,所采集到的数据是被测对象的某些物理量经过非电量到电量的转换,又经过放大或衰减、采样、编码、传输等环节之后所呈现的一种形式。显然,这种形式的数据或信号对数据使用者来说既不直观,也没有明确的物理意义,因而也不便直接使用。所以,必须把它们恢复成原来的物理量形式,并尽可能形象地给出其变化情况,以便数据使用者能一目了然看出他们所要了解的东西,这是数据处理的首要任务。

另外,在上述各个环节中,电子设备性能的不理想及外界干扰、噪声的影响,都会或多或少地在采集到的数据中引入一定误差,因而数据处理的另一重要任务是采取各种方法(去除趋势项、平滑、滤波等)最大限度地消除这些误差,把尽可能精确的数据提供给数据使用者。

数据处理还有一项任务就是要对数据本身进行某些变换加工(求平均值或进行傅里叶变换等),或在有关联的数据之间进行某些相互的运算(如计算相关函数),从而得到某些更能表达该数据内在特征的二次数据,所以有时也称这种处理为二次处理。

2. 数据处理的类型

由数据采集系统的任务可知,该系统除了采集数据外,还要根据实际需要,对采集到的数据进行各种处理。数据处理的类型有多种,一般根据以下方式分类。

(1) 按处理的方式划分,数据处理可分为实时(在线)处理和事后(脱机)处理。一般来说,实时处理由于处理时间受到限制,只能对有限的数据做一些简单的、基本的处理,以提供用于实时控制的数据。事后处理由于是非实时处理,处理时间不受限制,可以做各种复杂的处理。

(2) 按处理的性质划分,数据处理可分为预处理和二次处理两种。预处理通常包括剔除数据奇异项,去除数据趋势项,进行数据的数字滤波,进行数据的转换等。二次处理需要进行各种数学运算,如微分、积分和傅里叶变换等。

3. 数据处理的任务

数据处理的任务有以下 3 种。

(1) 对采集到的电信号做物理量解释。在数据采集系统中，被采集的物理量(温度、压力、流量等)经传感器转换成电量，又经过信号放大、采样、量化和编码等环节，被系统中的计算机所采集，但采集到的数据仅仅以电压的形式表现，它虽然含有被采集物理量变化规律的信息，但由于没有明确的物理意义，不便于处理和使用，所以必须把它还原成原来对应的物理量。

(2) 消除数据中的干扰信号。在数据采集、传送和转换的过程中，由于系统内部和外部干扰、噪声的影响，采集过程中会混入干扰信号，因而必须采用各种方法(如剔除奇异项、滤波等)最大限度地消除混入数据中的干扰，以保证数据采集系统的精度。

(3) 分析计算数据的内在特征。通过对采集到的数据进行变换加工(例如求平均值或做傅里叶变换等)，或在有关联的数据之间进行某些相互的运算(例如计算相关函数)，从而得到能表达该数据内在特征的二次数据，所以有时也称这种处理为二次处理。

6.1.3 数据传送

1. I/O 接口

1) I/O 接口概述

除主机外，计算机系统的硬件还包括外围设备，简称外设。I/O 接口是主机与外设进行信息交换的纽带。主机通过 I/O 接口与外设进行数据交换，外围设备的工作速度通常比 CPU 的速度低得多，且不同外围设备的工作速度往往差别很大，其信息类型和传送方式也不同，有的使用数字量，有的使用模拟量，有的要求并行传送信息，有的要求串行传送信息。因此，必须增加 I/O 接口电路和 I/O 通道才能完成外围设备与 CPU 的总线连接，所以 I/O 接口是计算机控制系统不可缺少的组成部分。

I/O 接口电路也简称为接口电路，它在主机和外围设备之间的信息交换中起着桥梁和纽带作用。I/O 通道也称为过程通道，它是计算机和控制对象之间信息传送和变换的连接通道。I/O接口和I/O通道的功能都是保证主机和外围设备之间能方便、可靠、高效率的交换信息。

2) I/O接口类型

I/O接口类型指的是主机与外设的连接方式。目前常见的I/O接口类型有并口(也称为IEEE 1284,Centronics)、串口(也称为RS-232接口)和USB接口。

并口又称为并行接口或并行口。目前,并行接口主要作为打印机端口,采用的是25针D形接头。所谓"并行",是指8位数据同时通过并行线进行传送,这样数据传送速度会大大提高,但并行传送的线路长度受到限制。

串口也称为串行接口或串行口,个人计算机一般有COM1和COM2两个串行口。串行口与并行口的不同之处在于它的数据和控制信息是一位接一位地传送出去的。虽然这样速度会慢一些,但传送距离较并行口更长,因此若要进行较长距离的通信,应使用串行口。通常COM1使用的是9针D形连接器,也称为RS-232接口,有的COM2使用的是老式的DB25针连接器,也称为RS-422接口,不过目前已经很少使用。

USB即Universal Serial Bus,中文名称为通用串行总线。这是近几年逐步在个人计算机领域广为应用的新型接口技术。USB接口具有传输速度更快,支持热插拔及连接多个设备等特点。USB接口可连接127种外设,已成为当今计算机与大量智能设备的必配接口。目前有USB1.1、USB2.0和USB3.0。理论上,USB1.1的传输速度可以达到12Mbps,USB2.0传输速度可达480Mbps,USB3.0带宽高达640MB/s。

2. 串行通信接口

1) 串口通信

串口通信(Serial Communication)是外设和计算机间通过数据信号线、地线、控制线等,按位进行传输数据的一种通信方式。这种通信方式使用的数据线少,在远距离通信中可以节约通信成本,但其传输速度比并行通信低。对于那些与计算机相距不远的人—机交换设备和串行存储的外部设备(如终端、打印机、逻辑分析仪、磁盘等),采用串行方式交换数据很普遍。在实时控制和管理方面,采用多台个人计算机组成的分级分布控制系统中,各CPU之间的通信一般都是串行方式。

2）同步通信和异步通信

同步通信要求收发双方具有同频同相的同步时钟信号，这样在同步时钟的控制下逐位发送/接收。异步通信要求发送字符时，其间的时隙是任意的，但接收端必须时刻做好接收的准备。

6.1.4　数据清洗与ETL技术

1. 数据清洗概述

1）数据清洗

数据清洗(Data Cleaning)指发现并纠正数据文件中可识别错误的过程，是对数据进行重新审查和校验的过程，目的在于删除重复信息，纠正存在的错误，处理无效值和缺失值等。数据清洗是一个反反复复的过程，不可能一次完成。

数据清洗从名词上解释就是把“脏数据”“洗掉”。因为数据仓库中的数据是面向某一主题的数据的集合，这些数据从多个业务系统中抽取而来，而且包含历史数据，这就避免不了有的数据是错误数据，有的数据相互之间有冲突。这些错误的或有冲突的数据显然就是“脏数据”，按照一定的规则把“脏数据”“洗掉”就是数据清洗。数据清洗的任务是过滤那些不符合要求的数据，将过滤的结果交给业务主管部门，确认是过滤掉还是由业务单位修正之后再进行抽取。

2）待清洗的数据

不符合要求的数据主要有不完整数据、错误数据、重复数据3大类。

(1) 不完整数据。这类数据主要是一些应该有但实际缺失的信息，如供应商的名称、分公司的名称、客户信息等缺失，应将这类数据过滤出来，按缺失的内容向客户提交，要求在规定的时间内补全。

(2) 错误数据。这类错误产生的原因是业务系统不够健全，是在接收输入后没有进行判断而直接写入后台数据库造成的，如数值数据输成全角数字字符，字符串数据后面有一个回车操作，日期格式不正确，日期越界等。

(3) 重复数据。这类数据是重复操作导致的结果。待确认是重复的数据后，可将其删除，以保证数据的唯一性。

3）数据清洗的方法

一般来说，数据清洗是将数据集合精简以除去重复记录，并使剩余部分转换成标准可接收格式的过程。数据清洗标准模型是将数据输入数据清洗处理器，通过一系列步骤清洗数据，然后以期望的格式输出清洗过的数据。数据清洗从数据的准确性、完整性、一致性、唯一性、适时性及有效性几个方面来处理数据的丢失值、越界值、不一致代码、重复数据等问题，一般针对具体应用，因而难以归纳统一的方法和步骤，但是根据数据不同可以有不同的数据清洗方法。

（1）解决不完整数据的方法。大多数情况下，缺失的值必须手工输入（即手工清洗）。当然，某些缺失值可以从本数据源或其他数据源推导出来，例如可以用平均值、最大值、最小值或更为复杂的概率估计代替缺失的值，从而达到清洗的目的。

（2）错误值的检测及解决方法。用统计分析的方法识别可能的错误值或异常值，如偏差分析、识别不遵守分布或回归方程的值，也可以用简单规则库检查数据值，或使用不同属性间的约束、外部的数据来检测和清洗数据。

（3）重复记录的检测及消除方法。数据集合中属性值相同的记录被认为是重复记录，通过判断记录间的属性值是否相等可以检测记录是否相等，相等的记录将合并为一条记录。

（4）不一致性的检测及解决方法。从多数据源集成的数据可能有语义冲突，此时可定义完整性约束用于检测不一致性，也可通过分析数据发现联系，从而使得数据保持一致。

2. ETL 技术

ETL（Extract-Transform-Load）用来描述将数据从来源端经过抽取（extract）、转换（transform）、加载（load）至目的端的过程。ETL 是构建数据仓库的重要一环，用户从数据源抽取出所需的数据，经过数据清洗后，最终按照预先定义好的数据仓库模型，将数据加载到数据仓库中去。

ETL 结果的质量表现为正确性、完整性、一致性、完备性、有效性、时效性和可获取性等几个特性，影响其质量的原因有很多，主要取决于系统集成和历史数据，包括以下几个方面：业务系统不同时期的系统之间数据模型不一致；业务系统不同时期的业务过程有变化；旧系统模块在运营、人事、财务、办公系统等相关信息中的不一致；遗留系统和新业务、管理系统数据集成不完备带来的不一致性。

ETL 的核心是 ETL 转换过程，主要包括以下 7 个方面：①空值处理，捕获字段空值，进行加载或替换为其他含义数据，并根据字段空值实现分流，加载到不同目标库；②规范化数据格式，实现字段格式约束定义，对于数据源中的时间、数值、字符等数据，可自定义加载格式；③拆分数据，依据业务需求对字段进行分解，如主叫号 861082585313-8148，可对其进行区域码和电话号码分解；④验证数据正确性，利用 Lookup 及拆分功能进行数据验证，例如针对该主叫号，进行区域码和电话号码分解后，可利用 Lookup 返回主叫网关或交换机记载的主叫地区进行数据验证；⑤数据替换，对于因业务因素，可实现无效数据、缺失数据的替换；⑥Lookup，查获丢失数据，Lookup 实现子查询，并返回用其他手段获取的缺失字段，保证字段的完整性；⑦建立 ETL 过程的主外键约束，对无依赖性的非法数据，可替换或导出到错误数据文件中，保证主键唯一记录的加载。

3. 数据清洗与 ETL 工具

很多情况下，数据清洗工具与 ETL 工具是合二为一的平台。常见的工具平台包括如下 7 种。

(1) Datastage 是一种数据集成软件平台，用于从分散在各个系统中的复杂异构信息中获得有价值的数据。InfoSphere Information Server 提供了一个统一的平台，使用户能够了解、清洗、变换和交付值得信赖且上下文丰富的信息。IBM® InfoSphere™ DataStage®和 QualityStage™提供了图形框架，用户可使用该框架来设计和运行用于变换和清洗、加载数据的作业。

(2) Informatica 数据集成平台，可以在改进数据质量的同时，访问、发现、清洗、集成并交付数据。Informatica 支持多项复杂的企业级数据集成计划，包括企业数据集成、大数据、数据质量控制、主数据管理、B2B Data Exchange、应用程序信息生命周期管理、复杂事件处理及超级消息和云数据集成。其专业程度与 Datastage 旗鼓相当，价格比 Datastage 便宜。

(3) Kettle 是一款开源的 ETL 工具，使用 Java 编写，可以在 Windows、Linux、Unix 上运行，数据抽取高效稳定。Kettle 可管理来自不同数据库的数据，是一个图形化的用户环境，其使用不如 Datastage 和 Informatica 方便。

(4) ODI(Oracle Data Integrator)是 Oracle 厂商提供的数据集成类工具，具有开放数据链路接口，但受 Oracle 的影响，也有一定局限性。ODI 是使用 ETL 理念设计出来的数据抽取/数据转换工具，采用元数据管理。客户使用 Web Application 和 Metadata Navigator，通过 Web 接口方式进行访问。ODI 最大的特点是提出了知识模块(Knowledge Module)的概念。

(5) OWB(Oracle Warehouse Builder)是 Oracle 的一个综合工具，它提供对 ETL、完全集成的关系和维度建模、数据质量、数据审计及数据和元数据的整个生命周期的管理。

(6) Cognos 是 BI 核心平台上，以服务为导向进行架构的一种数据模型，是唯一可以通过单一产品和在单一可靠架构上提供完整业务及智能功能的解决方案，可以提供无缝密合的报表、分析、记分卡、仪表盘等解决方案，通过提供所有系统和资料资源，以简化用户处理数据的方法。Cognos 解决方案可以被整合到现有的多系统和数据源架构中。用户可以在浏览器中自定义报表，格式灵活，元素丰富，而且可以通过 Query Studio 进行及时的开放式查询。Cognos 还具有独特的穿透钻取(drill through)、切片(slice)和切块(dice)及旋转(pivot)等功能。

(7) Beeload 是我国国产最好的一款 ETL 工具。Beeload 集数据抽取、清洗、转换及装载功能于一体，通过标准化企业各个业务系统产生的数据，向数据仓库提供高质量的数据，从而基于数据仓库的正确决策分析为企业高层提供有力保证。

6.2 数据结构与离散数学

6.2.1 数据结构

1. 数据结构基本概念和术语

数据结构是计算机存储、组织数据的方式，是相互之间存在一种或多种特定关系的数据元素的集合。通常情况下，精心选择的数据结构可以带来更高的运行或者存储效率。数据结构往往同高效的检索算法和索引技术有关。

一个数据结构是由数据元素依据某种逻辑联系组织起来的，对数据元素间逻辑关系的描述称为数据的逻辑结构。数据必须在计算机内存储，数据的存储结构是数据结构的实现形式，是其在计算机内的表示。此外，讨论一个数据结构，必须同时讨论在该类数据上执行的运算才有意义。

数据结构分为逻辑结构、存储结构(物理结构)和数据的运算。数据的逻辑结构是对数据之间关系的描述,有时把逻辑结构简称为数据结构。逻辑结构的形式定义为二元组(K,R),其中,K是数据元素的有限集,R是K上的关系的有限集。

数据元素相互之间的关系称为结构。基本结构有4类,即集合、线性结构、树形结构、图状结构(网状结构)。集合结构中的数据元素除了同属于一种类型外,无其他关系。线性结构中元素之间存在一对一的关系,树形结构中元素之间存在一对多的关系,图状结构中元素之间存在多对多的关系。在图状结构中,每个节点的前驱节点数和后继节点数可以为任意值。树形结构和图状结构又称为非线性结构。

算法的设计取决于数据(逻辑)结构,而算法的实现依赖于采用的存储结构。数据的存储结构实质上是它的逻辑结构在计算机存储器中的实现。为了全面反映一个数据的逻辑结构,它在存储器中的映象通常包括两方面内容,即数据元素之间的信息和数据元素之间的关系。不同数据结构有其相应的若干运算,数据的运算是在数据的逻辑结构上定义的操作算法,如检索、插入、删除、更新和排序等。

数据结构不同于数据类型,也不同于数据对象,它不仅要描述数据类型和数据对象,而且要描述数据对象各元素之间的相互关系。

2. 几种典型的数据结构

1) 线性表

线性表是一种最基本、最简单、最常用的数据结构。线性表中数据元素之间是一对一的关系,即除了第一个和最后一个数据元素之外,其他数据元素都是首尾相接的。线性表的逻辑结构简单,便于实现和操作,因此,线性表这种数据结构在实际应用中是最广泛采用的一种数据结构。

线性表是一个线性结构,是一个含有$n\geqslant 0$个节点的有限序列,对于其中的节点,有且仅有一个开始节点没有前驱但有一个后继节点,有且仅有一个终端节点没有后继但有一个前驱节点,其他节点都有且仅有一个前驱和一个后继节点。一般地,一个线性表可以表示成一个线性序列$k_1,k_2,\cdots,k_n$,其中k_1是开始节点,k_n是终端节点。线性表是一个数据元素的有序(次序)集,如图6-1所示。

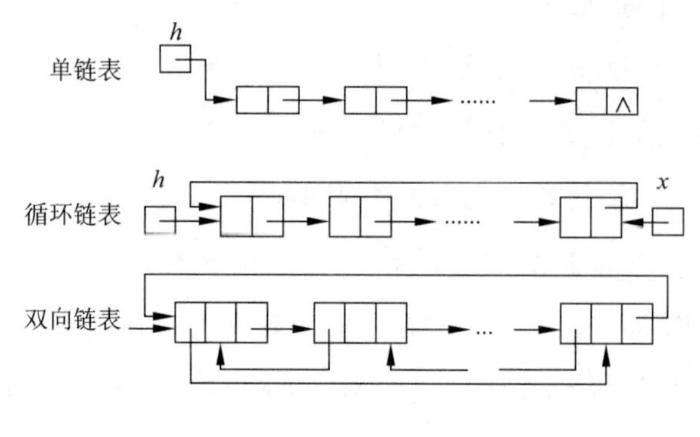

图 6-1　线性表

在实际应用中，线性表以栈、队列、字符串、数组等特殊线性表的形式出现。由于这些特殊线性表都具有各自的特性，因此，掌握这些特殊线性表的特性，对于提高数据运算的可靠性和操作效率都是至关重要的。

2）栈

在计算机系统中，程序可以将数据压入栈中，也可以将数据从栈顶弹出。在 i386 机器中，栈顶由称为 esp 的寄存器进行定位。压栈的操作可使得栈顶的地址减小，弹出的操作可使得栈顶的地址增大。

栈，是只能在某一端进行插入和删除的特殊线性表。它按照后进先出的原则存储数据，先进入的数据被压入栈底，最后进入的数据在栈顶，需要读数据的时候从栈顶开始弹出数据（最后进入的数据被第一个读出来），如图 6-2 所示。

允许进行插入和删除操作的一端称为栈顶（top），另一端为栈底（bottom），栈底固定，而栈顶浮动。栈中元素个数为零时称为空栈。插入操作一般称为进栈（PUSH），删除操作则称为退栈（POP）。栈也称为先进后出线性表。

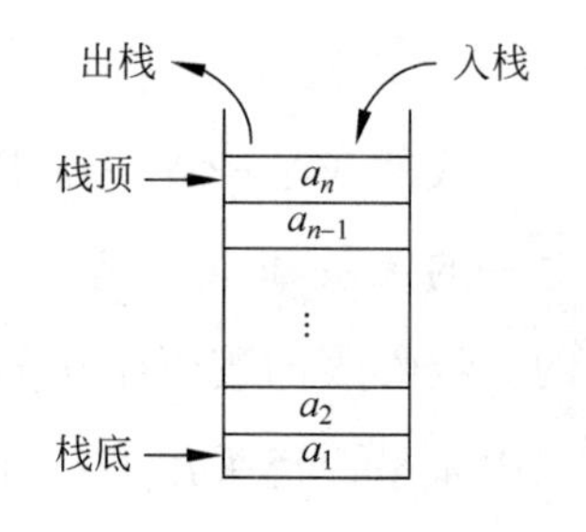

图 6-2　栈

栈在程序的运行中有着举足轻重的作用，最重要的是栈保存了一个函数调用时所需要的维护信息，称为堆栈帧或者活动记录。堆栈帧一般包含两方面的信息：一是函数的返回地址和参数；二是临时变量，包括函数的非静态局部变量及编译器自动生成的其他临时变量。

3）队列

队列是一种特殊的线性表，它只允许在表的前端（front）进行删除操作，在表的后端（rear）进行插入操作。进行删除操作的端称为队头，进行插入操作的端称为队尾。队列中没有元素时，称为空队列。在队列这种数据结构中，最先插入的元素将是最先被删除的元素；反之，最后插入的元素将是最后被删除的元素，因此队列又称为先进先出（First In First Out，FIFO）线性表，如图 6-3 所示。

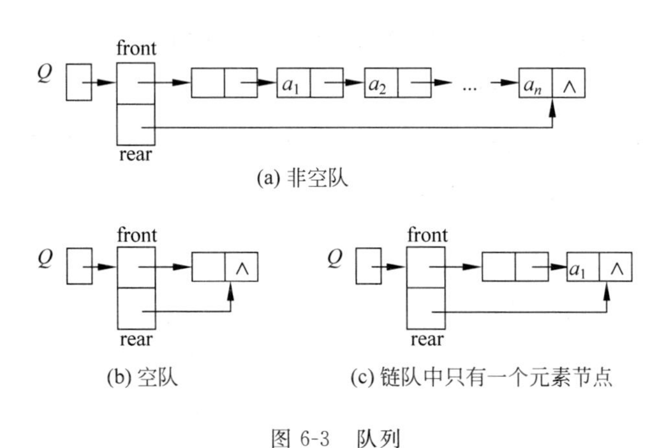

图 6-3　队列

6.2.2　离散数学

1. 离散数学概述

离散数学（Discrete Mathematics）是研究离散量的结构及其相互关系的学科，是现代数学的一个重要分支，研究对象一般是有限个或可数个元素。

离散数学在各学科领域，特别在计算机科学与技术领域有着广泛的应用，同时它也是计算机专业许多专业课程（如程序设计语言、数据结构、操作系统、编译技术、人工智能、数据库、算法设计与分析、理论计算机科学基础等）必不可少的先行课程。通过离散数学的学习，不但可以掌握处理离散结构的描述工具和方法，为后续课程的学习创造条件，也可以提高抽象思维和逻辑推理能力，为将来参与创新性的研究和开发工作打下坚实的基础。

随着信息时代的到来，工业革命时代以微积分为代表的连续数学占据主流地位的状况已发生变化，离散数学的重要性逐渐被人认识。离散数学课程所传授的思想和方法，涉及计算机科学技术及相关专业领域。从科学计算到信息处理，从理论计算机科学到计算机应用技术，从计算机软件到计算机硬件，从人工智能到认知系统，无不与离散数学密切相关。由于计算机只能处理离散的或离散化了的数量关系，因此，无论计算机科学本身，还是与计算机科学及其应用密切相关的现代科学研究领域，都面临着如何对离散结构建立数学模型的问题，及如何将已用连续数量关系建立起来的数学模型离散化，以便由计算机处理的问题。

离散数学是数学和计算机科学之间的桥梁，因为它既离不开集合论、图论等数学知识，又和计算机科学中的数据库理论、数据结构等相关，可以引导人们进入计算机科学的思维领域，促进了计算机科学的发展。

离散数学涉及逻辑学、函数集合论、数论、算法设计、组合分析、离散概率、关系理论、图论与树、抽象代数(包括代数系统、群、环、域等)、布尔代数及计算模型(语言与自动机)等理论。

2. 学科内容

1）集合论

集合论主要讨论集合元素的关系。

集合 X 与集合 Y 的二元关系记为 $R=(X,Y,G(R))$，其中，$G(R)$称为 R 的图，是笛卡儿积 $X\times Y$ 的子集。若$(x,y)\in G(R)$，则称 x 是 R 关系于 y，并记作 xRy 或 $R(x,y)$，否则称 x 与 y 无关系 R。

在数学上，基数(Cardinal Number)是集合论中刻画任意集合大小的一个概念。两个能够建立元素间一一对应关系的集合称为互相对等集合。例如 3 个人的集合和 3 头牛的集合可以建立一一对应的关系，其基数一样，是两个对等的集合。

2）图论

(1) 树(Tree)是包含 $n(n>0)$个节点的有穷集合 K，且在 K 中定义了一个关系 N，N 满足以下条件：①有且仅有一个节点 k_0，它对于关系 N 来说没有前驱，称为树的根节点，简称为根(root)；②除 k_0 外，K 中的每个节点，对于关系 N 来说有且仅有一个前驱；③K 中各节点，对关系 N 来说可以有 m 个后继($m\geqslant 0$)。

若 $n>1$，除根节点之外的其余数据元素被分为 $m(m>0)$个互不相交的结合 T_1、T_2……T_m，其中每一个集合 $T_i(1\leqslant i\leqslant m)$本身也是一棵树。树 T_1、T_2……T_m 称作根节点的子树(Sub-tree)。

树是由一个集合及在该集合上定义的一种关系构成的。集合中的元素称为树的节点，所定义的关系称为父子关系。父子关系在树的节点之间建立了一个层次结构，在这种层次结构中根节点具有特殊的地位，树的递归定义为如果单个节点是一棵树，那么树根就是该节点本身。

设 T_1、T_2……T_k 是树，它们的根节点分别为 n_1、n_2…、n_k。用一个新节点 n 作为 n_1、n_2、…、n_k 的父亲，则得到一棵新树，节点 n 就是新树的根，称 n_1、n_2、…、n_k 为一组兄弟节点，它们都是节点 n 的儿子节点；称 n_1、n_2、…、n_k 为节点 n 的子树。空集合也是树，称为空树，空树中没有节点。树结构如图 6-4 所示。

(2) 图(Graph)：图由两个集合 V 和 E 组成，记为 $G=(V,E)$，这里，V 是顶点的有穷非空集合，E 是边(或弧)的集合，而边(或弧)是 V 中顶点的偶对。顶点即图中的节点，相关顶点的偶对称为边，结构如图 6-5 所示。

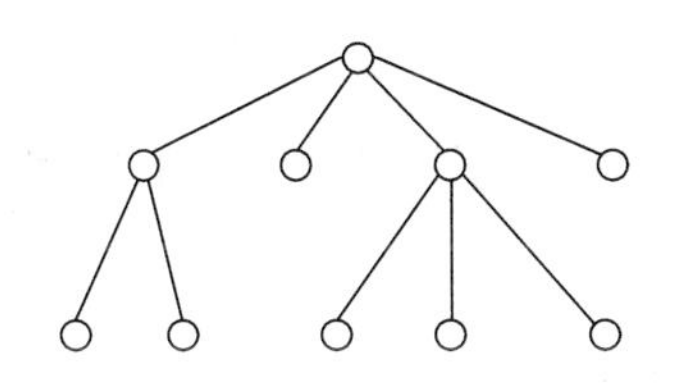
图 6-4 树结构

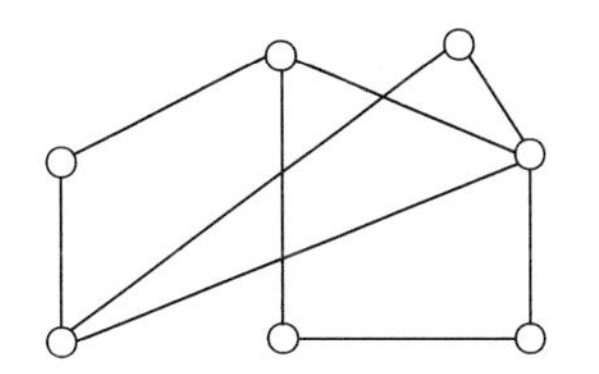
图 6-5 图结构

有向图(Digraph)：若图中的每条边都是有方向的，则称其为有向图。弧(Arc)又称为有向边。在有向图中，一条有向边是由两个顶点组成的有序对，有序对通常用尖括号表示。弧尾(Tail)为边的始点，弧头(Head)为边的终点。

无向图(Undirected Graph)：若图中的每条边都是没有方向的，则称其为无向图。

3) 代数结构

在数学中，群表示一个拥有满足封闭性、结合律、有单位元、有逆元的二元运算的代数结构，包括阿贝尔群、同态和共轭类。

环是一类包含两种运算(加法和乘法)的代数系统，是现代代数学十分重要的研究对象。

在数学中，时常需要考虑元素间的某种顺序关系，常用的格是一种特殊的偏序集。

布尔代数是一个用于集合运算和逻辑运算的体系 $\langle B,\vee,\wedge,\neg\rangle$。其中 B 为一个非空集合，$\vee$、$\wedge$ 为定义在 B 上的两个二元运算，$\neg$ 为定义在B上的一个一元运算。

4）数理逻辑

命题逻辑是指以逻辑运算符结合原子命题来构成代表命题的公式，及允许某些公式建构成定理的一套形式证明规则。

命题是指一个判断（陈述）的语义（实际表达的概念），这个概念是可以被定义并观察的现象。命题不是指判断（陈述）本身，而是指所表达的语义。当相异判断（陈述）具有相同语义的时候，它们表达相同的命题。在数学中，一般把判断某一件事情的陈述句叫作命题。

谓词演算是数理逻辑最基本的形式系统，其又被称为一阶逻辑。对于一个可以回答真假的命题，不仅可以分析到简单命题，还可以分析到其中的个体、量词和谓词。个体表示某一个物体或元素，量词表示数量，谓词表示个体的一种属性。

5）初等数论

质数又称素数，指在一个大于1的自然数中，除了1及其自身外，没法被其他自然数整除的整数。

同余是数论中的重要概念。给定一个正整数 m，如果两个整数 a 和 b 满足 $a-b$ 能够被 m 整除，即 $(a-b)/m$ 得到一个整数，那么就称整数 a 与 b 对模 m 同余，记作 $a \equiv b(\mathrm{mod}\ m)$。对模 m 同余是整数的一个等价关系。

最大公因数也称最大公约数、最大公因子，指两个或多个整数共有约数中最大的一个。例如 a 和 b 的最大公约数记为 (a,b)。求最大公约数有多种方法，常见的有质因数分解法、短除法、辗转相除法、更相减损法。

两个或多个整数公有的倍数称为它们的公倍数，其中除0以外最小的一个公倍数即为这几个整数的最小公倍数。例如整数 a 和 b 的最小公倍数记为 $[a,b]$。

6.3 数据库与数据仓库

6.3.1 数据库

1. 数据库定义

数据库（Database）是按照数据结构来组织、存储和管理数据的仓库。随着信息技术的发展,特别是20世纪90年代以后,数据管理不再只是存储和管理数据,而转变成用户所需要的各种数据管理的方式。数据库有很多种类型,从最简单的存储各种数据的表格,到能够进行海量数据存储的大型数据库系统,它们都在各个方面得到了广泛的应用。

数据库是一个长期存储在计算机内的、有组织的、可共享的、统一管理的数据集合,其概念实际包括两层意思:①数据库是一个实体,它是能够合理保管数据的仓库,用户在该仓库中存放要管理的事务数据,数据和库两个概念结合成为数据库;②数据库是数据管理的新方法和技术,它能更合适地组织数据,更方便地维护数据,更严密地控制数据和更有效地利用数据。

2. 技术发展

数据库发展阶段已经历了人工管理阶段、文件系统阶段和数据库系统阶段。

(1) 人工管理阶段。20世纪50年代中期之前,计算机主要用于科学计算。程序员在程序中不仅要规定数据结构,还要设计物理结构,包括存储结构、存取方法、输入/输出方式等。

(2) 文件系统阶段。操作系统的出现使文件管理成为可能,这个时期,数据管理步入了文件系统阶段。数据以文件为单位存储在外存,且由操作系统统一管理。

(3) 数据库系统阶段。20世纪60年代后,随着计算机在数据管理领域的普遍应用,人们对数据管理技术提出了更高的要求,希望面向企业或部门,以数据为中心组织数据,减少数据的冗余,提供更高的数据共享能力,同时要求程序和数据具有较高的独立性,当数据的逻辑结构改变时,不涉及数据的物理结构,也不影响应用程序,以降低应用程序研制与维护的费用。数据库技术正是在这样一个应用需求的基础上发展起来的。

(4) 未来发展趋势。随着信息管理内容的不断扩展,出现了丰富多样的数据结构模型(如层次模型、网状模型、关系模型、面向对象模型、半结构化模型等),新技术也层出不穷(如数据流、Web数据管理、数据挖掘等)。

3. 数据结构模型

数据结构模型有3种,即层次结构模型、网状结构模型和关系结构模型。

（1）层次结构模型。层次结构模型实质上是一种有根节点的定向有序树（在数学中树被定义为一个无回的连通图）。按照层次结构模型建立的数据库系统称为层次模型数据库系统。

（2）网状结构模型。按照网状数据结构建立的数据库系统称为网状数据库系统，其典型代表是 DBTG(Data Base Task Group)。用数学方法可将网状数据结构转化为层次数据结构。

（3）关系结构模型。关系数据结构把一些复杂的数据结构归结为简单的二元关系（即二维表格形式），例如某单位的职工关系就是一个二元关系。由关系数据结构组成的数据库系统称为关系数据库系统。在关系数据库中，对数据的操作几乎全部建立在一个或多个关系表格上，通过对这些关系表格的分类、合并、连接或选取等运算实现数据的管理。

4. 范式

范式的概念最早是由 E. F. Codd 提出的，他从 1971 年开始相继提出了三级规范化形式，即满足最低要求的第一范式(1NF)、在 1NF 基础上又满足某些特性的第二范式(2NF)和在 2NF 基础上再满足一些要求的第三范式(3NF)。1974 年，E. F. Codd 和 Boyce 共同提出了一个新的范式概念，即 Boyce-Codd 范式，简称 BC 范式。1976 年 Fagin 提出了第四范式(4NF)，后来又有人定义了第五范式(5NF)。至此，关系数据库规范中建立了一个范式系列，包括 1NF、2NF、3NF、BCNF、4NF 和 5NF，但多数情况下，前面 3 个范式基本可以满足实际需要。

1）第一范式

第一范式是指数据库表的每一列都是不可再分割的基本数据项，同一列不能有多个值，即实体中的某个属性不能有多个值或者不能有重复的属性。如果出现重复的属性，就可能需要定义一个新的实体，新的实体由重复的属性构成，新实体与原实体之间为一对多的关系。在第一范式中，表的每一行只包含一个实例的信息。

2）第二范式(2NF)

第二范式是在第一范式的基础上建立起来的，即要满足第二范式，必须先满足第一范式。第二范式要求数据库表中的每个实例或行必须可以被唯一地区分。为实现区分，通常需要为表加上一个列，以存储各个实例的唯一标识。第二范式要求实体的属性完全依赖于主关键字，所谓“完全依赖”，是指不能存在仅依赖主关键字一部分的属性，如果存在，那么这个属性和主关键字的这一部分应该分离出来形成一个新的实体，新实体与原实体之间是一对多的关系。简而言之，第二范式就是非主属性非部分依赖于主关键字。

3）第三范式（3NF）

要满足第三范式，必须先满足第二范式。也就是说，第三范式要求一个数据库表中不包含已在其他表中包含的非主关键字信息。简而言之，第三范式要求属性不依赖于其他非主属性。

5. 结构化查询语言

结构化查询语言（Structured Query Language，SQL）是一种数据库查询和程序设计语言，用于存取数据及查询、更新和管理关系数据库系统，同时也是数据库脚本文件的扩展名。结构化查询语言是高级的非过程化编程语言，允许用户在高层数据结构上工作。它不要求用户指定对数据的存放方法，也不需要用户了解具体的数据存放方式，所以具有完全不同底层结构的不同数据库系统可以使用相同的结构化查询语言作为数据输入与管理的接口。结构化查询语言的语句可以嵌套，这使其具有极大的灵活性和强大的功能。

6.3.2 联邦数据库

联邦数据库系统（FDBS）是一个彼此协作又相互独立的成员数据库系统（CDBS）集合，将成员数据库系统按不同程度进行集成并可对该系统整体提供控制和协同操作的软件称为联邦数据库管理系统（FDBMS）。成员数据库可以是集中式的，也可以是分布式的。联邦数据库技术可以实现对相互独立运行的多个数据进行互操作。联邦数据库体系结构示意如图 6-6 所示。

联邦数据库具有分布性、异质性、独立性和透明性 4 个方面的特点。

（1）分布性。数据可按不同方式在多个数据库之间分布，而且这些数据库可能存储在单个或多个计算机系统中。这些系统可以在同一物理区域，也可以在以通信系统相连的地理分布的区域通过通信系统关联。FDBS 的大部分数据分布问题，是

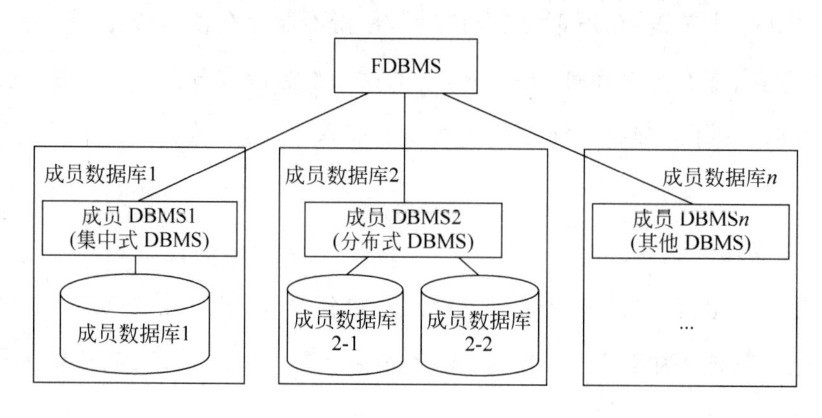

图 6-6 联邦数据库系统

由于在 FDBS 构造之前已存在多个分散的 CDBS 而造成的。

(2) 异质性。许多类型的异质来源于技术上的不同,如硬件、系统软件和通信系统的不同。数据库系统的异质性可以分为以 DBMS(数据库管理系统)的不同而引起的异质和以语义的不同而引起的异质两类。DBMS 的异质源于不同的数据模型提供不同的结构基元或者支持不同的约束条件及查询语言不同；当对数据意义的理解、解释和对相同或相关数据的用意产生差别时,就会导致语义异构。

(3) 独立性。CDBS 组织实体通常都是独立的,主要表现为 4 点：①设计独立,CDBS 在数据管理、数据元素表达、数据的概念化和语义解释、数据管理的约束条件、系统功能、同其他系统的关联和共享及工具等方面涉及资助；②通信独立,CDBS 决定是否同其他 DBMS 通信,及何时和怎样回答其他请求；③执行独立,CDBS 具有执行本地操作而不受外部干扰,及决定外部操作执行顺序的能力；④相关独立,CDBS 可以决定是否同其他系统共享其功能和资源及在多大程度上共享,包括同联邦关联或解除关联的能力及加入一个或更多联邦的能力。

(4) 透明性。透明性表现为对用户掩盖了底层数据源的差异、特质和实现。理想的情况是,它使一组联邦数据源对用户而言就像是一个系统,用户无须知道数据存储在哪里(位置透明),无须知道数据源支持何种语言或编程接口(调用透明,如果使用),无须知道数据源支持哪种语支(语言透明),无须知道数据是以哪种物理方式存储的,或者数据是否被分区和或是否被复制(物理数据独立性、分段和复制透明性),无须知道使用何种网络协议(网络透明性)。

6.3.3 数据仓库

1. 定义

William H. Inmon 在 1991 年出版的《Building the Data Warehouse》一书中正式提出数据仓库(Data Warehouse)的概念,它是一个面向主题的、集成的、相对稳定的、反映历史变化的数据集合,用于支持管理决策。面向主题指用户使用数据仓库进行决策时所关心的重点方面,如收入、客户、销售渠道等,数据仓库内的信息是按主题进行组织的,而不是像业务支撑系统那样是按照业务功能进行组织的。这里的集成指数据仓库中的信息不是从各个业务系统中简单抽取出来的,而是经过了一系列加工、整理和汇总的过程,因此数据仓库中的信息是关于整个企业的一致的全局信息。这里的反映历史变化指数据仓库内的信息并不只是反映企业当前的状态,而是记录了从过去某一时间点到当前各个阶段的信息,通过这些信息,可以对企业的发展历程和未来趋势做出定量分析和预测。

数据仓库的主要功能是利用联机事务处理(On-Line Transaction Processing, OLTP)将日积月累的数据汇聚起来,通过数据仓库特有的储存架构,以利于各种分析方法的应用,如联机分析处理(On-Line Transaction Processing,OLAP)、数据挖掘等,并进而支持如决策支持系统、经理信息系统(EIS)的创建,帮助决策者快速有效地从大量数据中分析出有价值的信息,其结构示意如图 6-7 所示。

2. 联机事务处理过程

联机事务处理过程也称为面向交易的处理过程,其基本特征是前台接收的用户数据可以立即传送到计算中心进行处理,并在很短的时间内得到处理结果,是对用户操作快速响应的方式之一。

联机事务处理数据库旨在使事务应用程序仅写入所需的数据,以便尽快处理单个事务。联机事务处理是传统的关系型数据库的主要应用,主要是基本的、日常的事务处理,例如银行交易。

事务系统包含巨量数据的更新,是业务延续性的重中之重,并提供对重要数据的近实时访问,包括让企业更有竞争力的数据。

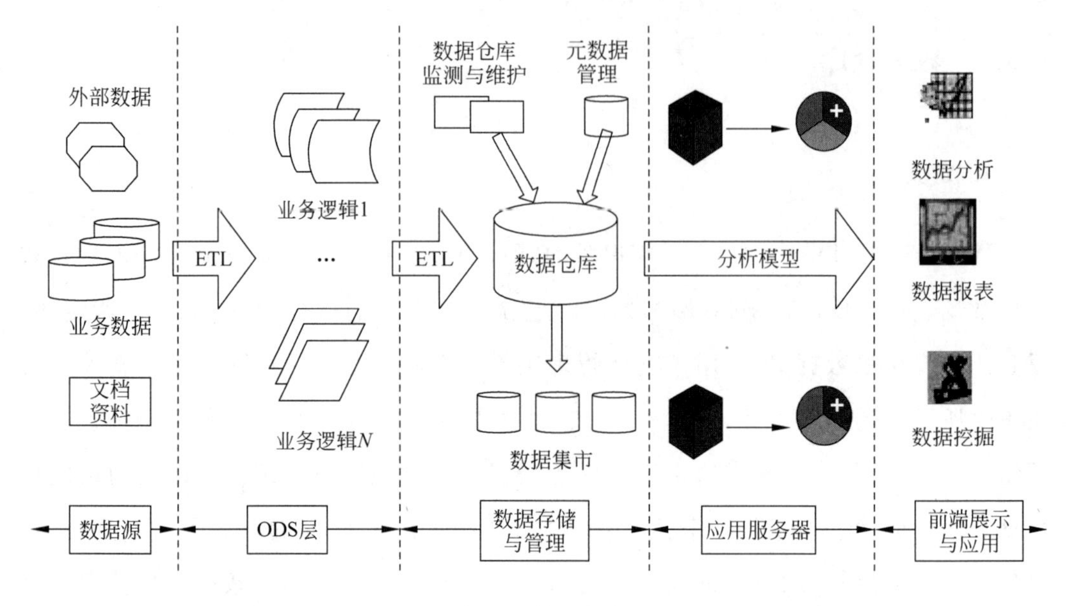

图 6-7 数据仓库

3. 联机分析处理

联机分析处理是一种使分析人员、管理人员或执行人员能够从多种角度对从原始数据中转化出来的，能够真正为用户所理解的，并真实反映企业特性的信息进行快速、一致、交互的存取，从而获得对数据更深入了解的软件技术。联机分析处理的多维分析操作有钻取(Drill-up 和 Drill-down)、切片(Slice)、切块(Dice)及旋转(Pivot)等。

(1) 钻取是改变维的层次，变换分析的粒度。它包括向上钻取(Drill-up)/上卷(Roll-up)和向下钻取(Drill-down)。Drill-up 是在某一维上将低层次的细节数据概括到高层次的汇总数据，或者减少维数；Drill-down 则相反，它从汇总数据深入到细节数据进行观察或增加新维。

(2) 切片和切块是在一部分维上选定值后，关心度量数据在剩余维上的分布，如果剩余的维只有两个，则是切片；如果有三个或以上，则是切块。切片就是在多维数据上选定一个二维子集的操作，即在某两个维上取一定区间的维成员或全部维成员，在其余维上选定一个维成员的操作。

(3) 旋转是变换维的方向，即在表格中重新安排维的放置(例如行列互换)。旋转操作相当于在平面内将坐标轴旋转，可以得到不同视角的数据。例如，旋转可能包含了交换行和列，或是把某一个行维移到列维中去，或是把页面中显示的一个维和页面外的维进行交换(令其成为新的行或列中的一个)。

4. 数据库和数据仓库的区别

(1) 出发点不同：数据库是面向事务的设计；数据仓库是面向主题的设计。

(2) 存储的数据不同：数据库一般存储在线交易数据，数据仓库存储的一般是历史数据。

(3) 设计规则不同：数据库设计是尽量避免冗余，一般采用符合范式的规则来设计；数据仓库在设计时有意引入冗余，采用反范式的方式来设计。

(4) 提供的功能不同：数据库是为捕获数据而设计，数据仓库是为分析数据而设计。

(5) 基本元素不同：数据库的基本元素是事实表，数据仓库的基本元素是维度表。

(6) 容量不同：数据库在基本容量上要比数据仓库小得多。

(7) 服务对象不同：数据库是为了高效的事务处理而设计的，服务对象为企业业务处理方面的工作人员；数据仓库是为了分析数据辅助决策而设计的，服务对象为企业高层决策人员。

思考题

1. 什么是数据库？数据库发展的历史有几个阶段？数据库有几个类型？
2. 什么是关系数据库？
3. 简述几种常用的数据库系统。
4. 什么是线性表？什么是栈？什么是队列？什么是树？什么是图？
5. 什么是数据采集？什么是数据清洗？什么是 ETL？
6. 什么是命题？什么是群？什么是环？
7. 什么是联邦数据库？什么是数据仓库？
8. 数据库与数据仓库有什么区别？

第 7 章

数据统计与分析

7.1 概率与统计

7.1.1 概率

1. 随机变量与分布函数

随机事件无论与数量是否直接有关，都能用数量化的方式表达。随机事件数量化的目的是为了可以用数学分析的方法来研究随机现象。随机变量是指随机事件的数量表现，因为随机变量的值是由试验结果决定的，所以可以给随机变量的可能值指定概率。

按照随机变量可能取得的值，可以将其分为离散型和连续型两种。离散型随机变量在一定区间内变量取值为有限个或可数个，例如某地区某年人口的出生数、死亡数，某药治疗某病病人的有效数、无效数等。离散型随机变量通常依据概率质量函数分类，主要分为伯努利随机变量、二项随机变量、几何随机变量和泊松随机变量。

一个随机试验的可能结果(称为基本事件)全体组成一个基本空间 Ω,随机变量 x 是定义于 Ω 上的函数,即对每一基本事件 $\omega\in\Omega$,都有一数值 $x(\omega)$ 与之对应。

研究随机变量的性质时,确定和计算它取某个数值或落入某个数值区间内的概率是特别重要的。因此,随机变量取某个数值或落入某个数值区间这样的基本事件的集合,应当属于所考虑的事件域。根据这样的想法,利用概率论公理化的语言,取实数值的随机变量的数学定义可确切地表述如下:概率空间 (Ω,F,P) 上的随机变量 x 是定义于 Ω 上的实值可测函数,即对任意 $\omega\in\Omega$,$X(\omega)$ 为实数,且对任意实数 x,使 $X(\omega)\leqslant x$ 的一切 ω 组成的 Ω 的子集 $\{\omega:X(\omega)\leqslant x\}$ 是事件,也即是 F 中的元素。事件 $\{\omega:X(\omega)\leqslant x\}$ 常简记作 $\{x\leqslant x\}$,并称函数 $F(x)=p(x\leqslant x)$ 为 x 的分布函数,其中 $-\infty\leqslant x\leqslant\infty$。

2. 随机变量的数字特征

在概率论和统计学中,离散型随机变量的一切可能的取值 x_i 与对应的概率 $p(x_i)$ 乘积之和称为该离散型随机变量的数学期望(若该求和绝对收敛),记为 $E(x)$。它是简单算术平均的一种推广,类似加权平均。

方差体现了随机变量的取值与均值的偏离程度。统计学中的方差(样本方差)是每个样本值与全体样本值的平均数之差的平方值的平均数。在许多实际问题中,研究方差(即偏离程度)有着重要的意义。方差在统计描述和概率分布中各有不同的定义,并有不同的公式。在统计描述中,方差用来计算每一个变量(观察值)与总体均数之间的差异。为避免出现离均差总和为零的情况且离均差平方和受样本数量的影响,统计学采用平均离均差平方和来描述变量的变异程度。

总体方差计算公式为 $\delta^2=\sum(X-\mu)^2/N$,其中,δ^2 为总体方差,X 为变量,μ 为总体均值,N 为总体个数。实际工作中,总体均数难以得到时,应用样本统计量代替总体参数,经校正后,样本方差计算公式为 $S^2=\sum(X-\overline{X})^2/(n-1)$,其中,$S^2$ 为样本方差,X 为变量,$\overline{X}$ 为样本均值,n 为样本个数。

在概率分布中,设 X 是一个离散型随机变量,若 $E\{[X-E(X)]^2\}$ 存在,则称 $E\{[X-E(X)]^2\}$ 为 X 的方差,记为 $D(X)$、$Var(X)$ 或 DX,其中 $E(X)$ 是 X 的期望值,X 是变量值,公式中的 E 是期望值 Expected value 的缩写,意为“变量值与其期望值之差的平方和”。离散型随机变量方差计算公式为 $DX=E\{[X-E(X)]^2\}=E(X^2)-[E(X)]^2$。

3. 大数定律与中心极限定理

1）大数定律

大数定律是一个随机现象统计规律性的定理。当大量重复某一相同实验时，最后的实验结果可能会稳定在某一数值附近。就像抛硬币一样，如果不断地抛，抛上千次，甚至上万次就会发现，正面或者反面向上的次数会接近总次数的一半。除了抛硬币，现实中还有许多这样的例子。这些实验传达了一个共同的事实，那就是大量重复实验后最终的结果会比较稳定。稳定性到底是什么？怎样去用数学语言把它表达出来？这其中会不会有某种规律性？是必然的还是偶然的？这一系列问题其实就是大数定律要研究的问题。很早的时候，人们其实就发现了这一规律性现象，也有不少数学家对这一现象进行了研究，这其中就包括伯努利，他在 1713 年提出了极限定理，后人称之为伯努利大数定律。

伯努利用数学语言将现实生活中的这种现象表达出来，赋予其确切的数学含义，他让人们对于这一类问题有了新的认识，有了更深刻的理解，为后人研究大数定律问题指明了方向，起到了引领作用，为大数定律的发展奠定了基础。除伯努利外，还有许多数学家为大数定律的发展做出了重要的贡献，有的甚至花了毕生的心血，像拉普拉斯、李雅普诺夫、林德伯格、费勒、切比雪夫及辛钦等。这些人对于大数定律的进步所起的作用都是不可估量的。经过几百年的发展，大数定律体系已经基本完善，出现了更多、更广泛的大数定律，例如切比雪夫大数定律、辛钦大数定律、泊松大数定律、马尔科夫大数定律等。

2）中心极限定理

中心极限定理是概率论中讨论随机变量序列部分和分布渐近于正态分布的一类定理。这类定理是数理统计学和误差分析的理论基础，指出了大量随机变量累积分布函数逐点收敛到正态分布的积累分布函数的条件。

在自然界与生产中，一些现象受到许多相互独立的随机因素的影响，如果每个因素所产生的影响都很微小，总的影响就可以看作是服从正态分布的，中心极限定理从数学上证明了这一现象。最早的中心极限定理是从讨论 n 重伯努利试验中事件 A 出现的次数渐近于正态分布的问题而得出的。1716 年前后，棣莫弗对 n 重伯努利试验

中每次试验事件 A 出现的概率为 1/2 的情况进行了讨论，随后，拉普拉斯和李亚普诺夫等进行了推广和改进。自莱维在 1919—1925 年系统建立了特征函数理论，中心极限定理的研究得到了快速发展，先后产生了普遍极限定理和局部极限定理等。长期以来，对于极限定理的研究所形成的概率论分析方法影响着概率论的发展，同时新的极限理论问题也在不断产生。

7.1.2 统计

1. 样本与抽样分布

样本是观测或调查的一部分个体，总体是全部研究对象。样本中个体的多少叫样本容量。选取样本的过程叫抽样，又称取样。从所要研究的全部样品中抽取一部分样品单位，其基本要求是保证所抽取的样品单位对全部样品具有充分的代表性。抽样的目的是从被抽取样品单位的分析、研究结果来估计和推断全部样品的特性，是科学实验、质量检验、社会调查普遍采用的一种经济有效的工作和研究方法。

抽样分布也称统计量分布、随机变量函数分布，是指样本估计量的分布。样本估计量是样本的一个函数。以样本平均数为例，它是总体平均数的一个估计量，如果按照相同的样本容量，以相同的抽样方式反复抽取样本，每次可以计算一个平均数，所有可能样本的平均数所形成的分布就是样本平均数的抽样分布。

2. 参数估计

18 世纪末，德国数学家高斯首先提出参数估计的方法，他用最小二乘法计算了天体运行的轨道。20 世纪 60 年代，随着计算机的广泛应用，参数估计有了飞速发展。参数估计是一种统计推断，是根据从总体中抽取的随机样本来估计总体分布中未知参数的过程。从估计形式看，其可分为点估计与区间估计；从构造估计量的方法分，有矩法估计、最小二乘估计、似然估计、贝叶斯估计等。参数估计需要解决两个问题：①求出未知参数的估计量；②在一定信度(可靠程度)下指出所求的估计量的精度。信度用概率表示，如信度为 95%，精度用估计量与被估参数(或待估参数)之间的接近程度或误差来度量。

现实生活中，人们常常需要根据手中的数据分析或推断数据反映的本质规律，即根据样本数据选择统计量去推断总体的分布或数字特征等。统计推断是数理统计研究的核心问题，是指根据样本对总体分布或分布的数字特征等做出合理的推断。

3. 假设检验

假设检验又称统计假设检验，是数理统计学中根据一定假设条件由样本推断总体的一种方法，是一种基本的统计推断形式，也是数理统计学的一个重要分支，用来判断样本与样本、样本与总体的差异是由抽样误差引起还是本质差别造成的。其基本原理是先对总体的特征做出某种假设，然后通过抽样研究的统计推理，对此假设应该被拒绝还是接受做出推断。

假设检验的具体方法是：根据问题的需要对所研究的总体做某种假设，记作 H_0；选取合适的统计量，这个统计量的选取要使得在假设 H_0 成立时，其分布为已知；由实测的样本计算出统计量的值，并根据预先给定的显著性水平进行检验，做出拒绝或接受假设 H_0 的判断。常用的假设检验方法有 μ-检验法、t 检验法、χ^2 检验法（卡方检验）、F-检验法及秩和检验等。

假设检验的基本思想是小概率反证法思想。小概率思想是指小概率事件（$p<0.01$ 或 $p<0.05$）在一次试验中基本上不会发生。反证法思想是先提出假设（检验假设 H_0），再用适当的统计方法确定假设成立的可能性大小，如可能性小，则认为假设不成立；若可能性大，则还不能认为假设成立，假设是否正确，要用从总体中抽出的样本进行检验。

7.2 数值分析与算法分析

7.2.1 数值分析

数值分析是数学的一个分支，研究分析用计算机求解数学计算问题的数值计算方法及其理论，内容包括插值与逼近、数值微分与数值积分、非线性方程与线性方程组的数值解法、矩阵的特征值与特征向量计算及常微分方程数值解法等。

1. 插值法

拉格朗日插值法最早由英国数学家爱德华·华林于 1779 年发现，1783 年由莱昂哈德·欧拉再次发现。1796 年，拉格朗日在其著作《师范学校数学基础教程》中发表了这个方法，它是一种多项式插值方法。现实中的实验观测，在不同地点可以得到相应的观测值，拉格朗日插值法可以找到一个多项式，其恰好在各个观测点取到观测到的值，这样的多项式称为拉格朗日插值多项式。数学上，拉格朗日插值法可以给出一个恰好穿过二维平面上若干个已知点的多项式函数。

牛顿插值法利用函数 $f(x)$在某区间中若干点的函数值设计一个特定函数，在这些点上取已知值，在区间中其他点上用特定函数的值作为函数 $f(x)$的近似值。牛顿插值法较拉格朗日插值法具有一些优势，即在增加额外的插值点时，可以利用之前的运算结果降低运算量。如果这个特定函数是多项式，则它就是插值多项式。

埃尔米特插值是另一种插值方法，这类插值在给定的节点处不但要求插值多项式的函数值与原函数值相同，也要求在节点处若干阶导数值相等。

三次样条插值利用拟合多项式计算函数值，将计算函数值插入原有的实验点之间，然后再根据所有实验点拟合成曲线。实际计算时需要引入边界条件才能完成计算，Matlab 软件可以进行此计算。

2. 函数逼近与快速傅里叶变换

正交多项式是由多项式构成的正交函数系的通称。正交多项式最简单的例子是勒让德多项式，另外还有雅可比多项式、切比雪夫多项式、拉盖尔多项式、埃尔米特多项式等，它们在微分方程、函数逼近等研究中都是极有用的工具。

最小二乘法又称最小平方法，是一种数学优化技术。利用最小二乘法可以简便地求得未知的数据，并使得这些求得的数据与实际数据之间误差的平方和为最小。1801 年，意大利天文学家朱赛普·皮亚齐发现了第一颗小行星谷神星，经过 40 天的跟踪观测后，谷神星运行至太阳背后，皮亚齐失去了谷神星的位置，随后全世界的科学家利用皮亚齐的观测数据开始寻找谷神星，但是根据大多数人计算的结果来寻找谷神星都没有结果。当时年仅 24 岁的高斯也参与了谷神星轨道的计算，1809 年，他将使用过的最小二乘法发表于著作《天体运动论》中，奥地利天文学家海因里希·奥尔伯斯根据高斯计算出来的轨道重新发现了谷神星。实际上，最小二乘法最早由法国科学家勒让德于1806年发明，而且勒让德与高斯也曾为谁最早创立最小二乘法原理发生过争执。1829年，高斯提供了最小二乘法的优化算法，其效果优于其他证明。

快速傅里叶变换是利用计算机计算离散傅里叶变换的高效、快速计算方法的统称。1965年，快速傅里叶变换由J. W. 库利和T. W. 图基提出，采用这种运算，可以使计算机计算离散傅里叶变换所需要的乘法次数大为减少，特别是被变换的抽样点数越多，该算法的计算量节省效果就越显著。快速傅里叶变换是离散傅里叶变换的快速算法，它是根据离散傅里叶变换的奇、偶、虚、实等特性对离散傅立叶变换的算法进行的改进。

3. 数值积分与数值微分

在数值分析中，数值积分是计算定积分数值的方法和理论。数值积分是利用黎曼积分等数学定义，用数值逼近的方法近似计算给定的定积分值。在数学分析中，给定函数的定积分计算不总是可行的，许多定积分不能用已知的积分公式得到精确值。借助于计算机，数值积分可以快速计算出复杂的积分值。

构造数值积分公式的最常见方法是用积分区间上的n次插值多项式代替被积函数，由此导出的求积公式称为插值型求积公式。特别是节点分布等距的情形，对应的公式称为牛顿-柯特斯公式，例如梯形公式与抛物线公式就是最基本的近似公式，但它们的精度较差。龙贝格算法是在区间逐次分半过程中，对梯形公式的近似值进行加权平均获得准确程度较高的积分近似值的一种方法，它具有公式简练，计算结果准确，使用方便，稳定性好等优点，因此在等距情形下宜采用龙贝格求积公式。当用不等距节点进行计算时，常用高斯型求积公式，它在节点数目相同的情况下准确程度较高，稳定性好，而且还可以计算无穷积分。数值积分还是微分方程数值解法的重要依据，许多重要公式都可以用数值积分方程导出。

当求积节点在$[a,b]$等间距分布时，可用牛顿-柯特斯（Newton-Cotes）数值积分公式：先使用拉格朗日插值公式对节点进行多项式插值，再计算求积系数，最后求积分值。

龙贝格求积公式也称为逐次分半加速法，是数值计算方法之一，用以求解数值积分，是在梯形公式、辛普森公式和柯特斯公式之间关系的基础上，构造出的一种加速计算积分的方法。作为一种外推算法，其在不增加计算量的前提下提高了误差的精度。在等距节点的情况下，用计算机计算积分值通常都采用把区间逐次分半的方法进行，这样前一次分割得到的函数值在分半以后仍可被利用，且易于编程。

4. 解线性方程组的直接方法

高斯消元法，或称高斯消去法，是线性代数规划中的一个算法，可用来为线性方程组求解。其算法比较复杂，不常用于加减消元法求出矩阵的秩及可逆方阵的逆矩阵。不过，如果有超过百万条等式，这个算法会十分省时。

因子分解法由消元法演变而来，是解线性方程组的另一种方法。设方程组的矩阵形式为 $Ax=b$，三角分解法就是将系数矩阵 A 分解为一个下三角矩阵 L 和一个上三角矩阵 U 之积即 $A=LU$，然后依次解两个三角形方程组 $Ly=b$ 和 $Ux=y$，从而得到原方程组的解。

范数是长度概念的延伸。在线性代数、泛函分析及相关的数学领域，范数是一个函数，是矢量空间内的所有矢量赋予非零的正长度或大小。矩阵范数，是矩阵论、线性代数、泛函分析中常见的概念，应用中常将有限维赋范向量空间之间的映射以矩阵的形式表现。

5. 解线性方程组的迭代法

20 世纪 70 年代，D. M. Young 提出逐次超松弛迭代法，是在高斯法的基础上为提高收敛速度采用加权平均而得到的新算法。由于超松弛迭代法公式简单，编制程序容易，很多工程学、计算数学中都会应用。

共轭梯度法是介于最速下降法与牛顿法之间的一个方法，它仅需利用一阶导数信息，不仅克服了最速下降法收敛慢的缺点，又避免了牛顿法需要存储和计算 Hesse 矩阵并求逆的缺点。它不仅是求解大型线性方程组最有用的方法之一，也是解大型非线性最优化、最有效的算法之一。共轭梯度法的优点是所需存储量小，具有收敛性，稳定性高，计算方便。共轭梯度法最早是由 Hestenes 和 Stiefle 提出的，在此基础上，1964 年 Fletcher 和 Reeves 提出了解非线性最优化问题的共轭梯度法。

6. 方程组的数值解法

不动点法是解方程的一种方法，对研究方程解的存在性、唯一性和具体计算有重要的理论与实用价值。数学中的各种方程，诸如代数方程、微分方程和积分方程等，

均可改写成 $x=f(x)$ 的形式，其中 x 是某个适当空间 X 中的点，f 是从 X 到 X 的一个(自)映射，把点 x 变成点 $f(x)$，于是，方程的解就相当于映射 f 在空间 X 中的不动点。这一方法把解方程转化为求某个映射的不动点，故而得此名。

牛顿法又称为牛顿-拉弗森方法，是一种在实数域和复数域上求解近似方程的方法，使用函数 $f(x)$ 的泰勒级数的前面几项来寻找方程 $f(y)=0$ 的根。牛顿法最初由牛顿于1671年在《流数法》中完成，1736年公开发表。

弦截法是求非线性方程近似根的一种线性近似方法，以对应曲线弧 AB 的弦 AB 与 x 轴的交点横坐标作为曲线弧 AB 与 x 轴的交点横坐标的近似值 μ 来求出方程的近似解。该方法一般通过计算机编程来实现。弦截法的原理是以直代曲，即用弦(直线)代替曲线求方程的近似解，也就是利用对应的弦与轴的交点横坐标来作为曲线弧与轴的交点横坐标的近似值。

抛物线法又称二次插值法，是用二次插值函数逼近未知函数而求解问题的方法，是在结构优化方面，利用搜索区间内3个点的坐标和函数值构造二次函数来逐步逼近原一元函数，使搜索区间逐步缩小，进而找到近似极小点的一维搜索方法。

7. 矩阵特征值计算

幂法是一种计算矩阵主特征值(矩阵按模最大的特征值)及对应特征向量的迭代方法，特别适用于大型稀疏矩阵。反幂法用来计算矩阵按模最小的特征值及其特征向量，也可用来计算一个给定近似特征值对应的特征向量。

QR 分解法是求一般矩阵全部特征值的最有效并广泛应用的方法，一般矩阵先经过正交相似变化成为 Hessenberg 矩阵，然后再应用 *QR* 方法求特征值和特征向量，在分解过程中利用 Gram-Schmidt 正交化。它是将矩阵分解成一个正规正交矩阵 Q 与上三角矩阵 R，所以称为 *QR* 分解法。

8. 常微分方程初值问题数值解法

欧拉法是一种一阶数值方法，用以对给定初值的常微分方程(即初值问题)求解。其思路是，一开始只知道曲线的起点，曲线其他部分未知，不过通过微分方程的斜率可以计算出来，也就得到了切线，顺着切线向前走一小步到点，如果假设是曲线上的一点(实际上通常不是)，那么就可以确定一条切线，依此类推，经过几步之后，一条折线就被计算出来了。大部分情况下这条折线与原先的未知曲线偏离不远，并且任意小的误差都可以通过减少步长来得到。

龙格-库塔法(Runge-Kutta methods)是用于非线性常微分方程求解的一类隐式或显式迭代法,1900年由数学家卡尔·龙格和马丁·威尔海姆·库塔提出。龙格-库塔方法是一种在工程上应用广泛的高精度单步算法。

多步法可用于普通微分方程的数值求解。从概念上讲,一个数值方法从一个初始点开始,然后在时间上向前迈出一小步,找到下一个解点。该过程以后的步骤来绘制解决方案。诸如龙格-库塔法等方法采取一些中间步骤(例如半步)来获得更高阶的方法,但是在进行第二步之前会丢弃所有先前的信息。多步法尝试通过保留和使用先前步骤的信息而不是丢弃它来提高效率。

7.2.2 算法设计与分析

算法设计与分析是以算法设计技术和分析方法为主线的课程,内容包括分治策略、动态规划、贪心法、回溯与分支限界、算法分析与问题的计算复杂度、*NP* 完全性、近似算法、随机算法及处理难解问题的策略等。

1. 算法效率分析

算法效率是指算法执行的时间,算法执行时间需通过该算法编制的程序在计算机上运行所消耗的时间来度量。现在的计算机硬件已较少考虑耗时问题。不过一个好的程序员,应该对自己程序的运算次数和耗时有一定要求。

递归算法指通过重复将问题分解为同类子问题而解决问题的方法。绝大多数编程语言支持函数的自调用,在这些语言中,函数可以通过调用自身来进行递归。计算理论可以证明,递归的作用可以完全取代循环,因此在很多函数编程语言中习惯用递归来实现循环。

2. 蛮力法

选择排序是一种简单直观的排序算法,它的工作原理是每一次从待排序的数据元素中选出最小(或最大)的一个元素存放在序列的起始位置,直到全部待排序的数据元素排完。

冒泡排序是一种比较简单的排序算法,针对一个数列,一次比较两个元素,如果它们的顺序错误，就把它们交换过来，如此重复进行，直到没有元素再需要交换，该数列就排序完成。

顺序查找是在一个已知无序(或有序)的队列中找出与给定关键字相同的数的具体位置的方法，原理是让关键字与队列中的数从最后一个开始逐个比较，直到找出与给定关键字相同的数为止。它的缺点是效率低下。

穷举搜索法是编程中常用到的一种方法，通常在找不到解决问题的规律时，对多候选解按某种顺序进行逐一枚举和检验，并从中找出那些符合要求的候选解作为问题的解。

3. 分治法

合并排序也叫归并排序，是建立在归并操作上的一种有效的排序算法，它将两个(或两个以上)有序表合并成一个新的有序表。把待排序序列分为若干个子序列，每个子序列是有序的，然后再把有序子序列合并为整体有序序列，将已有序的子序列合并，得到完全有序的序列，即先使每个子序列有序，再使子序列段间有序。若将两个有序表合并成一个有序表，称为 2-路归并。

快速排序是对冒泡排序的一种改进，由 C. A. R. Hoare 在 1962 年提出。它的基本思想是通过一次排序将要排序的数据分割成独立的两部分，其中一部分的所有数据比另外一部分的所有数据都小，然后再按此方法对这两部分数据分别进行快速排序，整个排序过程可以递归进行，以此达到整个数据变成有序序列的效果。

二分查找也称折半查找，它是一种效率较高的查找方法。但是，折半查找要求线性表必须采用顺序存储结构，而且表中元素按关键字有序排列。首先，假设表中元素是按升序排列，将表中间位置记录的关键字与查找关键字比较，如果两者相等，则查找成功；否则利用中间位置记录将表分成前后两个子表，如果中间位置记录的关键字大于查找关键字，则进一步查找前一子表，否则查找后一子表；重复以上过程，直到找到满足条件的记录，使查找成功，或直到子表不存在为止(此时表示查找不成功)。

遍历是指沿着某条搜索路线依次对树中每个节点做且仅做一次访问。访问节点所做的操作依赖于具体的应用问题。遍历是二叉树上最重要的运算方法之一，是二叉树上进行其他运算的基础。

4. 减治法

插入排序法是在一个已经排好序的数据序列中插入一个数，要求插入此数据后序列仍然有序。插入排序的基本思想是每步将一个待排序的记录按其关键字码值的大小插入前面已经排序的文件中的适当位置，直到全部插入完为止。

深度优先搜索是一种在开发爬虫早期使用较多的方法。它的目的是要达到被搜索结构的叶节点。在一个 HTML 文件中，当一个超链被选择后，被链接的 HTML 文件将执行深度优先搜索，即在搜索其余超链结果之前必须先完整地搜索单独的一条链，沿着 HTML 文件上的超链走到不能再深入为止，然后返回某一个 HTML 文件，再继续选择该 HTML 文件中的其他超链，当不再有其他超链可选择时，搜索结束。

宽度优先搜索算法又称广度优先搜索，其别名又叫 BFS，属于一种盲目搜寻法，目的是系统地展开并检查图中的所有节点，以找寻结果。换句话说，它并不考虑结果的可能位置，而是彻底地搜索整张图，直到找到结果为止。该方法是最简便的图搜索算法之一，也是很多重要图算法的原型，例如 Dijkstra 单源最短路径算法和 Prim 最小生成树算法都采用了和宽度优先搜索类似的思想。

拓扑排序是对一个有向无环图(Directed Acyclic Graph，DAG)进行拓扑排序，是将图中所有顶点排成一个线性序列，使得图中任意一对顶点 u 和 v，若边 $(u,v)\in E(G)$，则 u 在线性序列中出现在 v 之前。通常这样的线性序列称为满足拓扑次序的序列，简称拓扑序列。

5. 变治法

预排序是一种很古老的思想。实际上，人们对于排序算法的兴趣很大程度上是基于这样一个事实：如果列表是有序的，许多关于列表的问题更容易求解。显然，由于包含了排序操作，所以这种算法的时间效率依赖于所选用排序算法的效率。

堆排序是指一种利用堆积树(堆)这种数据结构所设计的排序算法，可以利用数组的特点快速定位指定索引的元素。堆分为大根堆和小根堆，是完全二叉树。大根堆的要求是每个节点的值都不大于其父节点的值。在数组的非降序排序中，需要使用的就是大根堆，因为根据大根堆的要求可知，最大的值一定在堆顶。

6. 时空权衡

计数排序是一个非基于比较的排序算法，1954 年由 Harold H. Seward 提出。它的优点在于对一定范围内的整数排序时，复杂度低于任何比较排序算法。当然这是一种牺牲空间换取时间的做法。

散列法，或称哈希法，是一种将字符组成的字符串转换为固定长度（一般是更短长度）的数值或索引值的方法。由于通过更短的哈希值比用原始值进行数据库搜索更快，所以这种方法一般用来在数据库中建立索引并进行搜索，同时也用在各种解密算法中。

7. 贪婪技术

普里姆算法（Prim 算法）是图论中的一种算法，可在加权连通图里面搜索最小生成树。即由此算法搜索到的边子集所构成的树中，不但包括了连通图里的所有顶点，且其所有边的权值之和亦为最小。该算法于 1930 年由捷克数学家沃伊捷赫·亚尔尼克（Vojtěch Jarník）提出，1957 年由美国计算机科学家罗伯特·普里姆（Robert C. Prim）独立提出，1959 年又由艾兹格·迪科斯彻提出。因此，在某些场合，普里姆算法又称为 DJP 算法、亚尔尼克算法或普里姆—亚尔尼克算法。

克鲁斯卡尔（Kruskal）算法是一种用来寻找最小生成树的算法。在剩下的所有未选取的边中找最小边，如果和已选取的边构成回路，则放弃，选取次小边。先构造一个只含 n 个顶点而边集为空的子图，把子图中的各个顶点看成各棵树上的根节点，之后从网的边集 E 中选取一条权值最小的边，若该条边的两个顶点分属不同的树，则将其加入子图，即把两棵树合成一棵树；反之，若该条边的两个顶点已落在同一棵树上，则不可取，而应该取一条权值次小的边再试；依此类推，直到森林中只有一棵树，即子图中含有 $n-1$ 条边为止。

迪杰斯特拉（Dijkstra）算法于 1959 年由荷兰计算机科学家迪杰斯特拉提出，是从一个顶点到其余各顶点的最短路径算法，解决的是有向图中的最短路径问题。迪杰斯特拉算法的主要特点是以起始点为中心向外层层扩展，直到扩展到终点为止。

8. 算法能力

决策树，或称分类树，是一种树形结构，其中每个内部节点表示一个属性测试，每个分支代表一个测试输出，每个叶节点代表一种类别。它是一种十分常用的分类、监管学习方法。所谓监管学习，就是给定一堆样本，每个样本都有一组属性和一个类别，这些类别是事先确定的，通过学习得到一个分类器，这个分类器能够对新出现的对象给出正确的分类，这样的机器学习就称为监督学习。

NP(Non-deterministic Polynomial)完全问题是世界七大数学难题之一。NP问题即多项式复杂程度的非确定性问题。P类问题指所有可以在多项式时间内求解的判定问题，判定问题包括判断是否有一种能够解决某一类问题的可行算法的研究课题。NP类问题指所有非确定性多项式时间内可解的判定问题。非确定性算法将问题分解成猜测和验证两个阶段，猜测阶段是非确定性的，验证阶段是确定性的，它验证猜测阶段给出解的正确性。设算法A是解一个判定问题Q的非确定性算法，如果A的验证阶段能在多项式时间内完成，则称A是一个多项式时间非确定性算法。有些计算问题是确定性的，例如加减乘除，只要按照公式推导，按部就班，就可以得到结果。但是，有些问题是无法按部就班直接计算出来，如找大质数的问题，有没有一个公式能推出下一个质数是多少呢？这种问题的答案，是无法直接计算得到的，只能通过间接的“猜算”来得到结果，这也就是非确定性问题。对于这些问题通常有个算法，它不能直接给出答案是什么，但可以确定某个可能的结果是否是正确的答案，这个算法如果可以在多项式时间内算出来，算法就称为多项式非确定性问题。NPC问题指NP中的某些问题的复杂性与整个类的复杂性相关联。这些问题中的任何一个如果存在多项式时间的算法，那么所有NP问题都是多项式时间内可解的。

回溯法，或称为探索与回溯法，是一种选优搜索法，又称为试探法，按选优条件向前搜索，以达到目标。探索到某一步时，如果发现原先选择并不优或达不到目标，就退回一步重新选择，这个步骤走不通就退回再走的技术为回溯法，满足回溯条件的某个状态的点称为回溯点。

分支限界法常以广度优先或以最小耗费(最大效益)优先的方式搜索问题的解空间树。在分支限界法中，每一个活节点只有一次机会成为扩展节点。活节点一旦成为扩展节点，就一次性产生所有子节点。在这些子节点中，导致不可行解或导致非最优解的子节点被舍弃，其余子节点被加入活节点表，此后，从活节点表中取下一节点成为当前扩展节点，并重复上述节点扩展过程。这个重复过程一直持续到找到所需的解或活节点表为空时为止。

7.3 数据挖掘与软件工具

7.3.1 数据挖掘概述

1. 概述

数据挖掘是知识发现的一个步骤，指从大数据中通过算法挖掘隐藏于其中有价值信息的过程。通过统计、在线分析处理、情报检索、机器学习、专家系统和模式识别等诸多方法和手段可以实现数据挖掘的目标。

数据挖掘是多学科和技术的应用，涉及的方法包括统计学的抽样、估计和假设检验及人工智能、模式识别和机器学习的搜索算法、建模技术和学习理论。涉及的学科包括运筹学、进化计算、信息论、信号处理、可视化和信息检索等。

近年来，数据挖掘技术引起了信息产业界的极大关注，其主要原因是从大数据获取的信息和知识可以广泛用于商务管理、生产控制、市场分析、工程设计和科学探索等领域。

2. 步骤

如图 7-1 所示为数据挖掘过程，各步骤的大体内容如下所述。

(1) 确定对象。选择对象，定义问题，确定数据挖掘的目的。

(2) 数据准备。准备的过程包括：①数据的选择：搜索所有与业务对象有关的内部和外部数据信息，并从中选出适于数据挖掘应用的数据；②数据的预处理：研究数据的质量，为进一步的分析作准备，并确定将要进行的挖掘操作的类型；③数据的转换：将数据转换成一个分析模型，这个分析模型是针对挖掘算法建立的。建立一个真正适合挖掘算法的分析模型是决定数据挖掘能否成功的关键。

(3) 数据挖掘。对所得到的经过转换的数据进行挖掘。

(4) 结果分析。解释并评估结果，其分析方法可采用可视化技术。

(5) 知识的同化。将分析所得到的知识集成到业务信息系统的组织结构中去。

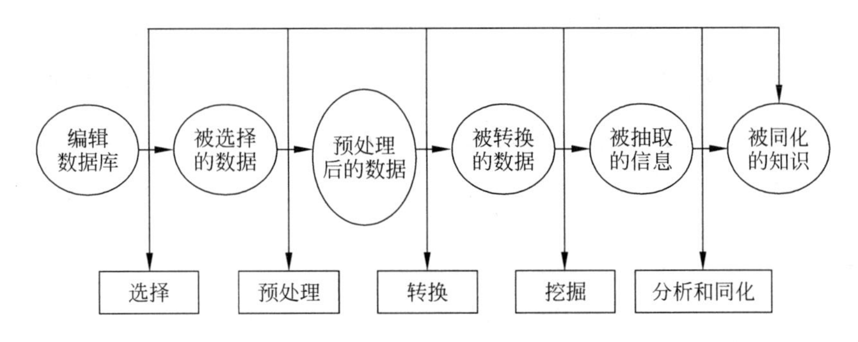

图 7-1 数据挖掘过程

7.3.2 数据挖掘方法

1. 分类

分类是指按照种类、等级或性质分别归类，把无规律的事物分为有规律的，按照不同的特点划分事物，使事物更有规律，建立分类模型，对于没有分类的数据进行分类。

2. 估计

估计与分类类似，不同之处在于分类描述的是离散型变量的输出，而估计处理连续值的输出；分类的类别是确定数目的，估计的量是不确定的。一般来说，估计可以作为分类的前一步工作，给定一些输入数据，通过估计得到未知的连续变量的值，然后根据预先设定的阈值进行分类。

3. 预测

预测指在掌握现有信息的基础上，依照一定的方法和规律对未来的事情进行测算，以预先了解事情发展的过程与结果。预测的目的是对未来未知变量的预测，这种预测是需要时间来验证的，即必须经过一定时间后才知道预测是否准确。

4. 关联分析

关联分析又称关联挖掘，是一种简单、实用的分析技术，就是发现存在于大量数据集中的关联性或相关性，从而描述一个事物中某些属性同时出现的规律和模式。

关联分析的一个典型例子是购物篮分析，通过发现顾客放入其购物篮中的不同商品之间的联系分析顾客的购买习惯，通过了解哪些商品频繁地被顾客同时购买，帮助零售商制定营销策略，其他应用还包括价目表设计、商品促销、商品排放和基于购买模式的顾客划分等。

5. 聚类

聚类是对记录分组，把相似的记录放在一个聚集里，将物理或抽象对象的集合分成由类似的对象组成的多个类的过程称为聚类。由聚类所生成的簇是一组数据对象的集合，这些对象与同一个簇中的对象彼此相似，与其他簇中的对象相异。聚类分析又称群分析，它是研究分类问题（样品或指标）的一种统计分析方法，聚类分析有很多方法，如系统聚类法、有序样品聚类法、动态聚类法、模糊聚类法、图论聚类法及聚类预报法等。

6. 可视化

可视化是对数据挖掘结果进行的直观表示。在数据挖掘时，可以通过软件工具进行数据的展现、分析、钻取，然后将数据挖掘的分析结果形象地显示出来。

7.3.3 大数据与商业智能

1. 大数据处理的难题

从感知层、传输层到应用层，是物联网的应用层次和过程，更准确地说是对感知器采集数据的分析和应用。随着感知器的广泛应用，从现实世界采集的数据越来越多，大数据（海量信息）时代已经来临，海量信息中蕴藏着极其丰富的商业价值，谁能更好地分析这些数据，及时发现商业异常、共性和捕捉市场变化，谁就把握了企业经营决策的命脉。然而，传统商业智能在面对海量信息时存在如下问题。

（1）巨大的 IT 设备投入。传统商业智能解决方案寄希望于强大的服务器来进行海量信息存储和处理，这种大主机思路只能够解决一时的问题，在财力和人力上意味着巨大投入，然而这种投入不是长期、持续的。

（2）无法应对海量信息的增长。海量信息有时候是指数级增长，这就意味着需要有比以前强大数倍甚至数十倍的服务器来支持这样的海量信息增长。

(3) 无法实现海量信息分析的需求。部署复杂的商业智能方案,往往需要半年到一年的周期,而其部署的数据模型的复杂性难以承受商业运作的变化。市场环境的变化最需要敏捷商业智能平台的强力支撑。

如今,已经出现了很多成熟的分布式存储框架,可以很好地解决非结构化海量信息的存储和计算问题,但是这些架构对于实时海量信息计算和分析的商业智能应用支持仍较差。实时海量信息分析,及时发现商业异常、共性,捕捉市场变化,是海量信息处理的关键。

2. 大数据处理对商业智能的要求

面对海量信息,必须进行数据分析和处理。人们对此有如下所述的新要求。

(1) 要求实时商务智能。受内部和外部的、可预见的和突发事件的影响,电子商务任何一个应用均需要对瞬息万变的环境实时分析并做出决策。

(2) 要求分析速度更快。实时商业智能要求数据分析速度更快,以前的商业智能都是存储在硬盘上面,数据和硬盘通过接口交换,限制了速度的提高。现在,商业智能企业和硬件厂商合作,推出了专门为分析而制定的软硬结合的工具,大幅提高了分析速度。

(3) 要求数据质量更高。大数据如果不能保证数据的真实性,就会产生错误的结果和判断,后果非常严重。因此,数据质量控制是获得真实结果的重要保证。

(4) 要求数据挖掘能力更强。关键绩效指标分析、即时查询、多维分析、预测功能及易用的数据挖掘等也是商业智能必不可少并不断需要加强的地方。

3. 商业智能技术

商业智能(Business Intelligence,BI,又称商务智能)是指对商务信息搜集、管理、分析整理和展现的过程,目的是帮助管理者与决策者获得知识或洞察力,提供他们进行管理的必要信息,支持他们快速决策。商业智能是数据仓库、联机分析处理和数据挖掘等技术的综合运用。

商业智能软件可定义为用户查询和报告的软件工具集合,包括 OLAP 工具(提供多维数据管理环境,其典型的应用是对商业问题的建模与商业数据分析)、数据挖掘软件(使用诸如神经网络、规则归纳等技术,用来发现数据之间的关系,做出基于数据的推断)、数据仓库和数据集市(Data Mart)产品(包括数据转换、管理和存取等方面的预配置软件,通常还包括一些业务模型)。

7.3.4 商业智能软件

1. 商业智能决策平台的架构

从系统论的观点看,商业智能数据处理有如下过程。

(1) 数据转换与存储。从不同的数据源获取有用的数据,对数据进行清洗以保证数据的正确性,将数据转换、重构后存入数据仓库或数据场(这时数据变为信息)。

(2) 信息整合与分析。信息可能来自传感器,也可能来自其他数据源,这时需要进行信息的整合,然后通过合适的查询和分析工具、数据挖掘工具对信息进行处理(这时信息变为辅助决策的知识)。

(3) 知识管理与决策。智能决策系统不仅可以向管理者与决策者提供必要的知识和信息,也可以利用系统内的信息和知识进行推理,为管理者与决策者提供辅助决策服务(这时知识变为决策)。

由此可见,商业智能决策平台应该包括3个部分,它们是数据转换与存储子系统、信息整合与分析子系统和知识管理与决策子系统。

2. 数据转换与存储

(1) 把非结构数据转换为结构数据。商业智能只能处理结构化数据,但一般情况下,传感器采集的数据、文件、电子表格、电子邮件、互联网等多半是非结构化数据,其所占比例远高于结构化数据。因此,必须将非结构化数据向结构化数据转换。

(2) 数据仓库是一个很好的存储工具,也是商业智能系统的技术基础。通过数据仓库,商业智能系统可以存储原始数据,为Portal工具的使用提供数据源。数据可能来源于内部应用系统,亦可能来自外部,当载入异类系统数据时,通常需对数据进行格式转换,以合并入数据库。数据库本身须能管理大量数据,并使之能进行数据的处理和查询。数据库记录元数据(Metadata)于信息库(Repository)中,以商业视角方式将原始数据经过整理后解释成对管理者与决策者有意义的数据。

3. 信息整合与分析

(1) 内外信息整合。除了企业内部信息之外,管理者与决策者往往还需要大量的外部信息。在单纯的商务智能环境中,高级主管只能看到商业智能工具存取企业内部信息而产出的一般性报表,但在与 Portal 工具环境整合之后,高级主管可在经过个人化的单一工作环境中集中得到进行决策所需的所有信息。

(2) 数据分析技术。数据整合是数据分析的基础,数据分析不仅需要数据源,更需要数据分析的算法、模型及工具。

4. 知识管理与决策

(1) 知识管理就是为企业实现显性知识和隐性知识共享提供新的途径,利用集体的智慧提高企业的应变和创新能力。知识管理包括建立知识库,促进员工的知识交流,建立尊重知识的内部环境,把知识作为资产来管理几个方面工作。

(2) 商业智能着眼于将企业信息化管理后所产生的营运数据,予以转化增值为辅助决策的信息,进而累积成为企业的知识资产。不同的管理者与决策者进行管理与决策所需的信息不尽相同,智能决策支持系统是将人工智能和决策支持系统相结合,应用专家系统技术,使决策支持系统能够更充分地应用已有的知识,通过逻辑推理来帮助解决复杂的决策问题的辅助决策系统。

5. 商业智能软件分类

商业智能的过程是企业的决策人员以数据仓库为基础,经由 OLAP 工具、数据挖掘工具加上决策规划人员的专业知识从数据中获得有用的信息和知识,帮助企业获取利润。OLAP 在商业智能中扮演着重要的角色,是数据仓库系统中一项重要的应用技术。在 OLAP 技术发展过程中,由 OLAP 准则派生了两种主要的 OLAP 流派,即以关系数据库为基础的 ROLAP 技术和以多维数据库为基础的 MOLAP 技术。

(1) 基于 ROLAP 的商业智能软件。ROLAP 依靠对传统关系数据库管理系统(RDBMS)进行扩展来提供 OLAP,数据直接储存于 RDBMS 中,事先不作运算,相比于 MOLAP 预先汇总数据而带来的高效性,ROLAP 以灵活性换来了效率上的有所差别。

(2) 基于 MOLAP 的商业智能软件。MOLAP 使用一个 n 维立方体(n-cube)方法存储数据，这通常要求一系列预先计算好的立方体或超立方体结构。立方体存放在多维度数据库 Server 端，事先做汇总运算并把结果写入立方体。

思考题

1. 什么是随机变量？什么是样本？什么是方差？什么是数学期望？
2. 简述大数据定理和中心极限定理。
3. 什么是抽样？什么是参数估计？什么是假设检验？
4. 简述数值分析研究的内容。
5. 什么是数据挖掘？什么是商业智能？

第 8 章

图形图像处理与可视化

8.1 图形与图像

8.1.1 计算机图形学

1. 定义

计算机图形学(Computer Graphics,CG)是一种使用数学算法将二维或三维图形转换为计算机可以显示的栅格形式的科学,简单地说,就是研究如何在计算机中表示图形及如何利用计算机进行图形的计算、处理和显示的相关原理与算法。

图形学涉及图形的输入/输出、模型(图形对象)的构造和表示、图形数据库管理、图形数据通信、图形的操作、图形数据的分析和如何以图形信息为媒介实现人机交互作用的方法、技术与应用。

矢量图被称为面向对象的图形。矢量文件中的图形元素称为对象,每个对象都是一个自成一体的实体,它具有颜色、形状、轮廓、大小和屏幕位置等属性。矢量图是根据几何特性来绘制的图形，只能靠软件生成，生成的文件占用内存空间较小，包含独立的分离图形，可以自由、无限制地重新组合，矢量图的特点是放大后图形不会失真，与分辨率无关，适用于图形设计、文字设计和一些标志设计、版式设计等。矢量图使用直线和曲线来描述图形，这些图形的元素是一些点、线、矩形、多边形、圆和弧线等，它们可以通过数学公式计算获得。例如一朵花的矢量图形实际上是由线段形成外框轮廓，由外框的颜色及外框所封闭的颜色决定花显示出的颜色。

2. 计算机图形学的发展历史

1950 年，显示器在美国麻省理工学院（MIT）诞生。20 世纪 50 年代中期，美国战术防空系统第一个使用具有命令和控制功能的 CRT 显示控制台，操作员可以用光笔在屏幕上指出被确定的目标。1958 年，美国 Calcomp 公司将联机的数字记录仪发展成滚筒式绘图仪，GerBer 公司把数控机床发展成为平板式绘图仪。此期间计算机图形学处于准备和酝酿期，同时类似的技术在设计和生产过程中也陆续得到了应用，它预示着交互式计算机图形学的诞生。

1963 年，MIT 林肯实验室的 Ivan E. Sutherland 在其博士论文《Sketchpad（画板）：一个人机交互通信的图形系统》中首次使用了“计算机图形学”这个术语，确定了计算机图形学作为一个新的独立科学分支的地位。1964 年，MIT 的教授 Steven A. Coons 提出了插值 4 条任意的边界曲线的 Coons 曲面。1966 年，法国雷诺汽车公司的工程师 Pierre Bézier 发展了一套自由绘制曲线和曲面的方法。Coons 方法和 Bézier 方法为计算机辅助几何设计（CAGD）奠定了基础。

1970 年，光栅扫描显示器的出现使光栅图形学算法迅速发展起来，随后，区域填充、多边形裁剪、三维景物消隐和真实感图形的基本图形算法纷纷诞生，标志着计算机图形学进入了第一个兴盛的历史时期。

20 世纪 80 年代中期，超大规模集成电路的发展，特别是个人计算机及其图形加速硬件性能的迅速提高，为计算机图形学的飞速发展奠定了基础。CPU 运算能力的提高和图形处理速度的加快进一步促进了计算机图形学的理论研究和技术开发，推动计算机图形学更广泛地应用于 CAD/CAM、动画、医学成像、科学计算可视化、影视娱乐等各个领域。

20 世纪 70—90 年代，计算机图形和软件技术的发展对图形系统之间的数据交换和接口提出了更高的要求，图形软件系统功能的标准化问题被提了出来。这些标准的制定，使图形应用系统与计算机硬件变得无关，提高了程序的可移植性，为计算机图形学的推广、应用、资源信息共享起到了极其重要的作用。

21世纪，计算机图形学正向着标准化、集成化、智能化方向发展，并衍生出了多媒体技术、可视化、虚拟现实和增强现实技术等新兴学科。

8.1.2　数字图像处理

1. 概述

数字图像处理(Digital Image Processing)是通过计算机对图像进行去除噪声、增强、复原、分割、提取特征等处理的方法和技术。

位图图像(Bitmap)亦称为点阵图像或绘制图像，是由称为像素(图片元素)的单个点组成的，这些点可以进行不同的排列和染色以构成图样。当放大位图时，可以看成为构成图像的无数单个方块。扩大位图尺寸的效果是增大单个像素，从而会使线条和形状显得参差不齐。然而，如果从稍远的位置观看，位图图像的颜色和形状又是连续的。常用的位图处理软件是Photoshop软件和Windows绘画板。

2. 处理

处理位图时，输出图像的质量取决于处理过程开始时设置的分辨率。分辨率是指一个图像文件中包含的细节和信息的数量大小，及输入/输出设备或显示设备能够产生的细节程度。操作位图时，分辨率既会影响最后的输出质量，也会影响文件的大小。

进行数字图像处理所需要的设备包括摄像机、数字图像采集器(包括同步控制器、数/模转换器及帧存储器)、图像处理计算机和图像显示终端，主要的处理任务通过图像处理软件来完成。为了对图像进行实时处理，需要计算机具有非常高的计算速度，这是通用计算机无法满足的，需要专用的图像处理系统。这种系统由许多单处理器组成阵列式处理机并行操作，可以提高处理的实时性。随着超大规模集成电路的发展，专门用于各种处理算法的高速芯片(即图像处理专用芯片)会有较广阔的市场。

一般来讲，对图像进行处理(或加工、分析)的主要目的有以下3个方面。

(1) 提高图像的视感质量，例如对图像的亮度和色彩进行变换、增强，或抑制某些成分，或对图像进行几何变换等，以改善图像的质量。

(2) 提取图像中所包含的某些特征或特殊信息，这些被提取的特征或信息可为计算机分析图像提供便利。提取特征或信息的过程是模式识别或计算机视觉的预处理，提取的特征可以包括很多方面，例如频域特征、灰度或颜色特征、边界特征、区域特征、纹理特征、形状特征、拓扑特征和关系结构等。

(3) 图像数据的变换、编码和压缩，以便于图像的存储和传输。

不管是何种目的的图像处理，都需要由计算机和图像专用设备组成的图像处理系统对图像数据进行输入、加工和输出。

3. 颜色

RGB 是位图颜色的一种编码方法，用红、绿、蓝三原色的光学强度来表示一种颜色。这是最常见的位图编码方法，可以直接用于屏幕显示。

CMYK 是位图颜色的另一种编码方法，用青、品红、黄、黑 4 种颜料含量来表示一种颜色。这是常用的位图编码方法之一，可以直接用于彩色印刷。

索引颜色/颜色表是位图常用的一种压缩方法。从位图图像中选择最有代表性的若干种颜色(通常不超过 256 种)编制成颜色表，然后将图像中原有颜色用颜色表的索引来表示。这样原图像会被大幅度、有损地压缩，适合压缩网页图像等颜色数较少的图像，不适合压缩照片等色彩丰富的图像。

Alpha 通道在原有图像编码方法的基础上增加像素的透明度信息。图像处理中，通常把 RGB 3 种颜色信息称为红通道、绿通道和蓝通道，相应地把透明度称为 Alpha 通道。大多数使用颜色表的位图格式都支持 Alpha 通道。

色彩深度又叫色彩位数，即位图中要用多少个二进制位来表示每个点的颜色，是分辨率的一个重要指标。常用的位数有 1 位(单色)、2 位(4 色，CGA)、4 位(16 色，VGA)、8 位(256 色)、16 位(增强色)、24 位(真彩色)和 32 位等。色深 8 位及以上的位图还可以根据其中分别表示 RGB 三原色或 CMYK 四原色(有的还包括 Alpha 通道)的位数做进一步分类。

4. 图像处理方法

常用的图像处理方法如下。

(1) 图像变换。由于图像阵列很大，如果直接在空间域中进行处理，计算量会很大。因此，往往采用各种图像变换的方法，如傅里叶变换、沃尔什变换、离散余弦变换等间接处理技术，将空间域的处理转换为变换域的处理，不仅可减少计算量，而且可获得更有效的处理。

(2) 图像编码压缩。可减少描述图像的数据量(即比特数)来节省图像传输、处理的时间和减少所占用的存储器容量。压缩可以在不失真的前提下获得，也可以在允许的失真条件下进行。

(3) 图像增强和复原。图像增强和复原的目的是提高图像的质量，如去除噪声，提高图像的清晰度等。图像增强，即突出图像中所感兴趣的部分，如强化图像高频分量，可使图像中的物体轮廓清晰，细节明显；强化低频分量，可减少图像中的噪声影响。图像复原要求对图像降质的原因有一定的了解，一般讲应根据降质过程建立降质模型，再采用某种滤波方法恢复或重建原来的图像。

(4) 图像分割。图像分割是将图像中有意义的特征部分提取出来，包括图像中的边缘、区域等，这是进一步进行图像识别、分析和理解的基础。

(5) 图像描述。图像描述是图像识别和理解的必要前提，对于最简单的二值图像，可采用其几何特性描述物体的特性。一般图像采用二维形状描述，它有边界描述和区域描述两类方法；对于特殊的纹理图像，可采用二维纹理特征描述。随着图像处理研究的深入发展，三维物体描述的研究已经开始进行了，体积描述、表面描述、广义圆柱体描述等方法被提出。

(6) 图像分类(识别)。图像分类(识别)属于模式识别的范畴，其主要内容是图像经过某些预处理(增强、复原、压缩)后进行图像分割和特征提取，从而进行判决分类。图像分类常采用经典的模式识别方法，有统计模式分类和句法(结构)模式分类两种。近年来新发展起来的模糊模式识别和人工神经网络模式分类在图像识别中越来越受到重视。

5. 发展历史

数字图像处理最早出现于20世纪50年代，当时人们开始尝试利用计算机处理图形和图像。数字图像处理作为一门学科形成于20世纪60年代初期。早期的图像处理是为了改善图像的质量，主要是用以改善人的视觉体验，常用的图像处理方法有图像增强、复原、编码、压缩等技术。美国喷气推进实验室航天探测器“徘徊者7号”在1964年发回的几千张月球照片上使用了图像处理技术，如几何校正、灰度变换、去除噪声等,并考虑了太阳位置和月球环境的影响,由计算机成功地绘制出月球表面地图。数字图像处理最早的另一个应用是在医学上,1972 年,英国 EMI 公司工程师 Housfield 发明了用于头颅诊断的 X 射线计算机断层摄影装置,即 CT(Computer Tomography),根据人头部截面的投影,经计算机处理来重建截面图像,称为图像重建。1979 年,该技术获诺贝尔奖。

基于数字图像处理技术,农林部门通过遥感图像可以了解植物的生长情况,监视病虫害的发展及治理情况;水利部门通过遥感图像分析,可以获取水害灾情的变化;气象部门可以分析气象云图,提高预报的准确程度;国防及测绘部门可以使用航测或卫星获得地域地貌及地面设施等资料;机械部门可以使用图像处理技术自动进行金相图分析识别。数字图像处理技术在通信领域也有特殊的用途及应用前景,如传真通信、可视电话、会议电视、多媒体通信及宽带综合业务数字网(B-ISDN)和高清晰度电视(HDTV)都采用了该技术。

6. 位图与矢量图比较

为了更好地了解位图,这里将对位图和矢量图进行比较,如表 8-1 所示。

表 8-1 位图与矢量图的比较

类型	组成	优 点	缺 点	常用工具
位图图像	像素	只要有足够多的、不同色彩的像素,就可以制作出色彩丰富的图像,逼真地表现自然界的景象	进行缩放和旋转操作时容易失真,同时文件容量较大	Photoshop、画图工具等
矢量图像	数学向量	文件容量较小,在进行放大、缩小或旋转等操作时图像不会失真	不易制作色彩变化太复杂的图像	Illustrator、CorelDraw、Flash 等

8.1.3 科学计算可视化

近年来,随着计算机的广泛应用和科学技术的迅速发展,来自超级计算机、卫星遥感、CT、天气预报及地震勘测等领域的数据量越来越大,科学计算可视化技术已经成为科学研究中必不可少的手段。它是科学工作者及工程技术人员洞察数据内含信息,确定内在关系与规律的有效方法,可使科学家和工程师以直观形象的方式揭示、理解抽象科学数据中包含的客观规律,从而摆脱直接面对大量无法理解的抽象数据的被动局面。

1. 科学计算可视化的定义

科学计算可视化，就是将科学计算的中间数据或结果数据转换为人们容易理解的图形图像形式。随着计算机、图形图像技术的飞速发展，人们现在已经可以用动画技术、三维立体显示及仿真（虚拟现实）等手段，形象地显示各种地形特征和植被特征模型，也可以模拟某些还未发生的物理过程（如天气预报）、自然现象及产品外形（如新型飞机）。

目前，科学计算可视化已广泛用于流体计算力学、有限元分析、医学图像处理、分子结构模型、天体物理、空间探测、地球科学及数学等领域。从数据上划分，可视化有点数据、标量场、矢量场等；从维度上划分，可视化有二维、三维甚至多维；从实现层次划分，可视化有简单的结果后处理、实时跟踪显示、实时交互处理等。通常，一个可视化过程包括数据预处理、构造模型、绘图及显示等几个步骤。随着科学技术的发展，人们对可视化的要求不断提高，可视化技术也向着实时、交互、多维、虚拟现实及Internet应用等方面不断发展。

2. 科学计算可视化的发展历史

科学计算可视化技术由来已久，早在20世纪初期，人们已经将统计图表等原始可视化技术应用于科学数据分析，如图8-1所示。

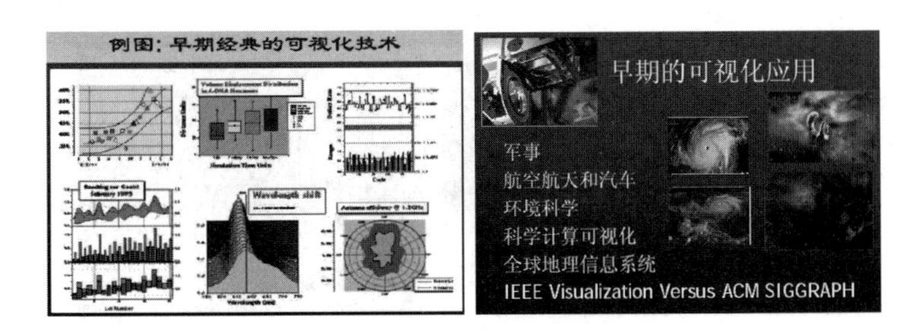

图8-1 早期的可视化应用

作为学科术语，可视化一词正式出现在1987年2月美国国家科学基金会（National Science Foundation）召开的一个专题研讨会上。1995年前后，随着网络信息技术的发展，可视化技术有了新的突破，1995年开始的InfoVis年会是信息可视化领域的一个里程碑。每年10月在美国举办的IEEE Symposium on Information Visualization会议和从1997年开始每年7月在英国伦敦举办的International

Conference on Information Visualization 研讨会集中体现了当代该领域的研究水平。美国科学院 2003 年举办了知识领域可视化专题讨论会。IEEE Visualization 2004 会议总结了 15 年内可视化方面的成就，提出 3 个重要研究热点——分子可视化、面向工程的可视化和信息可视化。

我国科学计算可视化技术研究始于 20 世纪 90 年代中期，由于条件关系，起初主要在国家级研究中心、一流大学和大公司的研发中心进行。近年来，随着个人计算机功能的提高，各种图像显示卡及可视化软件的发展，可视化技术已扩展到科学研究、工程、军事、医学、经济等各个领域。随着 Internet 兴起，可视化技术方兴未艾，至今，我国无论是在算法方面，还是在油气勘探、气象、计算力学、医学等领域，其应用都取得了一大批可喜成果，例如“数字中国”“数字长江”“数字黄河”“数字城市”等工程的进展。但从总体上来说，与国外先进水平相比，我国的可视化技术应用水平差距甚大，特别是在商业软件方面还是空白。因此，组织力量开发可视化商业软件已成为当务之急。

3. 科学计算可视化的应用

可视化技术从诞生之日起便受到了各行各业的欢迎，在过去的几十年里，可视化技术的应用范围已从最初的科研领域走到了生产领域，到今天，它几乎涉及了所有能应用计算机的领域，如图 8-2 所示。

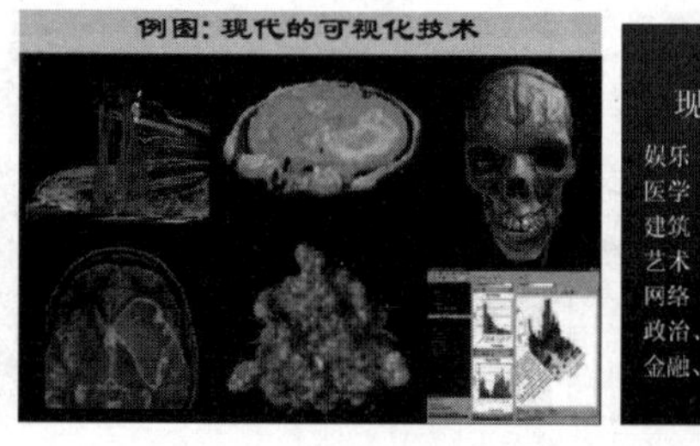

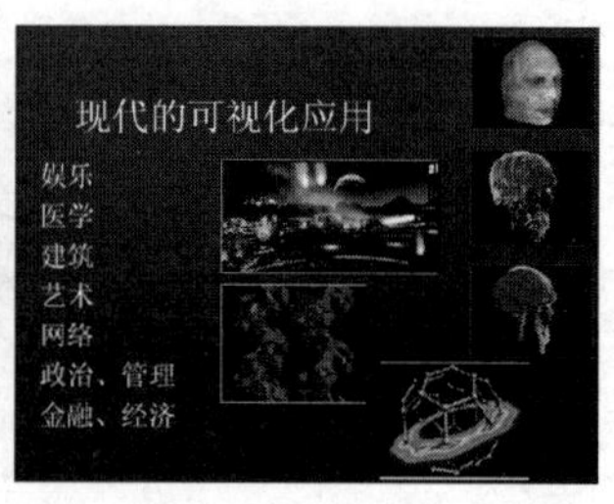

图 8-2 可视化在各个领域的应用

(1) 医学。在医学上，由核磁共振、CT 扫描等设备产生的人体器官密度场，对于不同的器官组织表现出不同的密度值，通过在多个方向、多个剖面来表现病变区域，或者重建为具有不同细节程度的三维真实图像，医生据此对病灶部位的大小、位置不仅可以有定性的认识，而且可以有定量的认识，尤其是对大脑等复杂区域，数据场可视化所带来的效果相当明显。借助虚拟现实的手段，医生可以对病变的部位进行确诊,制定出有效的手术方案,并在实际手术之前先模拟手术。在临床上也可应用在放射诊断和制订放射治疗计划等。医学成像设备和检查结果示例如图 8-3 所示。

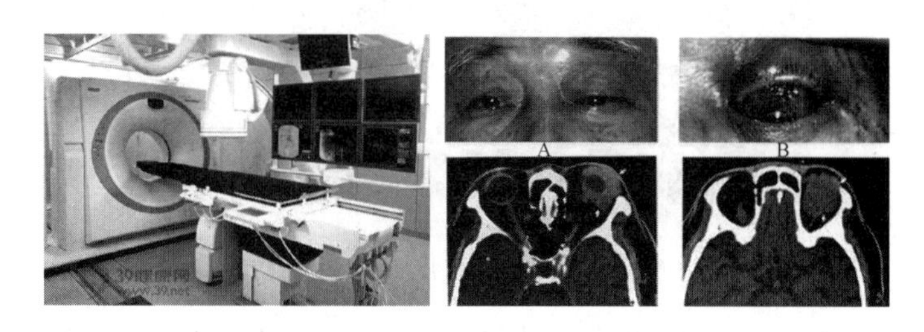

图 8-3　医学成像设备和检查结果

(2) 生物、分子学。在对蛋白质和 DNA 分子等复杂结构进行研究时,可以利用电镜、光镜等辅助设备对其剖片进行分析、采样,获得剖片信息,利用这些剖片构成的体数据可以对其原形态进行定性和定量分析。因此,可视化是研究分子结构不可或缺的工具,分子模拟图如图 8-4 所示。

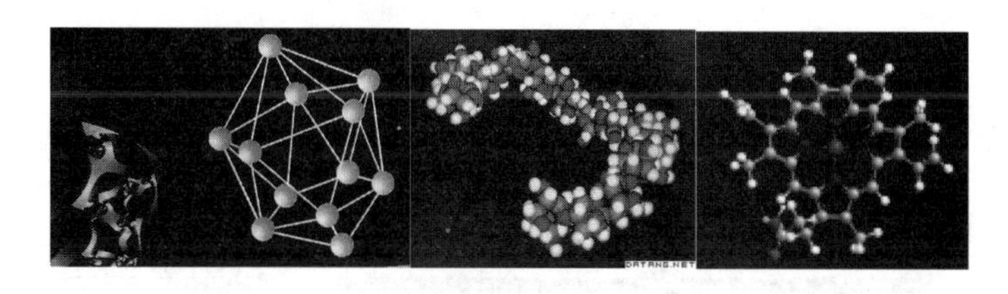

图 8-4　分子模拟可视图

(3) 航天工业。借助可视化技术,飞行器运动情况和飞行器的表现可以非常直观地展现出来,许多意想不到的监测困难都可以迎刃而解。卫星运动飞行图和宇宙星座模拟图如图 8-5 所示。

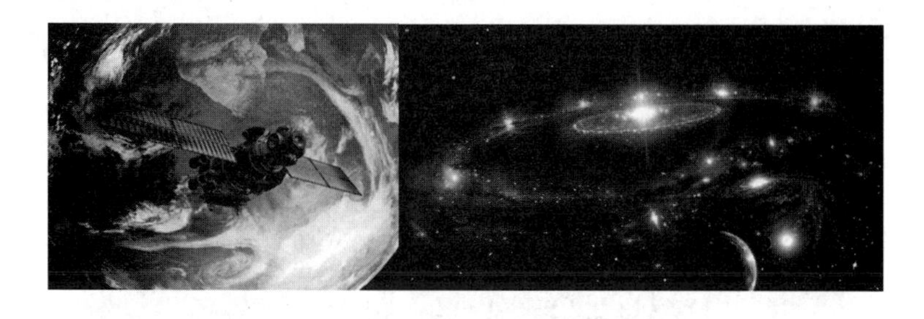

图 8-5　卫星运动飞行图和宇宙星座模拟图

(4) 工业无损探伤。在工业无损探伤中,可以用超声波进行探测。在不破坏部件的情况下,不仅可以清楚地认识其内部结构,而且对发生变异的区域可以准确地探出,对于及时检查出具有较大破坏性的隐患如有可能发生断裂等是有极大现实意义的。工业无损探伤设备和可视化结果示例如图 8-6 所示。

图 8-6 工业无损探伤设备和可视化结果

(5) 人类学和考古学。假设在考古过程中找到了若干古人类化石的碎片,需要由此重构古人类的骨架结构,传统的方法是按照物理模型用粘土来拼凑,如今,利用基于几何建模的可视化系统,人们可以根据化石碎片的数字化数据,完整地复原三维人体结构,甚至模拟人的表情。研究人员既可以用其做基于计算机几何模型的定量研究,又可以实施物理上可塑考古原址研究。模拟考古建筑和人体面部图示例如图 8-7 所示。

图 8-7 模拟考古建筑和人体面部图

(6) 地质勘探。利用模拟人工地震的方法,可以获得地质岩层信息,通过数据特征的抽取和匹配,可以确定地下的矿藏资源。通过利用可视化方法对模拟地震数据进行解释,可以大大地提高地质勘探的效率和安全性。数字城市地图和模拟地形图示例如图 8-8 所示。

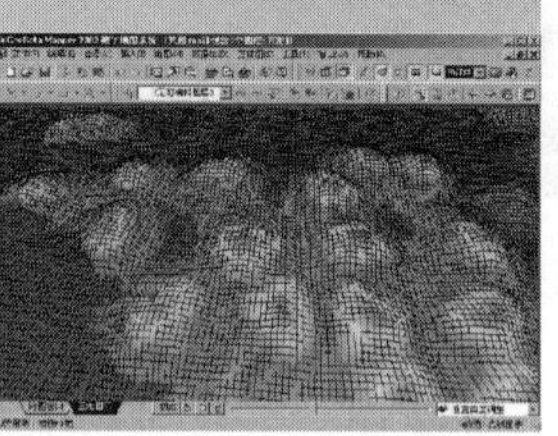

图 8-8 数字城市地图和模拟地形图

（7）立体云图显示。气象分析和预报需要处理大量的测量和计算数据，气象云图是一种非常重要的气象数据，也常用于发布天气预报。气象研究中，地形和云层的高度是影响天气的重要因素，运用可视化技术，将三维立体地形图和三维立体云图合成显示、输出，能给人更形象、直观的认识。合成云图示例如图 8-9 所示。

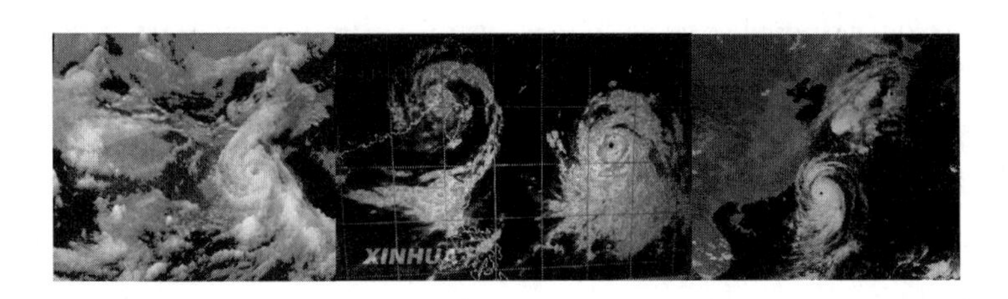

图 8-9　合成云图

8.2　主要应用领域

8.2.1　计算机辅助设计

1. 定义

计算机辅助设计（Computer Aided Design，CAD）技术可以利用计算机及其图形设备帮助设计人员进行设计工作。在工程和产品设计中，计算机可以帮助设计人员负担计算、信息存储和制图等多项工作。在设计中通常要用计算机对不同方案进行大量的计算、分析和比较，以决定最优方案。各种设计信息，无论是数字的、文字的还是图形的，都能被存放在计算机的内存或外存中，可以快速地进行检索。设计人员通常从绘制草图开始设计，将草图转变为工作图的繁重工作可以交给计算机完成，然后利用计算机进行与图形编辑、放大、缩小、平移和旋转等有关的图形数据加工工作。

CAD 技术作为杰出的工程技术成就，已被广泛地应用于工程设计的各个领域，其发展和应用使传统的产品设计方法与生产模式发生了巨大改变，产生了可观的社会和经济效益。CAD 技术研究热点包括计算机辅助概念设计、计算机支持的协同设计、海量信息存储管理与检索、设计法研究及其相关问题、支持创新设计等。可以预见，CAD 技术将有新的飞跃，同时还会引起一场设计变革。

2. 发展历史

20 世纪 50 年代，美国诞生了第一台计算机绘图系统，出现具有简单绘图输出功能的被动式计算机辅助设计技术。20 世纪 60 年代初期出现了 CAD 的曲面片技术，中期推出了商品化的计算机绘图设备。20 世纪 70 年代后期出现了能产生逼真图形的光栅扫描显示器，推出了手动游标、图形输入板等多种形式的图形输入设备，完整的 CAD 系统开始形成，促进了 CAD 技术的发展。

20 世纪 80 年代，随着强有力的超大规模集成电路制成的微处理器和存储元器件的出现，工程工作站问世，CAD 技术在中小型企业的应用逐步广泛。20 世纪 80 年代中期以来，我国国内 CAD 技术有了快速发展，例如浩辰和中望 CAD。

随着人工智能、多媒体、虚拟现实、信息等技术的进一步发展，CAD 技术必然进一步朝着集成化、智能化、协同化的方向发展。企业 CAD 和 CIMS 技术必须走一条以电子商务为目标，循序渐进的道路，从企业内部出发，实现集成化、智能化和网络化的管理，用电子商务跨越企业的边界，实现真正意义上的面向客户、企业内部和供应商之间的敏捷供应链。

3. 应用

应用 CAD 技术可以提高企业设计效率，优化设计方案，减轻技术人员的劳动强度，缩短设计周期，加强设计标准化等。越来越多的人认识到，CAD 是一种生产力。目前，CAD 技术已经广泛地应用在电子电气、科学研究、机械设计、软件开发、机器人、服装、出版、工厂自动化、土木建筑、地质及计算机视觉艺术设计等行业领域，示例如图 8-10 所示。

8.2.2 计算机视觉艺术

1. 计算机美术

1）概述

计算机美术是一门计算机技术与美术相结合的学科，要求创作者既要懂美术，又要懂计算机。它利用计算机作为工具，按照美学原理，以图像和图形的形式进行信息

(a) 电子电气、科学研究和机械设计领域

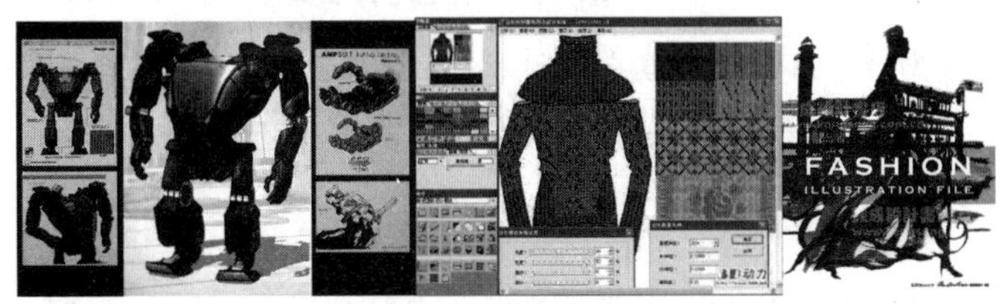

(b) 机器人、服装和出版行业领域

(c) 土木建筑、地质和计算机视觉艺术设计领域

图 8-10　CAD 技术在多个领域的应用

交流和升华，既具有自身的特点，又创造了新的艺术形式，其艺术成果使人们得到了美的视觉享受，也为人类社会创造了新的文化。

随着计算机软硬件技术的进步及计算机的应用广泛，人们开始使用计算机来进行美术创作，而且这种方法产生的某些效果是传统方法无法比拟的，示例如图 8-11 所示，因此一片新天地被拓展出来，计算机美术开始蓬勃发展。

图 8-11　计算机美术创作效果图

用计算机创作的美术形式可以说是百花齐放，有的类似油画，有的类似素描画，有的允许在屏幕上写毛笔字；在风格上，有的精细如工笔画，有的粗犷如水墨画，有

的既可作雕塑也可作剪影。所有这些艺术形式都是出自软件制作者的匠心。

2）计算机美术的发展

1952年，美国的Ben・Laposke用模拟计算机制作的波形图《电子抽象画》预示了计算机美术的开始。计算机美术的发展可分为如下所述3个阶段。

(1) 早期探索阶段(1952年—1968年)。主创人员大部分为科学家和工程师，作品以平面几何图形为主。1963年美国《计算机与自动化》杂志开始举办年度计算机美术比赛，代表作品包括1960年Wiuiam Ferrter为波音公司制作的人体工程学实验动态模拟(模拟飞行员在飞机中的各种情况)，1963年Kenneth Know Iton的打印机作品《裸体》和1967年日本GTG小组的《回到方块》。

(2) 中期应用阶段(1968年—1983年)。以1968年伦敦第一次世界计算机美术大展——《控制论珍宝》(*Cybernehic Serendipity*)为标志，计算机美术进入了世界性研究与应用阶段，三维造型系统诞生并逐渐完善，代表作品为1983年美国IBM研究所Richerd Voss设计出的分形山。

(3) 应用与广泛阶段(1984年—现在)。以微型机和工作站为平台的个人计算机图形系统逐渐走向成熟，大批商业性美术(设计)软件面市，以苹果公司的MAC机和图形化系统软件为代表的桌面创意系统被广泛接受，CAD成为美术设计领域的重要组成部分，代表作品为1990年Jefrey Shaw的交互图形作品《易读的城市》(*The legible city*)。

2. 计算机动画艺术

1）发展历史

计算机动画技术的发展是和许多其他学科的发展密切相关的，如计算机图形学、计算机绘画、计算机音乐、计算机辅助设计、电影技术、电视技术、计算机软件和硬件技术等众多学科的最新成果都对计算机动画技术的研究和发展起着十分重要的推动作用。20世纪50年代到60年代之间，大部分计算机绘画艺术作品都是在打印机和绘图仪上产生的，一直到20世纪60年代后期，才出现了利用计算机显示点阵的特性，通过精心设计图案来进行计算机艺术创造的活动。

20世纪70年代，计算机视觉艺术走向繁荣和成熟。1973年，东京索尼公司举办了首届国际计算机艺术展览会。20世纪80年代至今，计算机视觉艺术的发展速度远远超出了人们的想象，在代表计算机图形研究最高水平的历届SIGGRAPH年会上，精彩的计算机艺术作品层出不穷。在此期间，奥斯卡奖的获奖名单中，采用计算机特技制作的电影频频上榜。在中国，首届计算机艺术研讨会和作品展示活动于 1995 年在北京举行，推动了计算机视觉艺术在中国的发展。

2）电影特技中的应用

计算机动画技术的一个重要应用就是制作电影特技，可以说电影特技的发展和计算机动画技术的发展是相互促进的。1987 年，由著名的计算机动画专家塔尔曼夫妇领导的 MIRA 实验室制作了一部 7 分钟的计算机动画片《相会在蒙特利尔》，再现了国际影星玛丽莲 · 梦露的风采。1988 年，美国电影《谁陷害了兔子罗杰》(*Who Framed Roger Rabbit*)中二维动画人物和真实演员的完美结合令人瞠目结舌、叹为观止，其中用了很多计算机动画处理技术。1991 年，美国电影《终结者 II：世界末日》展现了奇妙的计算机动画技术。此外，还有电影《星球大战》《狮子王》《功夫熊猫》《侏罗纪公园》《阿凡达》《玩具总动员》《疯狂动物城》等都完美地应用了计算机动画技术，示例如图 8-12 所示。

图 8-12 计算机动画技术在电影中的应用

8.2.3 多媒体技术

1. 多媒体的概念

媒体(Media)是人与人之间实现信息交流的中介，简单地说，就是信息的载体，也称为媒介。媒体在计算机行业中有两种含义：其一是指传播信息的载体，如语言、文字、图像、视频、音频等；其二是指存储信息的载体，如ROM、RAM、磁带、磁盘、光盘等。目前主要的载体有CD-ROM、VCD、网页等。

多媒体(Multimedia)一般被理解为多种媒体的综合，是直接作用于人感官的文字、图形、图像、动画、声音和视频等各种媒体的统称，即多种信息载体的表现形式和传递方式。

2. 多媒体技术概述

多媒体技术是计算机技术和视频技术的结合，由硬件和软件组成。多媒体是数字控制和数字媒体的汇合，计算机负责数字控制系统，数字媒体是音频和视频先进技术的结合体。

多媒体技术是多种信息类型技术的综合。这些媒体可以是图形、图像、声音、文字、视频及动画等信息表示形式，也可以是显示器、扬声器、电视机等信息的展示设备以及传递信息的光纤、电缆、电磁波、计算机等中介媒质，还可以是存储信息的磁盘、光盘、磁带等实体。可见，多媒体技术应该包括音频技术、视频技术、图像技术、通信技术、存储技术等。

3. 多媒体系统

一般多媒体系统由以下4个部分组成，如图8-13所示。

(1) 多媒体硬件系统：包括计算机硬件、音/视频处理器、多种媒体输入/输出设备、信号转换装置、通信传输设备及接口装置等，其中最重要的是根据多媒体技术标准而研制生成的多媒体信息处理芯片和板卡、光盘驱动器等。

(2) 多媒体操作系统：也称为多媒体核心系统，具有实时任务调度，多媒体数据转换，对多媒体设备的驱动和控制及图形用户界面管理等功能。

(3) 多媒体处理系统工具：也称为多媒体系统开发工具软件，是多媒体系统的重要组成部分。

(4) 用户应用软件：根据多媒体系统终端用户要求而定制的应用软件或面向某一领域用户的应用软件系统，是面向大规模用户的系统产品。

4. 多媒体计算机的硬件

多媒体计算机的主要硬件除常规的硬件(如主机、软盘驱动器、硬盘驱动器、显示

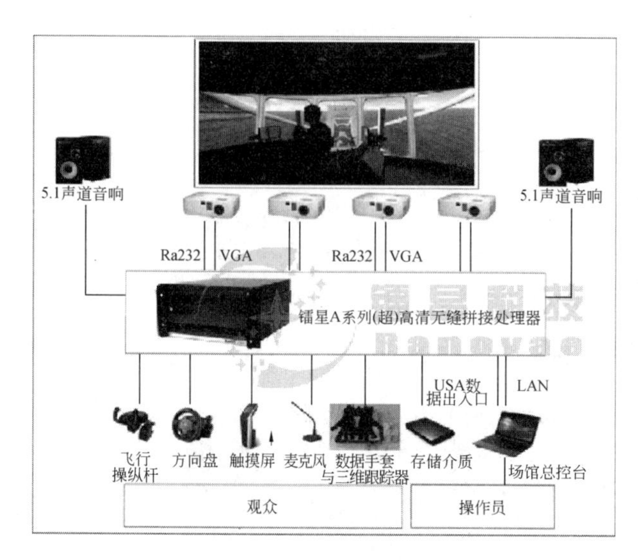

图 8-13　多媒体系统

器、网卡等)外,还要有音频信息处理硬件、视频信息处理硬件及光盘驱动器等硬件。

(1) 音频卡:用于处理音频信息,它可以把话筒、录音机、电子乐器等输入的声音信息进行模/数转换、压缩等处理,也可以把经过计算机处理的数字化的声音信号通过还原(解压缩)、数/模转换后用音箱播放出来,或者用录音设备记录下来。

(2) 视频卡:用来支持视频信号(如电视)的输入与输出。

(3) 采集卡:能将电视信号转换成计算机可以识别的数字信号,便于使用软件对转换后的数字信号进行剪辑处理、加工和色彩控制,还可以将处理后的数字信号输出到录像带中。

(4) 扫描仪:将摄影作品、绘画作品或其他印刷材料上的文字和图像,甚至实物,扫描到计算机中,以便进行加工处理。

(5) 光盘驱动器:分为只读光驱和可读写光驱,可读写光驱又称刻录机,用于读取或存储大容量的多媒体信息。

8.2.4　虚拟现实

1. 虚拟现实概述

虚拟现实(Virtual Reality,VR)技术将计算机、传感器、图文声像等多种设置结合在一起,创造出一个虚拟的“真实世界”。在这个世界里,人们看到、听到和触摸到的都是虚幻的,利用现代高超的模拟技术使人们产生了身临其境的感觉。

虚拟现实是一种三维的、由计算机制造的模拟环境,在这个环境中,用户可以操控机器,与机器相互影响,并完全沉浸其中。因此,从这个定义上看,虚拟是从计算机的虚拟记忆这个概念派生出来的。

虚拟现实不仅仅是一种设计,还是一个表达和交流的媒体,借助头盔、数字手套和其他传感设备,一个人可以与另一个虚拟人进行交流。虚拟现实中的虚拟人可以是机器,也可以是现实人的虚影,示例如图 8-14 所示。

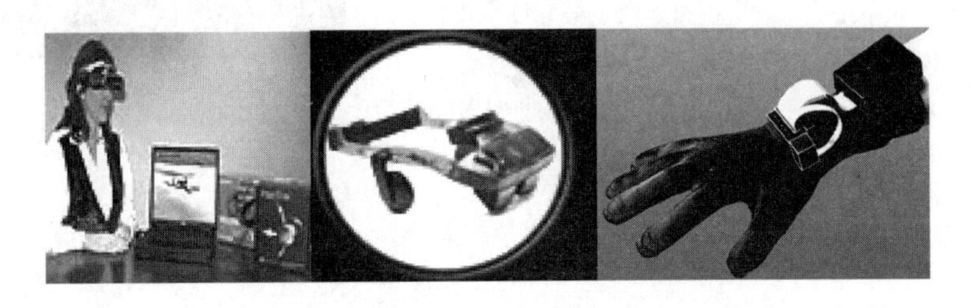

图 8-14　虚拟现实系统、3D 头盔和数字手套

虚拟现实是一项综合集成技术,涉及计算机图形学、人机交互技术、传感技术、人工智能等领域,它用计算机生成逼真的三维视觉、听觉、嗅觉等感觉,使人作为参与者,通过适当装置自然地与虚拟世界进行体验和交互作用。虚拟现实主要有 3 方面的含义:第一,借助于计算机生成逼真的实体,实体是相对于人的感觉(视、听、触、嗅)而言的;第二,用户可以通过人的自然技能与这个环境交互,自然技能是指人的头部转动、眼动、手势等其他人体的动作;第三,借助于一些三维设备和传感设备来完成交互操作。虚拟现实系统示意图如图 8-15 所示。

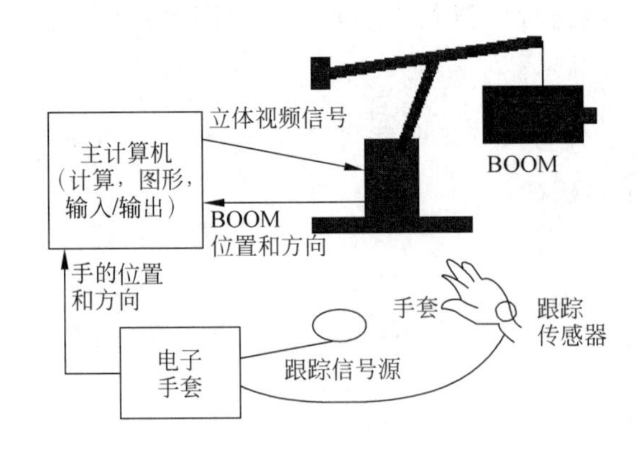

图 8-15　虚拟现实系统示意图(1992 年 Bryson)

2. 虚拟现实技术的应用

虚拟现实技术将带动许多领域的进步，目前已在许多领域都得到了应用。

（1）建筑。一座建筑在设计阶段时就可以被模拟出来，建筑师可以修改，并可以身临其境地体验建筑风格。例如建筑师和业主在建筑开工之前就可看到建筑的外部造型、内部结构和装饰、通风和温控效果以及对灯光、视屏、声响的感官舒适度，从而及时完善原型设计，示例如图 8-16 所示。

图 8-16 建筑设计渲染示例图

（2）艺术。在艺术领域，人们可以通过 Internet 虚拟地参观艺术画廊和博物馆。美国和一些欧洲国家的博物馆已经具备了虚拟现实艺术品，并拥有可以进行特殊展览的能力。虚拟现实技术将改变人们对于艺术构成概念的理解，例如对一件艺术品的欣赏有可能成为一种可操作、可人机对话并令人沉浸其中的经历。借助虚拟现实技术，人们也许会在虚拟油画馆中漫游，这里实际上成了要被探索的迷你世界；可以影响画中的某些要素，甚至可以进行涂改；也可以走进一间虚拟雕塑画廊，对其中的艺术品进行修改，将自己的思想融入艺术品，示例如图 8-17 所示。

图 8-17 艺术变形

（3）教育。今后，学生可以通过虚拟世界学习到他们想学的知识。例如化学专业的学生不必冒着意外爆炸的危险就可以做实验；天文学专业的学生可以在虚拟星系中遨游，以掌握它们的性质；历史专业的学生可以观看不同的历史事件，甚至可以参与历史人物的行动；英语专业的学生可以看莎士比亚戏剧，如同这些剧目首次上演一样。

(4) 工程设计。许多工程师已经在利用虚拟现实模拟器制造和检验样品了。在航空工业领域，利用虚拟现实技术设计、试验的飞机是新型的波音777。通常，飞机等高精密实物样品的生产需要许多时间和经费，而改用电子样品或模拟样品则可以省时、省钱，缩短新产品的推出周期，且提出意见与改进的过程都可以在计算机内完成，效果示例如图8-18所示。

(5) 航天。虚拟现实技术近年来在航天领域也得到了长足的发展。美国宇航局埃姆斯研究中心的科学家将探索火星的数据进行处理，得到了火星的虚拟现实图像，研究人员可以看到全方位的火星表面景象，高山、平川、河流及纵横的沟壑里被风化得斑斑驳驳的巨石都显示得十分清晰逼真，而且无论从哪个方向看这些图，视野中的景象都会随着头的转动而改变，就好像真正置身于火星上漫游、探险一样，如图8-19所示。

图8-18　工程设计

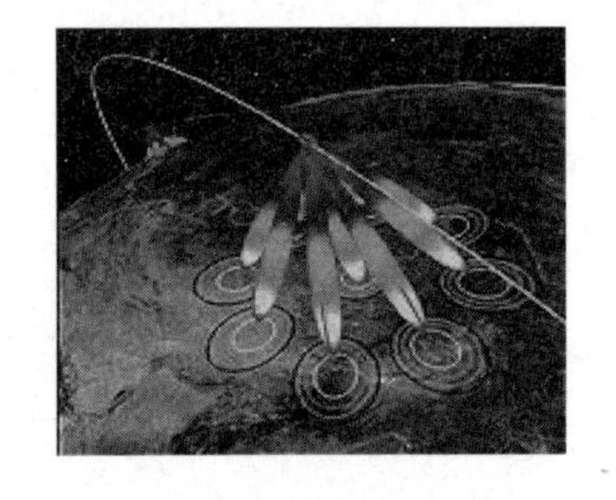

图8-19　航天模拟图

(6) 娱乐。虚拟现实技术在娱乐领域也得到了广泛应用。在一些大城市的娱乐中心或游戏机室，虚拟现实娱乐节目已经随处可见。随着虚拟现实技术的不断发展，虚拟现实游戏将会进入家庭，人们可以沉浸在冒险游戏的三维世界中，可以和其他同伴相互影响，体验真人在其中扮演角色的乐趣，示例如图8-20所示。

(7) 医学。由一些虚拟技术公司制作的模拟人体是一种电子化的人体，它可以用来满足医学院教学的需要。我国国内一些医学院也正在进行电子化人体的项目开发，今后，医学院的学生将可通过解剖模拟人体学习解剖学，这是一种了解人体结构的有效途径。此外，医学专业的学生和外科医生可以尝试在实际手术前进行模拟手术，如图8-21所示。

图 8-20　游戏模拟图

图 8-21　医学模拟图

图 8-22　军事模拟图

（8）军事。虚拟现实技术最先应用的领域之一就是军事领域，用于战斗模拟。如今，这些军事模拟不仅用于飞机模拟，还用于船舰、坦克、通信及步兵演习模拟。今后，战争场面均将在实战之前进行模拟演练，完全可以达到乱真的地步，示例如图 8-22 所示。

（9）科学计算。科学计算可能会产生大规模的数据，运用可视化技术，将其形象化地表达出来，可以帮助人们理解其科学含义，示例如图 8-23 所示。

图 8-23　分形图

8.2.5　计算机仿真

1. 计算机仿真概述

仿真是对现实系统的某一层次抽象属性的模仿，利用这样的模型进行试验，从中得到所需的信息，可对现实世界的某一问题做出决策。任何逼真的仿真都只能是对真实系统某些属性的逼近，而非事件本身。仿真既要针对客观系统的问题，又要针对观察者的需求。

随着计算机技术的快速发展，仿真技术也在不断发展和完善。它是一种直观描述性技术，也是一种定量分析方法，通过建立某一过程或某一系统的模型来描述该过程或该系统，然后用一系列有目的、有条件的计算机仿真实验来刻画系统的特征，从而得出数量指标，为决策者提供关于这一过程或系统的定量分析结果。

计算机仿真是以相似原理、信息技术、系统技术及相应领域的专业技术为基础，以计算机和各种物理效应设备为工具，利用系统模型对实际的或设想的系统进行试验研究的一门综合性技术，具有经济、安全、可重复和不受气候、场地、时间限制的优势，被称为除理论推导和科学试验外人类认识自然、改造自然的第三种手段。

仿真的本质是构建一个实际系统的模型，以便通过实验了解系统的规律和特性。这里的模型包括数学模型、物理模型、化学模型、实物模型等。系统可以分为连续时间系统和离散时间系统两大类，仿真也可对应分为连续时间系统仿真和离散时间系统仿真。

2. 半实物仿真

半实物仿真（Hardware-in-loop Simulation）是将控制器（实物）与在计算机上实现的控制对象的仿真模型（见数学仿真）连接在一起进行试验的技术。在这种试验中，控制器的动态特性、静态特性和非线性因素等都能真实地反映出来，因此，它是一种更接近实际的仿真试验技术。这种仿真技术可用于修改控制器设计（即在控制器安装到真实系统中之前，通过仿真来验证控制器的设计性能，若系统性能指标不满足设计要求，则可调整控制器的参数或修改控制器的设计），同时也广泛用于产品的修改定型、产品改型和出厂检验等方面。

半实物仿真的特点：①只能是实时仿真，即仿真模型的时间标尺和自然时间标尺相同；②需要解决控制器与仿真计算机之间的接口问题，例如，在进行飞行器控制系统的半实物仿真时，在仿真计算机上计算得出的飞机姿态角、飞行高度、飞行速度等飞行动力学参数会被飞行控制器的传感器所感知，因而必须有信号接口或变换装置，这些装置包括三自由度飞行仿真转台、动压—静压仿真器、负载力仿真器等；③半实物仿真的实验结果比数学仿真更接近实际。

图 8-24 半实物仿真体系

半实物仿真体系由操作者、实时光电场景生成、测试单元及场景生成和测试单元接口 4 个部分组成，如图 8-24 所示。仿真系统主要包括 3 个部分：①控制计算机，进行非实时数据库和场景的建立；

②实时紫外场景的生成；③向受试传感器投影紫外线辐射，或向紫外信号处理器直接注入处理后的场景数据。

3. 仿真技术的发展过程

仿真技术最初主要应用在军事领域。20 世纪 50—60 年代，仿真技术开始应用于洲际导弹的研制、阿波罗登月计划、核电站运行等方面。20 世纪 80 年代，仿真技术借助计算机技术的发展开始进入了计算机仿真的时代，计算机仿真技术开始大规模应用于仪器、仪表、虚拟制造、电子产品设计、仿真训练等人类生产和生活的各个方面。20 世纪 90 年代，出现了半实物仿真系统，如射频制导导弹半实物仿真系统、红外制导导弹半实物仿真系统、歼击机工程飞行模拟器、歼击机半实物仿真系统及驱逐舰半实物仿真系统等。

8.2.6　医学成像

1. 核磁共振成像

核磁共振成像（Nuclear Magnetic Resonance Imaging，NMRI）简称磁共振成像（MRI）。核磁共振是处于静磁场中的原子核在另一交变磁场作用下发生的物理现象，通常人们所说的核磁共振指的是利用核磁共振现象获取分子结构、人体内部结构信息的技术。MRI 是一种生物磁自旋成像技术，利用原子核自旋运动的特点，在外加磁场内，原子核经射频脉冲激发后产生信号，用探测器检测信号并输入计算机，再经过处理转换后在屏幕上显示图像，如图 8-25 所示。

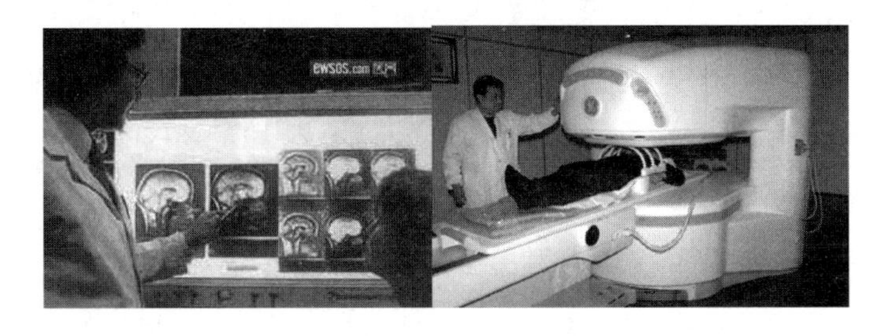

图 8-25　核磁共振成像

具体来说，MRI 是将人体置于特殊的磁场中，用无线电射频脉冲激发人体内氢原子核，引起氢原子核共振，并吸收能量，停止射频脉冲后，氢原子核按特定频率发射出电信号，并将吸收的能量释放出来，被体外的接收器收录，经电子计算机处理获得图像，如图 8-26 所示。

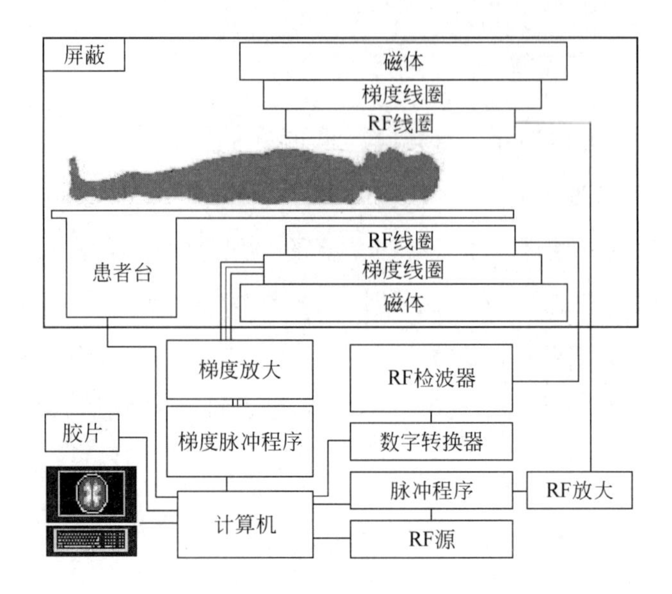

图 8-26 核磁共振成像的原理

1930 年，物理学家伊西多·拉比发现在磁场中，原子核会沿磁场方向呈正向或反向有序平行排列，而施加无线电波后，原子核的自旋方向会发生翻转，这是人类关于原子核与磁场及外加射频场相互作用的最早认识。由于这项研究，拉比于 1944 年获得了诺贝尔物理学奖。

1946 年，布洛赫和珀塞尔两位美国科学家发现，将具有奇数个核子（包括质子和中子）的原子核置于磁场中，再施加以特定频率的射频场，就会出现原子核吸收射频场能量的现象。由此，他们两人获得了 1952 年度诺贝尔物理学奖。

1969 年，纽约州立大学南部医学中心的医学博士蕾蒙德·达马迪安通过测量核磁共振的弛豫时间成功地将小鼠的癌细胞与正常组织细胞区分开来，在蕾蒙德·达马迪安新技术的启发下，纽约州立大学石溪分校的物理学家保罗·劳特布尔于 1973 年开发出了基于核磁共振现象的成像技术，并应用他的设备成功绘制出了一个活体蛤蜊的内部结构图像。他的实验立刻引起了广泛重视，短短 10 年间就进入了临床应用阶段。

医疗卫生领域的第一台 MRI 设备产生于 20 世纪 80 年代。到了 2002 年，全球已经有大约 22 000 台 MRI 照相机在使用，而且完成了 6000 例 MRI 检查。

2. CT 技术

1) CT 简介

CT(Computed Tomography)是一种功能齐全的病情探测仪器,是计算机 χ 射线断层扫描技术的简称。CT 的工作流程是根据人体不同组织对 χ 射线的吸收与透过率的不同,应用灵敏度极高的仪器对人体进行测量,然后将测量所获取的数据输入计算机,计算机对数据进行处理后就可摄下人体被检查部位的断面或立体的图像,发现体内任何部位的细小病变。

CT 检查对中枢神经系统疾病的诊断价值较高,应用较普遍。对颅内肿瘤、脓肿与肉芽肿、寄生虫病、外伤性血肿与脑损伤、脑梗塞与脑出血及椎管内肿瘤与椎间盘脱出等病诊断效果好,且较为可靠。因此,脑的 χ 射线造影除脑血管造影仍用以诊断颅内动脉瘤、血管发育异常和脑血管闭塞及了解脑瘤的供血动脉以外,其他如气脑、脑室造影等均已少用。利用螺旋 CT 扫描技术可以获得比较精细和清晰的血管重建图像(CTA),而且可以做到三维实时显示,有希望取代常规的脑血管造影。CT 机及人体内部结构成像示例图如图 8-27 所示。

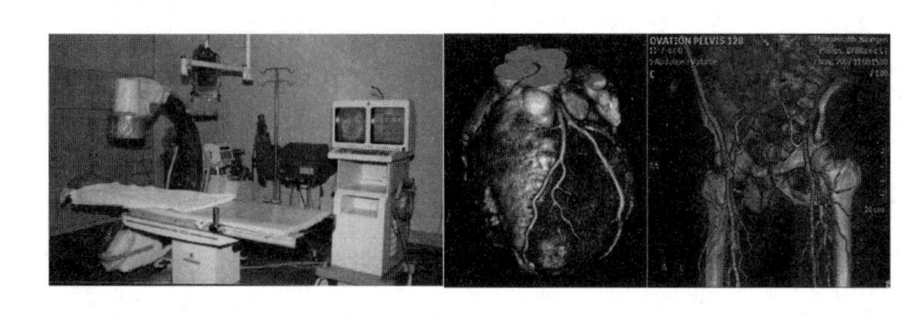

图 8-27 CT 机及人体内部结构成像图

2) CT 的发明史

χ 射线被发现后,医学上就开始用它来探测人体疾病。1963 年,美国物理学家科马克发现人体不同的组织对 χ 射线的透过率有所不同,在研究中还得出了一些有关的计算公式,这些公式为后来 CT 的应用奠定了理论基础。1967 年,英国电子工程师亨斯费尔德制作了一台能加强 χ 射线放射源的简单扫描装置,即后来的 CT 机,用于对人的头部进行实验性扫描测量。1971 年 9 月,亨斯费尔德与一位神经放射学家合作,在伦敦郊外一家医院安装了他设计制造的这种装置,检查时,在患者下方装一计数器,使人体各部位对 χ 射线吸收的多少反映在计数器上,再经过计算机的处理,使人体各部位的图像从屏幕上显示出来。由于对计算机χ射线断层扫描技术的突出贡献，亨斯费尔德和科马克共同获取1979年诺贝尔生理学或医学奖。

3）CT的成像基本原理

CT是用χ射线束对人体某部一定厚度的层面进行扫描，由探测器接收透过该层面的χ射线，转变为可见光后，经光/电转换为电信号，再经模/数转换器转为数字信号，输入计算机处理。图像的处理包括选定层面分成若干个体积相同的长方体，称为体素。扫描所得信息，经计算而获得每个体素的χ射线衰减系数或吸收系数，再排列成矩阵(即数字矩阵，数字矩阵可存于磁盘或光盘中)，经数/模转换器把数字矩阵中的每个数字转为由黑到白不等灰度的小方块，即像素，并按矩阵排列，即构成CT图像。所以CT图像是重建图像。每个体素的χ射线吸收系数可以通过不同的数学方法算出。

CT设备主要包括3部分：①扫描部分，由χ射线管、探测器和扫描架组成；②计算机系统，将扫描收集到的信息数据进行存储运算；③图像显示和存储系统，将经计算机处理、重建的图像显示在显示屏上或用多部普通相机(或激光照相机)将图像拍摄下来。

3. χ刀计划系统

χ刀放射治疗机是一种新型的医疗设备，它利用一些高精度的定位手段，用大剂量、能量集中的χ射线束一次性杀死肿瘤。但χ刀放射治疗计划参数的精度要求非常高，一旦参数设置不合理，大剂量射线对人的损伤将是难以挽救的。因此仅靠医生的经验进行放疗计划的设定是不够的，必须配备相应的三维立体定向放射治疗计划系统。三维立体定向放射治疗计划系统的作用是为医生提供一个直接在三维空间中进行放射治疗计划制订的辅助设计手段，并提供一种确保放射治疗计划正确性的辅助检查手段，在对病人进行实际治疗以前，在计算机上对放射治疗的效果进行模拟，把CT机诊断和χ刀放疗机的治疗有机地结合起来。与χ刀放射治疗设备配套的三维立体定向放射治疗计划系统又称为χ刀计划系统，病灶与χ射线扫描示例如图8-28所示。

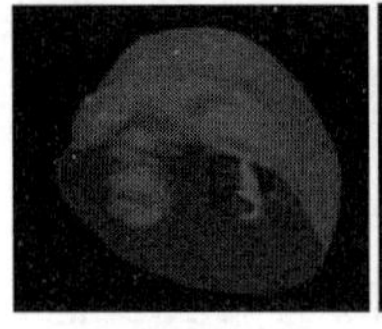
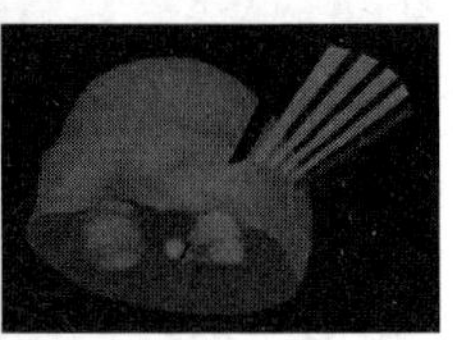

图8-28 病灶与χ射线扫描

思考题

1. 什么是矢量图？什么是位图？两者有什么区别？
2. 什么是可视化？
3. 什么是 CAD？
4. 什么是计算机美术？
5. 什么是多媒体？
6. 什么是虚拟现实？
7. 什么是计算机仿真？

第 9 章

人工智能

9.1 人工智能概述

9.1.1 人工智能的定义与学派

1. 定义

人工智能(Artificial Intelligence,AI)是一门综合计算机科学、生理学、哲学等学科的交叉科学,其研究课题涵盖很广,从机器视觉到专家系统,涉及许多不同的领域。其目的就是让机器学会"思考"。

人工智能学科是计算机科学中涉及研究、设计和应用智能机器的一个分支,它的目标是用机器模仿和执行人脑的某些智慧功能,如判断、推理、证明、识别、感知、理解、通信、设计、思考、规划、学习和问题求解等思维活动,并开发相关的理论和技术。

人工智能自诞生以来,实现了从符号主义、联结主义到行为主义的变迁,这些研究从不同角度模拟了人类智能,在各自的研究中也都取得了很大的成就。

2. 学派

符号主义，又称为逻辑主义、心理学派或计算机学派，其原理主要为物理符号系统假设和有限合理性原理。符号主义认为，人工智能源于数学逻辑，人的认知基元是符号，而且认知过程即符号操作过程，分析人类认知系统所具备的功能和机能，然后用计算机模拟这些功能，即可实现人工智能。符号主义的主要困难表现在机器博弈的困难，机器翻译不完善，人的基本常识问题表现不足。

联结主义，又称为仿生学派或生理学派，其原理主要为神经网络及神经网络间的连接机制与学习算法。联结主义认为，人工智能源于仿生学，特别是对人脑模型的研究，认为人的思维基元是神经元，而不是符号处理过程，因而人工智能应着重于结构模拟，也就是模拟人的生理神经网络结构，功能、结构和智能行为是密切相关的，不同的结构会表现出不同的功能和行为。所谓人工神经网络模拟，即通过改变神经元之间的连接强度来控制神经元的活动，以模拟生物的感知与学习能力，可用于模式识别、联想记忆等。联结主义的主要困难表现在技术上实现知识获取的困难和模拟人类心智方面的局限。

行为主义，又称进化主义或控制论学派。行为主义认为，人工智能源于控制论，智能取决于感知和行动，提出了智能行为的“感知—动作”模式，认为智能不需要知识、表示和推理，人工智能可以像人类智能一样逐步进化，智能行为只能在现实世界中与周围环境交互作用而表现出来。

9.1.2 人工智能历史

人工智能的发展并非一帆风顺，它经历了以下几个阶段。

(1) 第一阶段：20 世纪 50 年代人工智能的兴起和冷落。人工智能概念首次提出后，相继出现了一批显著的成果，如机器定理证明、跳棋程序、通用问题求解程序、LISP 表处理语言等。但由于消解法推理能力有限及机器翻译等的失败，人工智能走入了低谷。

(2) 第二阶段：20 世纪 60 年代末到 70 年代，专家系统使人工智能研究出现新高潮。DENDRAL 化学质谱分析系统、MYCIN 疾病诊断和治疗系统、PROSPECTIOR 探矿系统、Hearsay-II 语音理解系统等专家系统的研究和开发，将人工智能引向了实用化。1969年召开了国际人工智能联合会议。

(3) 第三阶段：20世纪80年代，第五代计算机的研究使人工智能得到了很大发展。日本1982年开始了第五代计算机研制计划，即知识信息处理计算机系统KIPS，其目的是使逻辑推理达到数值运算那么快。虽然此计划最终失败，但形成了一次人工智能研究的热潮。

(4) 第四阶段：20世纪80年代末到90年代，神经网络飞速发展，人工智能再次出现新的研究高潮。1987年，美国召开第一次神经网络国际会议，宣告了这一新学科的诞生。此后，各国在神经网络方面的投资逐渐增加，神经网络迅速发展起来。互联网技术的发展，使人工智能由单个智能主体转向基于网络环境下的分布式人工智能研究，不仅研究基于同一目标的分布式问题求解，而且研究多个智能主体的多目标问题求解，人工智能更面向实用。另外，由于Hopfield多层神经网络模型的提出，人工神经网络研究与应用也出现了欣欣向荣的景象。

9.1.3 人工智能系统的发展现状

早年，亚里士多德试图说明人与机器是同一关系，法国哲学家拉·梅特里最早提出"人是机器"的理念。1950年，人工智能先祖图灵提出著名的图灵实验，给出了判断机器人的标准。机械论一直试图说明"人是机器"，但最终未能将心灵与物质统一。大数据时代出现了人机合一的趋势，即物质实体的机器与人身的融合。人工智能延伸了人脑的功能，也扩展了人的本质力量，人工智能最可能的突破是人本质力量的延伸，发展出新型智能集成体。

1. 自主式人工智能系统

自主的字面意思指自己做主，不受别人支配。在人工智能中，自主系统(Autonomous System)是能够在无人干预情况下对周围环境进行独立感知和识别，并对下一步行为做出自我判断和决策的人工智能系统。传统认知指人认识外界事物或对外界事物信息加工的过程，其能力指人脑加工、存储和提取信息的能力，包括感觉(对外界的反映)、知觉(对事物整体的认识)、记忆、注意(对某一对象的指向和集中)、思维(对客观事物的概括和间接的反应，其反映是事物本质和事物间规律性的联系)、想象(对已存储的表象进行加工改造形成新形象的心理过程)和语言(表达或理解语句,辨析有歧义的语句,判别不同语句的实际语义)能力。

2. 自主式人工智能系统的功能

目前,自主式人工智能系统已具备感知、认知、学习、思维、推理、判断和决策的能力,其智力已达到了孩童的水平。

(1) 自主式人工智能系统对外界的感知是通过智能传感器、探测仪等实现的。第1步是定位和标识目标对象;第2步是获取目标数据,或直接采集数字信号,或将模拟信号转换为数字信号;第3步是与信息-物理融合系统CPS连接,将数据传给计算机存储;第4步是利用模式识别技术将已获取的数据与对象进行模式匹配,以识别预定目标。目前模式识别技术在某些方面表现不俗,例如文字(印刷和手写)识别、车牌自动识别、人脸识别、导弹对攻击目标的自动识别等。

现以战斧导弹为例,说明自主式人工智能系统的自主能力,当然也包括其认知能力。战斧导弹是美国舰对地巡航导弹,用于攻击固定目标,发射后,地形匹配制导雷达利用存储的地图与实际地形比较,确定导弹的位置,校正飞行路线,弹载全球定位系统与至少4颗卫星联系,接收导航信号,确定飞行状况,如果飞行轨道偏离,人工智能系统会自动纠错。其目标区域末端导航由光学数字场景匹配区域关联系统提供,将存储的目标图像与实际目标图像比较,确定既定目标,自动发起攻击。

(2) 自主式人工智能系统已经初步具备了独立认知能力,具体表现在感知(如传感器对外界的反映)能力、知觉(如导弹中模式识别对目标对象的整体识别)能力、记忆(计算机的存储)能力、注意(如巡航导弹对被攻击对象的指向和寻找)能力、思维(如Google自动驾驶汽车对外界环境中人和物体的识别及人和物体关系的识别,再如2016年Facebook人脸识别技术的识别率已经达到了97.25%,不仅如此,它还可以对人与人关系进行识别及对人与人关系大数据规律进行分析)能力、想象能力(如《阿凡达》电影的拍摄,首先是人物形体的动作捕捉,在底片扫描完成后,使用诸如BOUJOU、PFTRACK等软件跟踪镜头,捕捉摄影机的运动轨迹并将其送入三维软件合成和渲染,就可以得到电影人物阿凡达的画面,电影中新的人物形象是原拍摄人物在计算机中存储图像的更新和替换)和语言(如机器能听懂人的语言,并能自动应答问题)能力。

(3) 自主式人工智能系统也表现出了较强的学习能力。机器学习学科主要研究计算机模拟人类学习的行为和过程,获得新的数据、信息、知识或技能,然后重组知识结构，以便改善自身性能。例如人机曾经经过多次象棋大战，以前多是机器败北，但2016 年 3 月 15 日韩国围棋选手李世石 1∶4 憾负人工智能阿尔法围棋（AlphaGo），这说明机器具有较强的学习能力。而且，人工智能在语音识别、图像分类、机器翻译、可穿戴设备、无人驾驶汽车及医疗诊断等方面均取得了突破性进展，标志着机器已具备了初级学习的能力。

（4）自主式人工智能系统的智力水平已经达到了一个新的高度。2011 年，超级计算机沃森与人类鏖战智力问答完胜，这一结果表明计算机已经具备了对人类提问的自主判断和自动应答的图灵智能实验测试水平，实验结果证明计算机已具备了人的智能。近年计算机的深度学习能力异军突起，它借助神经网络模拟人脑进行分析学习，使人工智能水平大增，特别适合于解析大数据问题。2014 年末，谷歌宣布对人类神经大脑模拟系统研究成果：递归神经网络已进一步实现更强的逻辑推理能力。2015 年 10 月，美国伊利诺伊大学的研究小组完成的测试发现最先进人工智能系统的智力相当于 4 岁孩子的水平。2016 年的谷歌智商测试表明，其人工智能已经接近 6 岁儿童。

9.2 人工智能相关分支学科

9.2.1 机器学习

1. 机器学习概述

机器学习（Machine Learning）主要研究计算机怎样模拟或实现人类的学习行为，以获取新的知识或技能，重新组织已有的知识结构，不断改善自身的性能。它是人工智能的核心，是使计算机具有智能的根本途径，其应用遍及人工智能的各个领域，主要使用归纳、综合的方法，而不是演绎。

机器学习在人工智能的研究中具有十分重要的地位，并已逐渐成为人工智能研究的核心之一。它的应用已遍及人工智能的各个分支，如专家系统、自动推理、自然语言理解、模式识别、计算机视觉及智能机器人等领域，其中尤其典型的是专家系统中的知识获取瓶颈问题，人们一直在努力采用机器学习的方法加以克服。

机器学习的研究是根据生理学、认知科学等对人类学习机理的了解，建立人类学习过程的计算模型或认识模型，发展各种学习理论和学习方法，研究通用的学习算法，并进行理论上的分析，建立面向任务的具有特定应用的学习系统。

机器学习是人工智能研究中较为年轻的分支，它的发展过程大体上分为 4 个阶段：第 1 阶段是在 20 世纪 50 年代中叶到 60 年代中叶，属于热烈时期；第 2 阶段是在 20 世纪 60 年代中叶至 70 年代中叶，被称为机器学习的冷静时期；第 3 阶段是从 20 世纪 70 年代中叶至 80 年代中叶，称为复兴时期；第 4 阶段起始于 20 世纪 90 年代，机器学习因为社会对人工智能和大数据在各个领域的需求增加而有了飞速发展。

2. 常见机器学习方法

常见的机器学习方法有如下 4 种。

1）决策树学习

从数据产生决策树的机器学习技术叫做决策树学习，简称决策树，也称分类树，是一种十分常用的分类方法。机器学习中，决策树是一个预测模型，代表的是对象属性与对象值之间的一种映射关系。树中每个节点表示某个对象，每个分叉路径则代表的某个可能的属性值，每个叶节点则对应从根节点到该叶节点所经历的路径所表示的对象的值。决策树仅有单一输出，若欲有复数输出，可以建立独立的决策树以处理不同输出。数据挖掘中，决策树是一种经常要用到的技术，可以用于分析数据，同样也可以用来辅助预测。

每个决策树都表述了一种树形结构，它由它的分支来对该类型的对象依靠属性进行分类。每个决策树都可以依靠对源数据库的分割进行数据测试，这个过程可以递归式地对树进行修剪，当不能再进行分割或一个单独的类可以被应用于某一分支时，递归过程就完成了。另外，随机森林分类器将许多决策树结合起来，可以提升分类的正确率。

2）人工神经网络

人工神经网络（Artificial Neural Network，ANN）是从信息处理角度对人脑神经元网络进行抽象，建立某种简单模型，按不同的连接方式组成不同的网络。神经网络是一种运算模型，由大量的节点（或称神经元）相互连接构成。每个节点代表一种特定的输出函数，称为激励函数。每两个节点间的连接都代表一个对于通过该连接信号的加权值，称为权重，这相当于人工神经网络的记忆。网络的输出则依据网络的连接方式、权重值和激励函数的不同而不同。而网络自身通常都是对自然界某种算法或者函数的逼近,也可能是对一种逻辑策略的表达。

人工神经网络中的处理单元分为输入单元、输出单元和隐单元。输入单元接收外部世界的信号与数据;输出单元实现系统处理结果的输出;隐单元是处在输入和输出单元之间,不能由系统外部观察的单元。神经元间的连接权值反映了单元间的连接强度,信息的表示和处理体现在网络处理单元的连接关系中。人工神经网络是一种非程序化、适应性、大脑风格的信息处理,其本质是通过网络的变换和动力学行为得到一种并行分布式的信息处理功能,并在不同程度和层次上模仿人脑神经系统的信息处理功能,示例如图 9-1 所示。

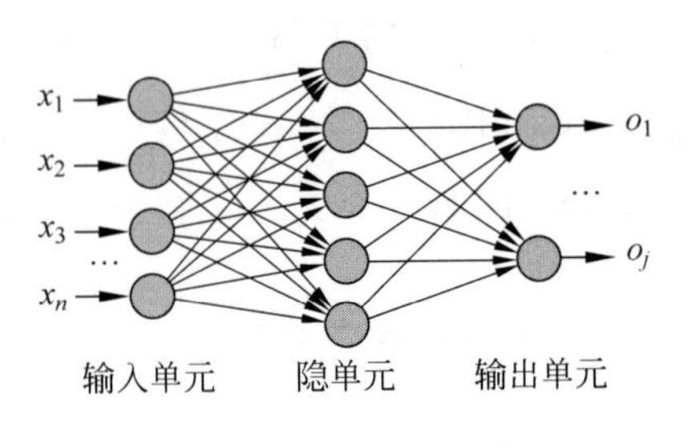

图 9-1 人工神经网络

1943 年,心理学家 W. S. McCulloch 和数理逻辑学家 W. Pitts 建立了神经网络和数学模型,称为 MP 模型,他们通过 MP 模型提出了神经元的形式化数学描述和网络结构方法,证明了单个神经元能执行逻辑功能,从而开创了人工神经网络研究的新时代。20 世纪 60 年代,M. Minsky 等仔细分析了以感知器为代表的神经网络系统功能后,于 1969 年出版了《*Perceptron*》一书,指出感知器不能解决高阶谓词问题,使得人工神经网络的研究进入低潮。1982 年,加州工学院 J. J. Hopfield 提出了 Hopfield 神经网格模型。1986 年,Rumelhart、Hinton、Williams 提出了 BP 算法。最近几十年,人工神经网络的研究不断深入,已取得了很大的进展,在模式识别、智能机器人、自动控制、预测估计、生物、医学及经济等领域解决了许多现代计算机难以解决的实际问题,表现出了良好的智能特性。

3) 贝叶斯学习

贝叶斯学习是利用参数的先验分布,由样本信息求来的后验分布直接求出总体分布。贝叶斯学习理论使用概率去表示所有形式的不确定性,通过概率规则来实现学习和推理过程。假定要估计的模型参数是服从一定分布的随机变量,根据经验给出待估参数的先验分布(也称为主观分布),关于这些先验分布的信息称为先验信息;然后根据这些先验信息,并与样本信息相结合,应用贝叶斯定理求出待估参数的后验分布;再应用损失函数得出后验分布的一些特征值,并把它们作为待估参数的估计量。

1963 年,贝叶斯证明了一个贝叶斯定理特例,后经多位统计学家的共同努力,贝叶斯统计成为统计学中一个重要的组成部分,贝叶斯定理因其对于概率的主观置信程度的独特理解而闻名。此后，贝叶斯统计在后验推理、参数估计、模型检测、隐概率变量模型等诸多统计机器学习领域方面有广泛而深远的应用。

4）遗传算法

遗传算法（Genetic Algorithm）是模拟达尔文生物进化论的自然选择和遗传学机理的生物进化过程的计算模型，是一种通过模拟自然进化过程搜索最优解的方法。1975 年 J. Holland 首先提出该算法，其主要特点是直接对结构对象进行操作，不存在求导和函数连续性的限定；具有内在的隐并行性和更好的全局寻优能力；采用概率化的寻优方法，能自动获取和指导优化的搜索空间，自适应地调整搜索方向，不需要确定的规则。遗传算法的这些性质，已被人们广泛地应用于组合优化、机器学习、信号处理、自适应控制和人工生命等领域，已成为现代有关智能计算的关键技术。

9.2.2 决策支持系统与专家系统

1. 决策支持系统概述

决策支持系统（Decision Support System，DSS）是辅助决策者通过数据、模型和知识，以人机交互方式进行半结构化或非结构化决策的计算机应用系统。它是管理信息系统向更高一级发展而产生的更先进的管理信息系统，可以为决策者提供分析问题、建立模型、模拟决策过程和方案的环境，调用各种信息资源和分析工具，帮助决策者提高决策水平和质量。

如图 9-2 所示，决策支持系统的基本结构主要包括 4 个部分，即数据部分、模型部分、推理部分和人机交互部分。数据部分是一个数据库系统；模型部分包括模型库及其管理系统；推理部分由知识库、知识库管理系统和推理机组成；人机交互部分是决策支持系统的人机交互界面，用以接收和检验用户请求，调用系统内部功能软件为决策服务，使模型运行、数据调用和知识推理达到有机的统一，有效地解决决策问题。

2. 决策支持系统的发展过程

自从 20 世纪 70 年代决策支持系统概念被提出以来，决策支持系统已经得到很大的发展。1980 年，Sprague 提出了决策支持系统三部件结构（对话部件、数据部件、模型部件），明确了决策支持系统的基本组成，极大地推动了决策支持系统的发展。

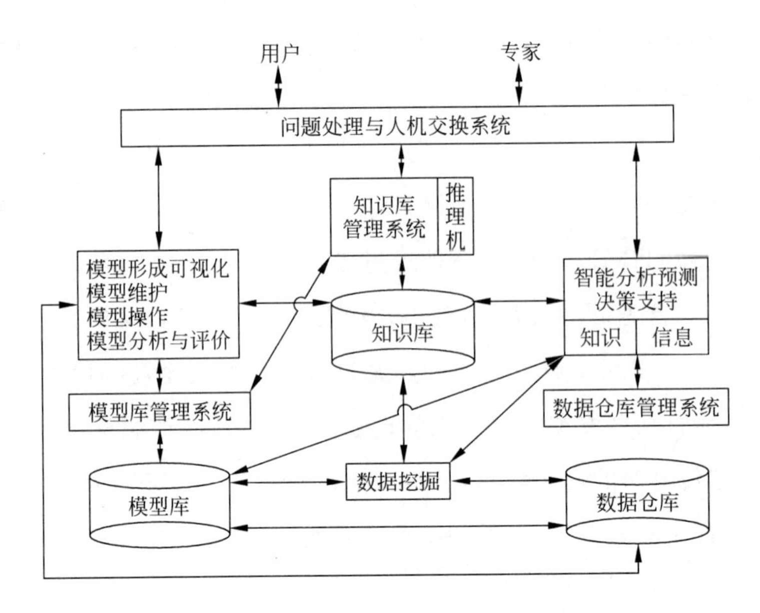

图 9-2 决策支持系统结构

20 世纪 80 年代末 90 年代初，决策支持系统开始与专家系统（Expert System，ES）相结合，形成智能决策支持系统（Intelligent Decision Support System，IDSS）。智能决策支持系统充分发挥了专家系统以知识推理形式解决定性分析问题的特点，又发挥了决策支持系统以模型计算为核心解决定量分析问题的特点，充分做到了定性分析和定量分析的有机结合，使得解决问题的能力和范围得到了一个大的发展。

20 世纪 90 年代中期出现了数据仓库、联机分析处理和数据挖掘新技术，三者的结合逐渐形成新决策支持系统的概念。把数据仓库、联机分析处理、数据挖掘、模型库、数据库、知识库结合起来形成的决策支持系统，即将传统决策支持系统和智能决策支持系统结合起来的决策支持系统是更高级形式的决策支持系统，称为综合决策支持系统。

由于 Internet 的广泛应用，网络环境的决策支持系统将以新的结构形式出现。决策支持系统的决策资源，如数据资源、模型资源、知识资源，将作为共享资源，以服务器的形式在网络上提供并发共享服务，为决策支持系统的发展开辟了一条新路。网络环境的决策支持系统是决策支持系统的发展方向。

2. 专家系统

1）专家系统概述

专家系统是一种智能计算机程序系统，其内部含有大量某个领域专家水平的知识与经验，能够利用人类专家的知识和解决问题的方法来处理该领域问题。也就是说，专家系统是一个具有大量专业知识与经验的程序系统，它应用人工智能技术和计算机技术，根据某领域一个或多个专家提供的知识和经验进行推理和判断，模拟人类专家的决策过程，解决需要人类专家处理的复杂问题。简而言之，专家系统是一种模拟人类专家解决领域问题的计算机程序系统。

专家系统是人工智能中最重要也最活跃的一个应用领域，它实现了人工智能从理论研究走向实际应用，从一般推理策略探讨转向运用专门知识的重大突破。五十多年来，知识工程的研究、专家系统的理论和技术的不断发展，应用渗透到几乎各个领域，包括化学、数学、物理、生物、医学、农业、气象、地质勘探、军事、工程技术、法律、商业、空间技术、自动控制及计算机设计和制造等，开发了几千个专家系统，其中不少在功能上已达到甚至超过同领域中人类专家的水平，并在实际应用中产生了巨大的经济效益。

2）发展历史

专家系统的发展经历了 3 个阶段，正向第 4 代过渡和发展。

第 1 代专家系统以高度专业化、求解专门问题的能力强为特点，但在体系结构的完整性、可移植性等方面存在缺陷，求解问题的能力较弱。

第 2 代专家系统属单学科专业型、应用型系统，其体系结构较完整，移植性方面也有所改善，而且在系统的人机接口、解释机制、知识获取技术、不确定推理技术、增强专家系统的知识表示和推理方法的启发性、通用性等方面都有所改进。

第 3 代专家系统属多学科综合型系统，采用多种人工智能语言，综合采用各种知识表示方法和多种推理机制及控制策略，并开始运用各种知识工程语言、骨架系统及专家系统开发工具和环境来研制大型综合专家系统。

在总结前 3 代专家系统的设计方法和实现技术的基础上，现在已开始采用大型多专家协作系统、多种知识表示、综合知识库、自组织解题机制、多学科协同解题与并行推理、专家系统工具与环境、人工神经网络知识获取及学习机制等最新的人工智能技术来实现具有多知识库、多主体的第 4 代专家系统。

3）专家系统的基本结构

专家系统的基本结构如图 9-3 所示，通常由人机交互界面、知识库、推理机、解释器、综合数据库、知识获取 6 个部分构成，其中箭头方向为数据流动的方向。

知识库用来存放专家提供的知识。专家系统的问题求解过程是通过知识库中的

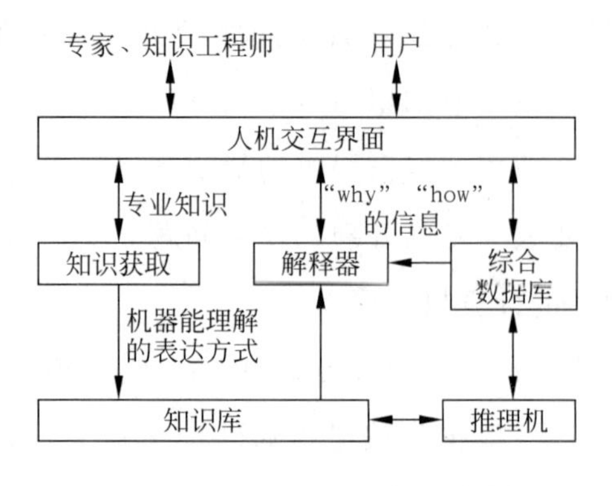

图 9-3 专家系统结构图

知识来模拟专家思维方式的，因此，知识库是专家系统质量是否优越的关键，即知识库中知识的质量和数量决定着专家系统的质量水平。

推理机针对需要解决问题的条件或已知信息反复匹配知识库中的规则，进而获得新的结论，得到问题求解结果。推理机就如同专家解决问题的思维方式，知识库就是通过推理机来实现其价值的。

人机交互界面是系统与用户进行交流的界面。通过该界面，用户输入基本信息，回答系统提出的相关问题，系统输出推理结果及相关的解释等。

综合数据库专门用于存储推理过程中所需的原始数据、中间结果和最终结论，往往作为暂时的存储区。

解释器能够根据用户的提问对结论、求解过程做出说明，进而使专家系统更具有人情味。

知识获取是专家系统知识库是否优越的关键，也是专家系统设计的瓶颈问题，通过知识获取，可以扩充和修改知识库中的内容，也可以实现自动学习功能。

9.2.3 深度学习与推荐系统

1. 深度学习

深度学习的概念源于人工神经网络的研究，含多隐层的感知器就是一种深度学习结构。深度学习通过组合低层特征形成更加抽象的高层表示属性类别或特征，以发现数据的分布式特征表示。深度学习是机器学习中一种基于对数据进行表征学习的方法。观测值可以使用多种方式来表示，如每个图像像素强度值的向量，或者更抽象地表示成一系列边、特定形状的区域等。而使用某些特定的表示方法更容易从实例中学习任务(如人脸识别或面部表情识别)。深度学习的好处是可以用非监督式或半监督式的特征学习和分层特征提取高效算法来替代手工获取特征。

从一个输入中产生一个输出所涉及的计算可以通过一个流向图来表示。流向图是一种能够表示计算的图,在这种图中,每一个节点表示一个基本的计算及一个计算的值,计算的结果被应用到这个节点的子节点的值。考虑这样一个计算集合,它可以被允许在每一个节点和可能的图结构中,并定义一个函数族。如果输入节点没有父节点,输出节点没有子节点,这种流向图的一个特别属性是深度,即从一个输入到一个输出的最长路径的长度。

深度学习方法分有监督学习与无监督学习。不同的学习框架下建立的学习模型也不同。例如,卷积神经网络(Convolutional Neural Networks,CNNs)就是一种深度的监督学习下的机器学习模型,而深度置信网(Deep Belief Nets,DBNs)就是一种无监督学习下的机器学习模型。

深度学习的概念由 Hinton 等人于 2006 年提出,基于深度置信网络提出了非监督贪心逐层训练算法,为解决深层结构相关的优化难题带来了希望,随后提出了多层自动编码器深层结构。此外,Lecun 等人提出的卷积神经网络是第一个真正的多层结构学习算法,它利用空间相对关系减少参数数目,以提高训练性能。深度学习是机器学习研究中的一个新的领域,其动机在于建立模拟人脑进行分析学习的神经网络,模仿人脑的机制来解释数据,例如图像、声音和文本等。

2. 个性化推荐系统

1)概述

随着电子商务规模的不断扩大,商品个数和种类快速增长,顾客需要花费大量的时间才能找到自己想买的商品。这种浏览大量无关信息和产品的过程无疑会使淹没在信息超载问题中的消费者不断流失。为了解决这些问题,个性化推荐系统应运而生。个性化推荐系统是建立在海量数据挖掘基础上的一种高级商业智能平台,以帮助电子商务网站为其顾客购物提供完全个性化的决策支持和信息服务。近年来已经出现了许多非常成功的大型个性化推荐系统实例,与此同时,个性化推荐系统也逐渐成为学术界的研究热点之一。

互联网的出现和普及给用户带来了大量的信息,满足了用户在信息时代对信息的需求，但随着网络的迅速发展而带来的网上信息量的大幅增长，使得用户在面对大量信息时无法有效从中获得对自己真正有用的那部分信息，对信息的使用效率反而降低了，这就是所谓的信息超载(Information Overload)问题。

解决信息超载问题一个非常有潜力的办法是个性化推荐系统，它可以根据用户的信息需求、兴趣等，将用户感兴趣的信息、产品等推荐给用户。与搜索引擎相比，推荐系统通过研究用户的兴趣偏好，进行个性化计算发现用户的兴趣点，从而引导用户发现自己的信息需求。一个好的推荐系统不仅能为用户提供个性化的服务，还能和用户之间建立密切关系，让用户对推荐系统产生依赖。

个性化推荐系统现已广泛应用于很多领域，其中最典型并具有良好的发展和应用前景的领域就是电子商务领域。同时学术界对推荐系统的研究热度一直很高，逐步形成了一门独立的学科。

个性化推荐系统有 3 个重要的模块——用户建模模块、推荐对象建模模块、推荐算法模块。推荐系统把用户模型中的兴趣需求信息和推荐对象模型中的特征信息匹配，同时使用相应的推荐算法进行筛选，找到用户可能感兴趣的推荐对象，然后推荐给用户。

2) 应用

随着推荐技术的研究和发展，其应用领域也越来越多，例如新闻推荐、商务推荐、娱乐推荐、学习推荐、生活推荐及决策支持等，推荐方法的创新性、实用性、实时性、简单性也越来越强，例如上下文感知推荐、移动应用推荐，从服务推荐到应用推荐。

(1) 新闻推荐。包括传统新闻、博客、微博、RSS 等新闻内容的推荐，一般有 3 个特点：①新闻的 item 时效性很强，更新速度快；②新闻领域里的用户更容易受流行和热门的 item 影响；③新闻的展现问题。

(2) 商务推荐。电子商务推荐算法可能会面临各种难题，例如：①大型零售商有海量的数据，以千万计的顾客及数以百万计的登记在册的商品；②实时反馈需求，在半秒之内，还要产生高质量的推荐；③新顾客的信息有限，只能以少量购买或产品评级为基础；④老顾客信息丰富，以大量的购买和评级为基础；⑤顾客数据不稳定，每次的兴趣和关注内容差别较大，算法必须对新的需求及时响应。解决商务推荐问题的途径通常有 3 个，即协同过滤，聚类模型，基于搜索的方法。

(3) 娱乐推荐。例如音乐推荐系统，目标是基于用户的音乐口味向终端用户推送喜欢和可能喜欢但不了解的音乐。而音乐口味和音乐的参数设定受用户群特征和用户个性特征等不确定因素影响，例如对年龄、性别、职业、音乐受教育程度等的分析能帮助提升音乐推荐的准确度。部分因素可以通过使用类似 FOAF(Friend of a friend，朋友的朋友)方法去获得。

9.3 人工智能应用

9.3.1 智慧地球与智慧城市

1. 数字地球

数字地球以计算机技术、多媒体技术和大规模存储技术为基础，以宽带网络为纽带，运用海量地球信息对地球进行多分辨率、多尺度、多时空和多种类的三维描述，并利用它作为工具来支持和改善人类活动和生活质量。

数字地球是美国的戈尔于 1998 年 1 月在加利福尼亚科学中心开幕典礼上发表的题为“数字地球——新世纪人类星球之认识”演说时提出的一个与 GIS、网络、虚拟现实等高新技术密切相关的概念，核心是地球空间信息科学，地球空间信息科学的技术体系中的技术核心是 3S 技术及其集成。所谓 3S，是指全球定位系统(GPS)、地理信息系统(GIS)和遥感系统(RS)。

2. 数字城市

数字城市是综合运用地理信息系统、遥感、遥测、多媒体及虚拟仿真等技术，对城市的基础设施、功能机制进行自动采集、动态监测管理和辅助决策服务的技术系统。它在城市规划建设与运营管理及城市生产与生活中，利用数字化信息处理技术和多媒体技术，将城市的各种数字信息及各种信息资源加以整合并充分利用，示例如图 9-4 所示。

数字城市的内容包括两方面：第一是信息基础设施的建设，要有高速宽带网络和支撑的计算机服务系统及网络交换系统；第二是城市基础数据的建设，数据涉及的内容包括城市基础设施(建筑设施、管线设施、环境设施)、交通设施(地面交通、地下交通、空中交通)、金融业(银行、保险、交易所)、文教卫生(教育、科研、医疗卫生、博

图 9-4 数字城市和数字社区

物馆、科技馆、运动场、体育馆及名胜古迹)、安全保卫(消防、公安、环保)、政府管理(各级政府、海关税务、户籍管理与房地产)、城市规划与管理的背景数据(地质、地貌、气象,水文及自然灾害等)、城市监测及城市规划等。

数字社区就是通过数字化信息将管理、服务的提供者与每个住户实现有机连接的社区。这种数字化的网络系统使社会化信息提供者、社区的管理者与住户之间可以实时地进行各种形式的信息交互,基于现代网络浏览器的先进性及表现的多态性,加上各种网络多媒体技术的应用,即可营造出一个丰富多彩的虚拟社区。

3. 智慧地球

智慧地球的概念就是把感应器嵌入和装备到电网、铁路、桥梁、隧道、公路、建筑、供水系统、大坝及油气管道等各种物体中,并且被普遍连接,即形成所谓物联网,然后将物联网与现有的互联网整合起来,实现人类社会与物理系统的整合。这一概念由IBM首席执行官彭明盛首次提出。

4. 智慧城市

智慧城市的概念是指依托物联网、传感网,涉及智能楼宇、智能家居、路网监控、智能医院、城市生命线管理、食品药品管理、票证管理、家庭护理、个人健康与数字生活等,把握新一轮科技创新革命和信息产业浪潮的重大机遇,充分发挥信息通信产业发达,RFID相关技术领先,电信业务及信息化基础设施优良等优势,通过建设信息通信基础设施、认证、安全等平台和示范工程,加快产业关键技术攻关,构建城市发展的智慧环境,形成基于海量信息和智能过滤处理的新的生活、产业发展、社会管理等模式,面向未来构建全新的城市形态。

9.3.2　智能交通系统与工具

1. 智能交通系统

1）智能交通系统定义

智能交通是一个基于现代电子信息技术、面向交通运输的服务系统，是将先进的信息技术、数据通信传输技术、电子控制技术、计算机处理技术等应用于交通运输行业而形成的一种信息化、智能化、社会化的新型运输系统，它使交通基础设施能发挥最大效能。智能交通系统是21世纪交通事业发展的必然选择，示例如图9-5所示。

图9-5　智能交通系统

2）智能交通的原理

智能交通系统是一个综合性体系，包含以下几个子系统。

(1) 车辆控制系统，指辅助驾驶员驾驶汽车或替代驾驶员自动驾驶汽车的系统。该系统通过安装在汽车前部和旁侧的雷达或红外探测仪，可以准确地判断车与障碍物之间的距离，遇紧急情况时，车载计算机会及时发出警报或自动刹车避让，并根据路况自己调节行车速度。

(2) 交通监控系统，类似于机场的航空控制器，它在道路、车辆和驾驶员之间建立快速通信联系，如图9-6所示。哪里发生了交通事故，哪里交通拥挤，哪条路最为畅通，该系统会以最快的速度将这些信息提供给驾驶员和交通管理人员。

图9-6　交通监控系统

(3) 运营车辆管理系统，通过汽车的车载计算机和管理中心计算机与全球定位系统卫星联网，实现驾驶员与调度管理中心之间的双向通信，来提高商业车辆、公共汽车和出租汽车的运营效率。

(4) 旅行信息系统，是专为外出旅行人员提供各种交通信息的系统。该系统提供信息的媒介是多种多样的，例如广播、手机等，驾驶员可以采用任何一种方式获得所需要的信息。

3) 世界智能交通系统发展历程

美、欧、日是世界上经济发展水平较高的国家和地区，也是世界上智能交通系统开发应用较好的国家。智能交通系统的发展不再限于解决交通拥堵、交通事故、交通污染等问题，已成为缓解能源短缺，培育新兴产业，增强国家竞争力，提升国家安全的战略措施。经过几十年的发展，智能交通系统的开发应用已取得巨大成就，其过程大致经过了如下所述3个阶段。

(1) 起步阶段。智能交通系统发展史可追溯到20世纪60～70年代。20世纪60年代后期，美国运输部和通用汽车公司开始研发电子路线诱导系统。1973—1979年，日本通产省进行路、车双向通信汽车综合控制系统的研发。欧洲原西德于1976年进行高速公路网诱导系统研发计划。

(2) 关键技术研发和试点推广阶段。20世纪80年代的信息技术革命，不仅带来了技术进步，还对交通发展的传统理念产生了冲击。智能交通系统概念被正式提出。由此开始，美、日等发达国家都先后加大了智能交通系统研发力度，并根据自己的实际情况确定了研发重点和计划，形成了较为完整的技术研发体系。在此阶段，各国通过立法或其他形式，逐渐明确了发展智能交通系统战略规划、发展目标、具体推进模式及投融资渠道等。

(3) 产业形成和大规模应用阶段。美、日等发达国家在推动智能交通系统研发和试点应用的同时，拓展产业经济视角，不断促进ITS产业形成，注重国际层面竞争，大规模应用研发成果。如美国，参与智能交通系统研发的公司达600多家；日本，在四省一厅联合推动智能交通系统研发活动后，一直在加速智能交通系统实际应用进程，积极推动如车辆信息通信系统、电子收费系统等的应用，车辆信息通信系统已进入日本国家范围内实施阶段并在迅速扩展。

2. 智能交通工具

1) 智能车辆

智能车辆是一个集环境感知、规划决策、多等级辅助驾驶等功能于一体的综合系统，它集中运用了计算机、现代传感、信息融合、通信、人工智能及自动控制等技术，是典型的高新技术综合体。

智能汽车与一般所说的自动驾驶有所不同,它利用多种传感器和智能公路技术实现汽车的自动驾驶。智能汽车不需要人去驾驶,人只须舒服地坐在车上享受这种高科技的成果就行了。因为这种汽车上装有相当于汽车的"眼睛""大脑""脚"的电视摄像机、计算机和自动操纵系统之类的装置,能和人一样会"思考""判断""行走",可以自动启动、加速、刹车,也可以自动绕过地面障碍物。在复杂多变的情况下,它的"大脑"能随机应变,自动选择最佳方案,指挥汽车正常、顺利地行驶。示例如图9-7所示。

图9-7 智能汽车

智能汽车首先具有导航信息资料库,这个资料库存有全国高速公路、普通公路、城市道路及各种服务设施(餐饮、旅馆、加油站、景点、停车场)的信息资料;其次具有GPS定位系统,可以利用这个系统精确定位车辆所在的位置,与道路资料库中的数据相比较后确定行驶方向;第三具有道路状况信息系统,由交通管理中心提供前方道路的实时状况信息,如堵车、事故等,必要时及时改变行驶路线;第四具有车辆防碰系统,包括探测雷达、信息处理系统、驾驶控制系统,控制与其他车辆的距离,在探测到障碍物时及时减速或刹车,并把信息传给指挥中心和其他车辆;第五具有紧急报警系统,如果出了事故,可以自动报告指挥中心进行救援;第六具有无线通信系统,用于汽车与指挥中心的联络;第七具有自动驾驶系统,用于控制汽车的点火、改变速度和转向等。

2) 无人驾驶技术

近年,无人驾驶技术发展迅速,以无人机、无人舰艇等为代表,如图9-8所示。

图9-8 无人机和无人舰艇

无人机是自动控制、自动导航、执行特殊任务的无人飞行器,它具有全天候、大纵深、长时间作战、快速侦查的能力。第一架无人机是在1942年12月24日研制成功的。

无人舰艇是一种无人驾驶的舰艇,主要有无人水面舰艇和无人潜航器两种,主要用于执行危险及不适于有人船只执行的任务。无人舰艇有望在未来10年内彻底变革海军的军事行动和海战。

据2018年5月1日报道,由中国通号研发的全球首套时速350公里高铁自动驾驶系统(C3＋ATO)顺利完成实验室测试,即将进入现场试验,标志着我国高铁自动驾驶技术取得了重大突破。这项关键技术完全是中国自主研发的,核心技术和产品100％国产化,建立了中国的技术标准。

9.3.3 智能电网

1. 概述

智能电网是一个涵盖广泛的工程,信息网络传输能力只是其中之一,如果智能电网全面建成,它将对现有信息网络具有完全的可替代性,而且能力甚至更为强大。智能电网的核心任务在于构建具备智能判断与自适应调节能力的多种能源统一入网和分布式管理的智能化网络系统,可对电网与客户用电信息进行实时监控和采集,且采用最经济、最安全的输配电方式将电能输送给终端用户,实现对电能的最优配置与利用,提高电网运行的可靠性和能源利用效率。智能电网的本质是能源替代和兼容利用,它需要在开放的系统和信息共享模式的基础上整合系统中的数据,优化电网的运行和管理。

2009年5月,国家电网公司首次公布了智能电网计划,致力全面建设以特高压电网为骨干网架、各级电网协调发展的,以坚强电网为基础,信息化、自动化、互动化为特征的自主创新、国际领先的坚强智能电网。

国家电网公司提出了“面向应用、立足创新、形成标准、建立示范”的研究指导思想,在物联网的专用芯片、标准体系、信息安全、软件平台、测试技术、实验技术、应用系统开发及无线宽带通信等方面进行了实施,实现了物联网技术应用在电力系统的多项核心技术突破。

2011年3月2日，国家电网宣布，智能电网进入全面建设阶段，并在示范工程、新能源接纳、居民智能用电等方面大力推进，预计2020年完成。

2. 应用系统

国家电网在物联网领域的切入相对全面，包括了从输电环节到最终到户的智能电表及接入设备，甚至用电终端。国家电网智能应用系统包括如下几个子系统。

(1) 智能用电信息采集系统。该系统是基于无线传感网络和光纤/电力线载波通信技术的远程抄表系统，使用现代通信技术和计算机技术及电能量测量技术，通过电力通信专网、公网将电量数据和其他所需信息实时可靠地采集回来，应用具有智能化分析功能的系统软件实现用户用电量的统计、用电情况的分析及用户使用状态的分析。

(2) 智能用电服务系统。智能用电方面已开展了该系统相关的技术研究，先后在北京、上海、浙江、福建等众多省市建立了集中抄表、智能用电等智能电网用户测试点工程，覆盖了数万居民用户。试点工程主要包括利用智能表计、高级量测、智能交互终端、智能插座等，提供水电气三表抄收、家庭安全防范、家电控制、用电监测与管理等功能。

(3) 智能电网输电线路可视化在线监测平台。该系统将可视化技术、无线宽带技术、卫星通信技术集为一体，应用于高压线路建设过程的可视化综合方案，并在1000kV黄河大跨越和汉江大跨越工程中成功应用，对输电线路关键点或全程进行视频监控及环境数据采集，实现了高压线路现场视频及重要数据的回传，对高压线路的舞动、覆冰、鸟害等进行实时监视监测，为输电线路安全运行提供可视化支持。该系统网络视频监控承载网的构建以地面光纤网络为主，以电力宽带无线网络为必要补充和扩展。

(4) 智能巡检系统。该系统通过识别标签辅助设备定位，实现到位监督，从而指导巡检人员执行标准化和规范化的工作流程。智能巡检系统的功能主要包括巡检人员的定位，设备运行环境和状态信息的感知，辅助状态检修和标准化作业指导等。

(5) 电动汽车辅助管理系统。该系统利用并结合物联网技术、GPS技术、无线通信技术等实现对电动汽车、电池、充电站的智能感知、联动及高度互动，使充电站和电动汽车的客户充分了解和感知可用的资源及资源的使用状况，实现资源的统一配置和高效优质服务。该系统由电动汽车、充电站、监控中心3部分组成，通过电动汽车的感知系统，充电站、电动汽车之间可以实现双向信息互动；通过GPS导航系统，用户可以查看周围的充电站及停车位信息，它可以自动规划并引导驾驶员到最合适的充电站；通过监控中心的一体化集中式管控，可实现车载电池、充电设备、充电站及站内资源的优化配置及设备的全寿命管理，同时可实现充电流程、费用结算及综合服务的全过程管理。该系统包括电池及电动汽车统一的编码体系，使其具有唯一的身份ID，包含生产厂家、生产日期、城市、车主、购置年限、使用情况、维修和报废等相关信息。

（6）智能用能服务及家庭传感局域网通用平台。该平台应用于智能家电、多表抄收、用能（电、气、水、热等）信息采集及分析、家庭灵敏负荷监测与控制、可再生能源接入、智能家居、用户互动及信息服务等方面。开发该平台主要研究无线传感、电力线通信、电力线复合光缆及新一代宽带无线通信技术的综合组网技术，建立服务于城市数字化、信息化的宽带综合通信网络，并进一步开发用能采集、分析及专家决策系统，研究多种资源及信息的融合技术，实现智能用能服务的典型应用，从而达到人人节能、人人减排及各种资源的集中高效智能运用的目的。

（7）绿色智能机房管理。建立绿色智能数据中心与机房，包括运行环境感知与设备运行情况信息结合以及动力环境感知、用能状态分析、信息系统的交互感知和协同工作。

9.3.4 智能楼宇与智能家居

1. 智能楼宇

智能楼宇也称智能建筑，其核心是5A系统，即建筑设备自动化系统（BA）、通信自动化系统（CA）、办公自动化系统（OA）、火灾报警与消防联动自动化系统（FA）和安全防范自动化系统（SA）。通过综合布线，5个系统有机结合，使建筑物具有了安全、便利、高效、节能的特点。

智能楼宇最早是指引入对讲系统，源于欧美等发达国家，20世纪90年代初期，国外楼宇对讲系统生产制造商陆续进入中国市场。20世纪90年代末，楼宇对讲产品进入第二个高速发展期，大型社区联网及综合性智能楼宇对讲设备开始涌现。目前，比较完善的智能楼宇至少包括视频监控系统、安防报警系统、楼宇对讲系统、门禁一卡通系统、火灾报警系统、公共广播系统、多媒体会议系统、有线电视和卫星电视系统、多媒体信息发布系统、机房系统、楼宇 BA 系统及 IBS 系统。

2. 智能家居

智能家居又称智能住宅，它是融合了自动化控制系统、计算机网络系统和网络通信技术于一体的网络化、智能化的家居控制系统。智能家居一方面可以让用户有更方便的手段来管理家庭设备，例如通过触摸屏、无线遥控器、电话、互联网或者语音识别控制家用设备，更可以执行场景操作，使多个设备形成联动；另一方面，智能家居内的各种设备相互间可以通信，不需要用户指挥也能根据不同的状态互动运行，从而给用户带来最大程度的高效、便利、舒适与安全。

智能家居利用网络通信技术、安全防范技术、自动控制技术、音视频技术集成家居生活有关的设备，其中，网络通信技术是智能家居集成中的关键技术之一；安全防范技术是必不可少的技术，在小区及户内可视对讲、家庭监控、家庭防盗报警、与家庭有关的小区一卡通等领域都有广泛应用；自动控制技术是核心技术，广泛应用在智能家居控制中心和家居设备自动控制模块中，对于家庭能源的科学管理和家庭设备的日程管理都有十分重要的作用；音视频技术是实现家庭环境舒适性、艺术性的重要技术，体现在音视频集中分配、背景音乐、家庭影院等方面。

智能家居系统包含家居布线系统、家庭网络系统、智能家居（中央）控制管理系统、家居照明控制系统、家庭安防系统、背景音乐系统、家庭影院与多媒体系统及家庭环境控制系统 8 个子系统。

20 世纪 80 年代初，随着大量采用电子技术的家用电器面市，住宅电子化（Home Electronics，HE）出现。20 世纪 80 年代中期，人们将家用电器、通信设备与安保防灾设备等各自独立的功能综合为一体后，形成了住宅自动化概念（Home Automation，HA）。20 世纪 80 年代末，基于通信与信息技术的发展，出现了对住宅中各种通信、家电、安保设备通过总线技术进行监视、控制与管理的商用系统，这就是现在智能家居的原型。1984 年，美国联合科技公司（United Technologies Building System）将建筑设备信息化、整合化的概念应用于美国康乃迪克州哈特佛市的 City Place Building，出现了首栋智能建筑，如图 9-9 所示。

图 9-9 比尔盖茨的数字豪宅

9.4 人工智能的未来

9.4.1 生物信息学

1. 生物信息学

生物信息学领域的核心内容是研究如何通过对 DNA 序列的计算分析，帮助人们更加深入地理解 DNA 序列、结构、演化及其与生物功能之间的关系。

从广义的角度说，生物信息学主要研究相关生物信息的获取、加工、存储、分配、分析和解释。它包括了两层含义：一是对海量数据的收集、存储、整理与服务；另一层含义是从中发现新的规律。

生物信息学是把基因组 DNA 序列信息分析作为源头，找到基因组序列中代表蛋白质和 RNA 基因的编码区，同时，阐明基因组中大量存在的非编码区的信息实质，破译隐藏在 DNA 序列中的遗传语言规律。在此基础上，归纳、整理与基因组遗传信息释放及其调控相关的转录谱和蛋白质谱的数据，从而帮助人们认识代谢、发育、分化、进化的规律，如图 9-10 所示。

2. 生物信息学的发展历史

1）产生的背景

1866 年，孟德尔从实验上提出了假设：基因是以生物成分存在的。1871 年，

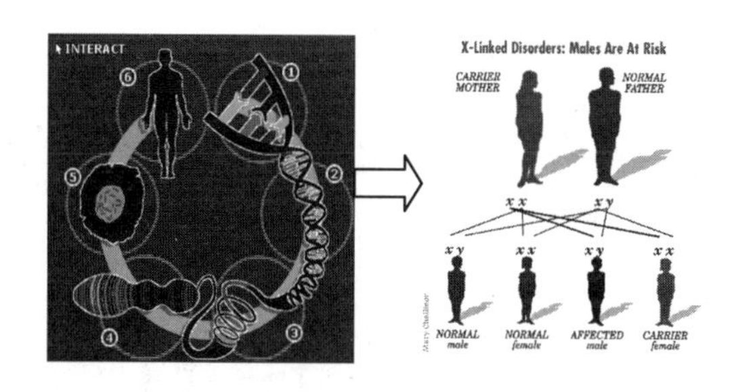

图 9-10 生物信息学的对象和目标

Miescher 从死的白细胞核中分离出脱氧核糖核酸(DNA)。1944 年,Avery 和 McCarty 证明了 DNA 是生命器官的遗传物质。1944 年,Chargaff 发现了著名的 Chargaff 规律,即 DNA 中鸟嘌呤的量与胞嘧啶的量相等,腺嘌呤与胸腺嘧啶的量相等,与此同时,Wilkins 与 Franklin 用 χ 射线衍射技术测定了 DNA 纤维的结构。1953 年,James Watson 和 Francis Crick 在《自然》杂志上推测出 DNA 的三维结构(双螺旋),如图 9-11 所示。Crick 于 1954 年提出了遗传信息传递的规律——中心法则(Central Dogma)。

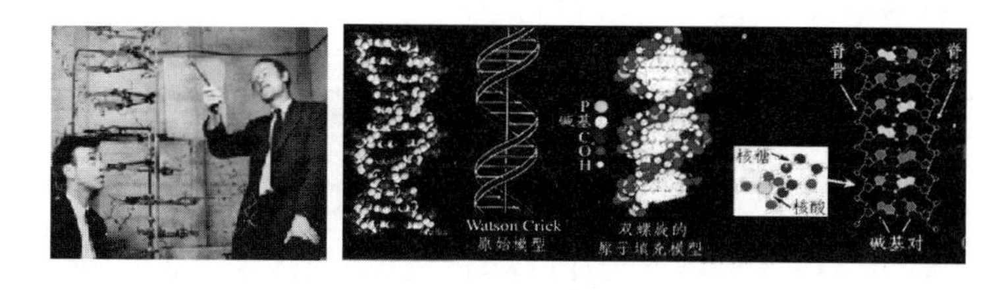

图 9-11 DNA 双螺旋

2001 年 2 月,人类基因组工程测序的完成,使生物信息学走向了一个高潮。2003 年 4 月 14 日,美国人类基因组研究项目首席科学家 Collins F 博士在华盛顿宣布人类基因组序列图绘制成功,人类基因组计划(Human Genome Project,HGP)的所有目标全部实现,识别了大约 32000 个基因,并提供了 4 类图谱,即遗传、物理、序列、转录序列图谱,如图 9-12 所示。这标志着人类基因组计划胜利完成和后基因组时代已来临。

2) 生物信息学的发展阶段

生物信息学的发展过程与基因组学研究密切相关,大致可分为 3 个阶段,即前基因组时代、基因组时代、后基因组时代。

(1) 前基因组时代为 20 世纪 50 年代末至 80 年代末,这一时期也是早期生物信息学研究方法逐步形成的阶段。

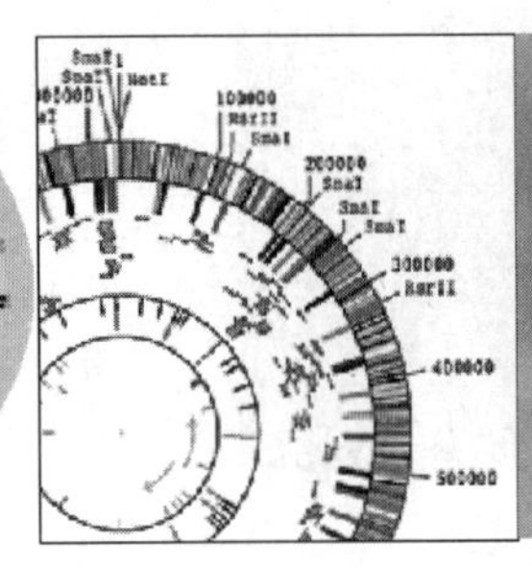

图 9-12 人类基因组

(2) 基因组时代为 20 世纪 80 年代末至 2003 年的 HGP 顺利完成，生物信息学真正兴起，并形成了一门多学科的交叉、边缘学科。

(3) 后基因组时代，自 2003 年 HGP 完成开始。

9.4.2 人工生命

1. 人工生命定义

人工生命是指用计算机和精密机械等生成或构造表现自然生命系统行为特点的仿真系统或模型系统。

中国青年学者涂晓媛在 1996 年获美国计算机学会（ACM）最佳博士论文奖，她的论文题目是“人工动物的计算机动画”。涂晓媛的人工鱼（Artificial Fish）被英语国家通用的数学教科书引用，也被许多西方国家的学术刊物广泛介绍。涂晓媛研究开发的人工鱼是基于生物物理和智能行为模型的计算机动画新技术，是在虚拟海洋中活动的人工鱼社会群体。人工鱼不同于一般的计算机动画鱼之处在于人工鱼具有人工生命的特征，具有自然鱼的某些生命特征，如意图、习性、感知、动作、行为等。涂晓媛的人工鱼是由工程技术路径研究开发的人工生命，是基于生物物理和智能行为模型的，用计算机动画技术在屏幕上画出来的，具有自然鱼生命特征的计算机动画，如图 9-13 所示。

当前构建人工生命的途径主要有如下所述 3 类。

(1) 第 1 类是通过软件的形式，即用编程的方法建造人工生命。由于这类人工生命主要在计算机内活动，其行为主要通过计算机屏幕表现出来，所以它们被称为虚拟人工生命或数字人工生命。计算机病毒就是一种较为低等的数字人工生命。

图 9-13 涂晓媛的人工鱼

(2) 第 2 类是通过硬件的形式,即通过电线、硅片、金属板、塑料等各种硬件的方法在现实环境中建造的类似动物或人类的人工生命。它们被称为“现实的人工生命”或“机器人版本的人工生命”。机器人是这类人工生命的代表。

(3) 第 3 类是通过“湿件”的方式,即在试管中通过生物化学或遗传工程的方法合成或创造的人工生命。不过这种方法在目前并不能从头开始,即不能完全从无生命物质开始合成生命,而只能对现有的生命进行改造从而创造人工生命,例如克隆羊就是如此。因为这种工作运用的仍然是传统的生物学方法,所以,作为一个新的研究领域的人工生命目前还属于计算机科学的一个分支,主要由一些计算机专家在进行研究。

2. 人工生命的发展历史

20 世纪初,逻辑在算术机械运算中的运用导致了过程的抽象形式化。

20 世纪 40 年代末 50 年代初,冯·诺伊曼提出了机器自增长的可能性理论,以计算机为工具,迎来了信息科学的发展。

20 世纪 70 年代以来,科拉德(Conrad)和他的同事研究人工仿生系统中的自适应、进化和群体动力学,提出了不断完善的人工生命模型。

20 世纪 80 年代,人工神经网络又兴起,出现了许多神经网络模型和学习算法。与此同时,人工生命的研究也逐渐兴起并于 1987 年召开了第一届国际人工生命会议。

自从 1987 年兰顿提出人工生命的概念以来,人工生命研究已走过了十多年的历程。人工生命的独立研究领域的地位已被国际学术界所承认。

9.4.3 人脑思维下载和上载

从古到今，永生是人类一直追求的梦想，然而，思想的永恒与肉体的死亡却是一对不可调解的矛盾。人是灵与肉的天然混合体，离开了思想和智能，人如同行尸走肉；离开了肉体，人的思想不能正常工作。人类生命的有限决定了它承载的思想不能长久，于是，人类一直试图把自己的思想从大脑中输出出来。输出个人思想和智能的方式很多，例如撰写书籍和论文，录制声音和影像等，但这种形式的智能只能保存，不能存活，人们还是认为自己的生命没有得到永生。

尽管人类已成功将部分智能转移至计算机或网络中"养活"起来，例如，将人的思维编制成计算机程序，再如将专家的知识转换为专家系统，但是，到目前为止，这种人类智能的移植还是非常有限的。提取个人全部智能，并在其他载体中"养活"，依然是非常困难的事。人体作为一种智能的载体，它有很大的局限性，例如记忆力、思维快慢、困难问题的解决等，人脑智能也因此受到限制。

灵与肉分离，并寄生于新的载体，是解决这一问题的思路之一。如果能将人的思维从其身体中提取出来，移植到另外一种介质或载体中使之存活并演化，那将是一件非常有意义的工作。

1. 人脑思维下载

2005 年，英国未来学家伊恩·皮尔森（Ian Pearson）预言："计算机技术将帮助人类实现灵魂不死，45 年后，思维将可以脱离大脑存在。大脑的内容可以下载到计算机硬盘中保存，虚拟空间将成为人类未来的栖身地，人的思想可以在计算机中永生"。

近年，读大脑的研究工作已经取得了不少成果。据 2007 年 2 月 12 日英国《卫报》报道，由英国伦敦大学学院、牛津大学和德国研究机构的神经科学家组成的研究小组称可以用磁影像共振仪对人脑进行扫描，将扫描到的信息转化为具体的思维，从而解读出一个人想要干什么。但目前对大脑信号的读取和对内容的完整理解仍有很大的局限性。

奥地利格拉茨理工大学生物医学研究所的 Gert Pfurtscheller 教授研究的人机界面帽子能探测到人脑中特定运动区域的神经细胞的活动，该技术可以帮助瘫痪的病人移动机器人手臂，或者帮助他们在虚拟的键盘上打字，如图 9-14 所示。

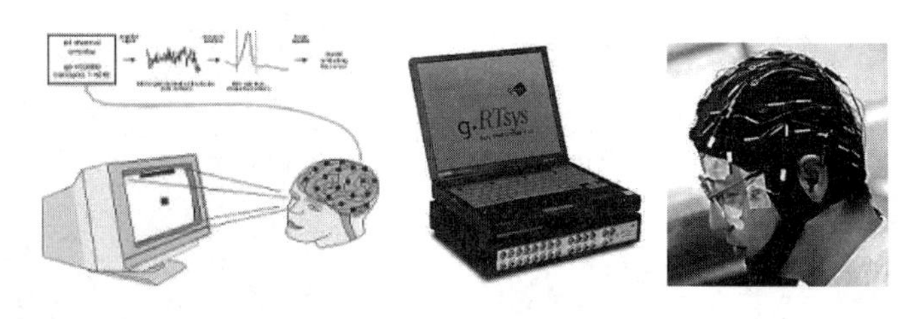

图 9-14 人机界面系统

大脑思维体系的完整读取目前还处在初级阶段，读大脑工作还远未达到完整理解个人想法的程度。大脑思维体系的完整下载还需要较长一段时间。

2. 人脑智慧上载

人脑智慧上载就是将已经下载的人脑智慧系统完整地迁移进入一个新的载体中的过程。可以加载人脑智慧的载体有人、动物、计算机、网络、智能设备及多个智能系统混合体。要想完成这一过程，有两个问题需要考虑：一是能否找到新的适合的载体，二是如何将已经下载的人脑智慧迁移入新的载体。

1）人脑智慧载体

实际上，选择一个非常合适的载体是件很困难的事，解决这个难题的思路有如下3个。

（1）自然物改造。既然寻找到一个理想载体是困难的，不妨寻找大体或基本合适的自然物，然后加以改造应用。另外，动物躯体也是不错的载体，它在某些方面具有超过人体的机体优势，稍加改造后就可以加载人脑智慧。例如图 9-15 所示的人头马身。

（2）人工物。计算机、网络、智能设备等都属于人工物。从理论上说，可以设计出非常适合某一个人脑智慧系统的载体，但是，就目前的技术和工艺水平来说，生产出一个可以加载人脑智慧的人工物载体依然存在很大的难度。如图 9-16 所示为电影中创作的人工物。

（3）混合体设计。混合体是一种折中的选择。它可以将自然物的优势与人工物的优势结合起来，同时也可以节约人工制造的时间和费用。如图 9-17 所示为电影中创作的混合体。

图 9-15　人头马身

图 9-16　电影《阿凡达》中的重机械外骨骼战争机器

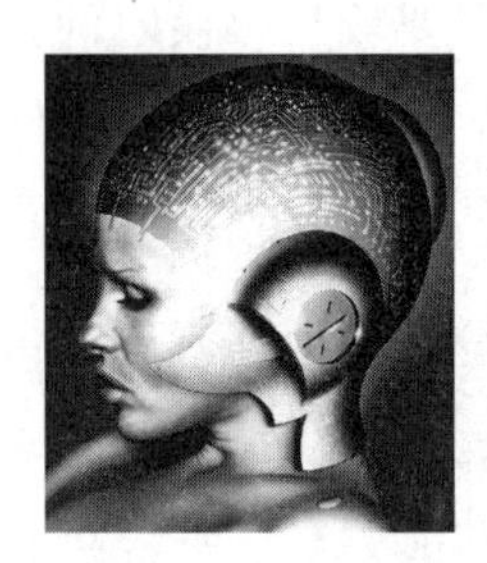
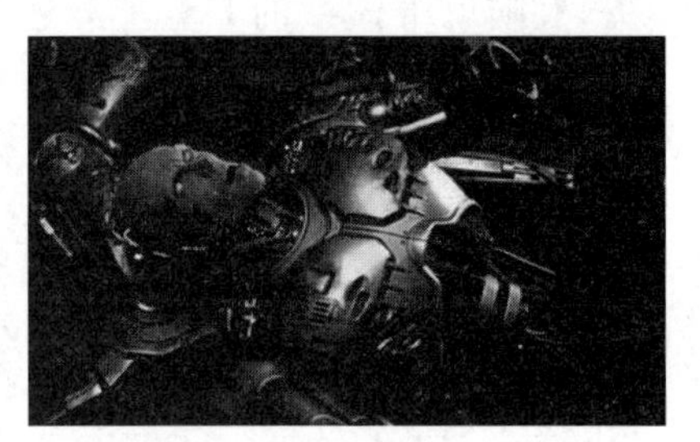

图 9-17　半人半机器和《星球大战前传》电影中的智慧动物

2）上载

人脑智慧一旦离开人体，就必须进入新的载体才能生存。上载是进入新载体的过程，也是与新载体合二为一的过程。这一过程需要经历选型配型、加载控制和共生演化 3 个步骤完成。

第 1 步选型与配型。为了避免或减少出现人脑智慧与载体彼此不适应的情况，人脑智慧必须先进行载体的选型和配型。人脑智慧加载应尽量选择与之配型的新载体，选型和配型的关键是两者的结构和数据类型要匹配。人脑智慧与载体有 80％以上的部件匹配属于较好匹配，这种情况可以加载；有 50％～80％部件匹配属于基本匹配，这种情况要调整人脑智慧或载体后才可以加载；有 10％～50％的部件匹配属于不匹配，这种情况不能加载；只有 10％以内的结构匹配属于禁止匹配，这种情况绝对不能加载。

第 2 步加载与控制。人脑智慧加载进入新载体后首先要找到一处存储空间驻留，紧接着是逐步与载体的相应部分接口连通，然后是接管新载体的神经指挥系统，最后才是对整个新载体的控制，由控制到共生有一个配合过程。刚刚加载进入时，人脑智慧首先尝试对载体各部分的控制，然后是与载体各部分的配合，这有一个训练、学习和调整的过程。人脑智慧对载体的控制要达到从有意识到无意识操控的程度，最后要达到本能反应的程度。一旦人脑智慧与载体合二为一，融为一体，即进入共生阶段。人脑智慧加载就像一个司机驾驶一部新的汽车，司机开门进入新车后，系安全带，看仪表，启动引擎，控制油门和刹车，驾驶汽车上路，了解汽车在不同路况下的功能和性能，然后才可以实现人车合一。

第 3 步共生与演化。如果说接管和控制新载体是第 1 步，那么，彼此适应和共生演化才是稳定合作的新阶段。进入共生阶段后，人脑智慧与新载体融为一体，为了使自身功能更强大，人脑智慧将对新载体进行改造，使之与人脑智慧协同演化。具体过程为：首先，人脑智慧与新载体全面信息连通；其次，数据一体化和共享；然后，数据资源的综合利用。

9.4.4 电子与生物造人

1. 基因造人

(1) 克隆人。1997 年 2 月 22 日，世界上第一头用体细胞克隆的绵羊“多莉”在英国诞生，此后，又先后克隆出牛、老鼠、山羊、猪、兔子和猫 6 种动物。2002 年 12 月 27 日，法国女科学家布瓦瑟利耶宣布世界首个克隆婴儿已经降临人世。

(2) 人造子宫。2002 年初，美国研究人员宣称研制出了世界上第一个人造子宫，如图 9-18 所示，为人体胚胎在母体外生长发育创造了条件，由于美国体外受精条例的限制，胚胎植入人造子宫 6 天后不得不终止试验。

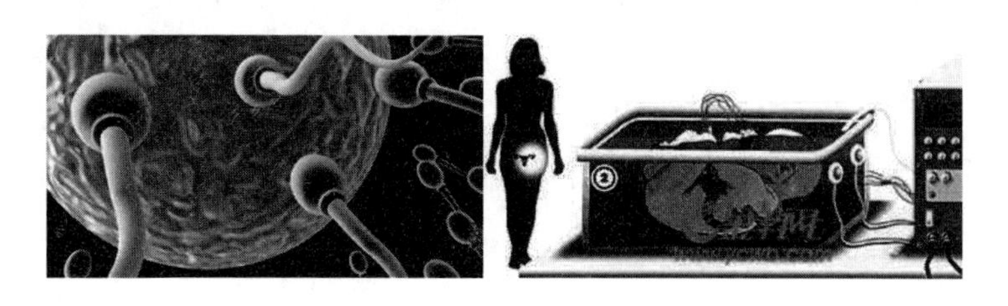

图 9-18 人造子宫

(3) 细胞重新编程。美国《科学》杂志于 2008 年 12 月 18 日评出 2008 年度十大科学进展，细胞重新编程领域的相关进展位列第一。所谓细胞重新编程，是指通过植入新的基因，改变细胞的发育记忆，使其回到最原始的胚胎发育状态，其就能像胚胎干细胞那样进行分化，这样的细胞被称为诱导式多能干细胞。

（4）基因重组是将两个及以上基因源的遗传信息进行重组来实现新基因再造的过程。然后培育混血人种。例如图 9-19 所示的电影《阿凡达》的造人过程，通过基因编程技术，可以得到人与纳美人的重组基因。

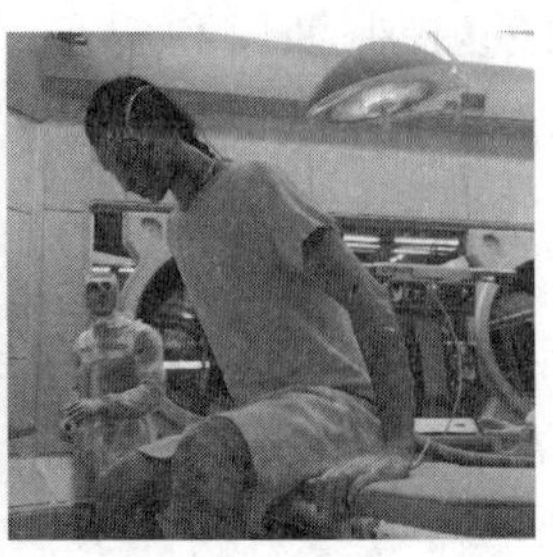

图 9-19 电影《阿凡达》的造人过程

（5）人脑思维上载。从培养皿中生长出来的阿凡达是没有思维的"裸人"，就像没有操作系统的"裸机"是不能运行的。要想阿凡达活起来，就要对阿凡达上载人脑思维信息，而电影《阿凡达》采用的是真人对阿凡达的实时控制，实际上，可以采用直接上载人脑思维到阿凡达大脑中的方案。

2. Greengoo 的人体组装

美国未来学家德雷克斯勒创造了灰色黏质（Greygoo）的概念，这是一种由纳米机器人组成的东西，这种机器人可以通过移动单个原子制造出人们想要的任何东西，例如土豆、服装或者是计算机芯片等任何人工产品，而不必使用传统的制造方式。基于这种思路，有人提出了绿色黏质（Greengoo）的概念，这是生物技术和纳米技术的结合，用于制造新的生物物种。例如，如果土豆的设计图精确到原子水平，纳米机器人就可以制造出人们想要的土豆。同样，如果人的信息精确到原子水平，纳米机器人同样可以制造人。与基因造人不同，纳米机器人造人时，人体制造和思维上载一次完成。

思考题

1. 什么是人工智能？它有几个流派？
2. 什么是机器学习？
3. 什么是决策支持系统？

4. 什么是专家系统？

5. 什么是深度学习？

6. 什么是推荐系统？

7. 什么是数字地球？什么是数字城市？

8. 什么是智慧地球？什么是智慧城市？

9. 什么是智能交通系统？

10. 什么是智能电网？

11. 什么是智能楼宇？什么是智能家居？

12. 什么是人工生命？

13. 怎样看人脑思维下载、上载？

14. 怎样看待电子与生物造人？

第 10 章

数据安全

10.1 密码体制与认证技术

10.1.1 密码学

1. 相关概念

加密是将原始数据(称为明文)转化成一种看似随机的、不可读的形式(称为密文)。明文是能够被人理解(文件)或者被机器所理解(可执行代码)的一种形式,一旦明文被转化为密文,不管是人还是机器,都不能正确地处理它,除非它被解密。其作用是使机密信息在传输过程中不会泄露。

能够提供加密和解密机制的系统被称为密码系统,它可由硬件组件和应用程序代码构成。密码系统使用加密算法,该算法决定了这个加密系统简单或复杂的程度。大部分加密算法都是复杂的数学公式,以特定顺序作用于明文。

加密算法是一组数学规则,规定加密和解密是如何进行的。加密算法的工作机制可以保密，但是大部分加密算法都被公开并为人们所熟悉。如果加密算法的内在机制被公开，那么必须有其他方面是保密的，被秘密使用的一种众所周知的加密算法就是密钥。一个算法包括一个密钥空间，密钥空间是一定范围的值，这些值能被用来产生密钥。密钥就是由密钥空间中的随机值构成的。密钥空间越大，那么可用的随机密钥也就越多，密钥越随机，入侵者就越难攻破它。较大的密钥空间能允许更多的密钥。加密算法应该使用整个密钥空间，并尽可能随机地选取密钥空间中的值构成密钥。密钥空间越小，可供选择的构成密钥的值就越少。这样，入侵者计算出密钥值，解密被保护信息的机会就会增大。

当消息在两个人之间传递时，如果窃听者截获这条消息，他可以看这个消息，但是消息如果被加密，则其毫无用处。即使窃听者知道这两者之间使用的加密和解密信息的算法，如果不知道密钥，窃听者所拦截的消息也是毫无用处的。

2. 保密通信模型

保密通信的基本模型如图 10-1 所示，其中信源（发送者）、信宿（接收者）、密钥管理、密钥、密码机、加密及解密的定义如下。

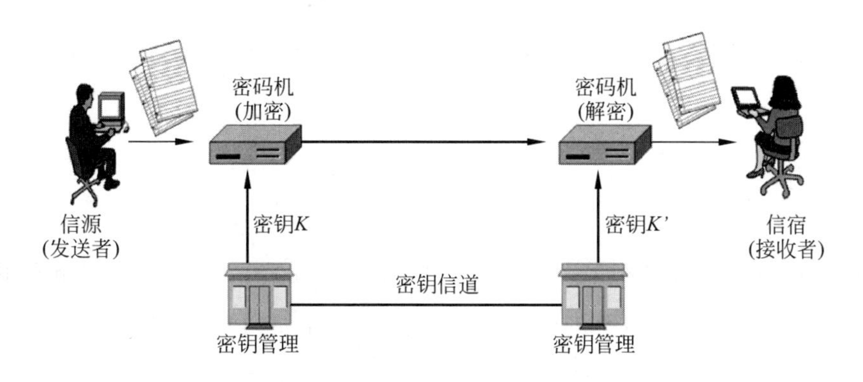

图 10-1　保密通信的基本模型

（1）信源：信息的发送者。

（2）信宿：信息的接收者。

（3）密钥管理是第三方的密钥分发中心，密钥管理之间通信的密钥信道假设为绝对安全信道。

（4）密钥：由密钥管理中心分发，用于密码机加/解密的信息。

（5）密码机：负责相关的加/解密运算的机器。

（6）加密：通过密码机再结合密钥使明文变成密文。

(7) 解密：通过密码机再结合密钥使密文变成明文，是加密的逆过程(其使用的Key和加密使用的Key未必完全相同)。

3. 密码的类型

密码有两种基本的类型，即代换密码(Substitution Cipher)和置换密码(Transposition Cipher)。代换密码就是用不同的比特、字符、字符串来代替原来的比特、字符、字符串。置换密码不是用不同的文本来替换原来的文本，而是将原来的文本做一个置换，即将原来的比特、字符、字符串重新排列以隐藏其意义。

代换密码使用密钥来规定代换是怎样实现的，在今天的算法中仍在使用，很多不同类型的代换在不止一个字母表中进行。

置换密码的核心是搅乱字符。今天使用的大部分密码都在消息上作用长而复杂的代换和置换序列，密钥值被输入算法中，结果是一系列作用在明文上的操作(代换与置换)，最终生成密文。简单的代换和置换密码对于使用频率分析的攻击来说是脆弱的。对每一种语言来说，有些词语和结构使用的频率远远高于其他词语。更加复杂的算法通常使用多于一个的字母表来代换和置换，以减小对频率分析的脆弱性。越难解的算法，最终文本(密文)与明文之间的差异就越大，寻找与之匹配的模式也就更加困难。

4. 密码系统的强度

密码系统的强度指在不公开加密算法或密钥的情况下，破译算法或密钥的难度。它决定于算法的强弱、密钥的机密性、密钥的长度、原始向量及它们是怎样共同运作的。要破解一个密钥，就需要处理数量惊人的可能值，且在这些可能值中希望找到一个值，密码系统的强度还跟攻破密钥或计算出密钥值所必需的能力和时间有关。设计加密算法的目的就是使破译花费过于昂贵或者是耗费过多时间。

10.1.2 对称密码体制

1. 对称密码简述

对称密码术已被使用了数千年。对称系统速度非常快，却易受攻击，因为用于加密的密钥必须与需要对消息进行解密的所有人共享。非对称密码术有一个公共元素，而且几乎从不共享私钥。与非对称密码术不同，对称密码术通常需要在一个受限组内共享密钥并同时维护其保密性。对于一个要查看对称密码加密数据的人来说，如果对用于加密数据的密钥根本没有访问权，那么他完全不可能查看加密数据。如果这样的密钥落入坏人之手，就会危及使用该密钥加密数据的安全性。

对称密码体制是一种传统密码体制，也称为私钥密码体制。在对称加密系统中，加密和解密采用相同的密钥，需要通信双方选择和保存他们共同的密钥，各方必须信任对方不会将密钥泄露出去，这样才可以实现数据的机密性和完整性。

2. 密码长度

通常提到的密钥都有特定的位长度，如 56 位或 128 位。这些长度都是对称密钥密码的长度，而非对称密钥密码中至少私有元素的密钥长度是相当长的，而且这两组密钥长度之间没有任何相关性，除非偶尔在使用某一给定系统的情况下需要达到某一给定密钥长度提供的安全性级别。但是，Phil Zimmermann 提出 80 位的对称密钥目前在安全性方面与 1024 位的非对称密钥近似相等，要获得 128 位对称密钥提供的安全性，可能需要使用 3000 位的非对称密钥。

10.1.3　非对称密码体制

1. 非对称密钥加密体制

非对称密钥加密体制又称为公钥密码体制，指对信息加密和解密时所使用的密钥是不同的，即有两个密钥，一个是可以公开的，另一个是私有的，这两个密钥组成一对密钥对。如果使用其中一个密钥对数据进行加密，则只有用另外一个密钥才能解密。非对称加密体制由明文、加密算法、公开密钥和私有密钥对、密文、解密算法组成。一个实体的非对称密钥对中，由该实体使用的密钥称为私有密钥，私有密钥是保密的，能够被公开的密钥称为公开密钥。这两个密钥相关但不相同。用公开密钥进行加密，用私有密钥进行解密的过程，称为加密；用私有密钥进行加密，用公开密钥进行解密的过程称为认证。非对称加密技术是建立在数学函数基础上的一种加密方法，它使用两个密钥，在保密通信、密钥分配和鉴别等领域都产生了深远的影响。

在运用非对称密码技术传送数据文件时，文件发送者也可以使用接收者的公开密钥对原始文件进行加密，这样只有掌握相应私用密钥的接收者才能对其进行解密，而且接收者收到文件并解密后，可以从文件的内容来识别文件的来源。因此，将对称密钥密码技术与非对称密钥密码技术结合起来使用，再加上数字摘要、数字签名等安全认证手段，就可以解决电子商务交易中信息传送的安全性和身份的认证问题。

2. 公钥加密体制

公钥加密具有以下功能。

（1）机密性：保证非授权人员不能非法获取信息，通过数据加密来实现。

（2）确认：保证对方属于所声称的实体，通过数字签名来实现。

（3）数据完整性：保证信息内容不被篡改，入侵者不可能用假消息代替合法消息，通过数字签名来实现。

（4）不可抵赖性：发送者不可能事后否认他发送过消息，消息的接收者可以向中立的第三方证实所指的发送者确实发出了消息，通过数字签名来实现。

可见公钥加密系统满足信息安全的所有主要目标。

公钥密码体制的算法中最著名的代表是 RSA 系统，此外还有背包密码、McEliece 密码、Diffe_Hellman、Rabin、零知识证明、椭圆曲线及 EIGamal 算法等。

在实际应用中，对称密码系统与公钥密码系统经常有电子信封和交换会话密钥两种结合方式。电子信封指使用对称密码系统对明文加密，然后用公钥系统对对称密码的密钥加密，最后将明文加密结果和密钥加密结果一起传给接收者，接收者接到数据后，先通过公钥系统解密出对称密码的密钥，再用对称密码系统解出明文。交换会话密钥指在实际通信之前，通信双方先使用公钥系统共享一个随机的对称密码的密钥，再用这个密钥通过对称密码系统进行实质的数据交换。这两种结合方式都能够有效发挥密码系统的优势，达到两全其美的效果。

10.1.4 数字签名

1. 数字签名概述

数字签名又称公钥数字签名、电子签章，即只有信息的发送者才能应用的别人无法伪造的一段数字串，这段数字串同时也是对信息真实性的一个有效证明。

数字签名是一种类似写在纸上的、普通的物理签名，是非对称密钥加密技术与数字摘要技术的应用，使用公钥加密领域的技术鉴别数字信息。一套数字签名通常定义两种互补的运算，一个用于签名，另一个用于验证。被数字签名了的文件完整性是很容易验证的(不需要骑缝章、骑缝签名，也不需要笔迹专家)，而且数字签名具有不可抵赖性(不需要笔迹专家来验证)。

数字签名是附加在数据单元上的一些数据，或是对数据单元所做的密码变换。这种数据或变换允许数据单元的接收者确认数据单元的来源和数据单元的完整性并保护数据，防止被人(例如接收者)伪造。它是对电子形式的消息进行签名的一种方法，一个签名消息能在一个通信网络中传输。基于公钥密码体制和私钥密码体制都可以获得数字签名，主要是基于公钥密码体制的数字签名，包括普通数字签名和特殊数字签名，普通数字签名有 RSA、ElGamal、Fiat-Shamir、Guillou-Quisquarter、Schnorr、Ong-Schnorr-Shamir 数字签名算法、Des/DSA、椭圆曲线数字签名算法和有限自动机数字签名算法等。特殊数字签名有盲签名、代理签名、群签名、不可否认签名、公平盲签名、门限签名及具有消息恢复功能的签名等，它与具体的应用环境密切相关。数字签名的应用涉及法律问题，例如美国联邦政府基于有限域上的离散对数问题制定了自己的数字签名标准。

2. 签名过程

数字签名技术是将摘要信息用发送者的私钥加密与原文一起传送给接收者。接收者只有用发送者的公钥才能解密被加密的摘要信息，然后用哈希函数对收到的原文产生一个摘要信息与解密的摘要信息对比，如果相同，则说明收到的信息是完整的，在传输过程中没有被修改，否则说明信息被修改过，因此数字签名能够验证信息的完整性。

发送报文时，发送方用一个哈希函数从报文文本中生成报文摘要，然后用自己的私人密钥对这个摘要进行加密，这个加密后的摘要将作为报文的数字签名和报文一起发送给接收方，接收方首先用与发送方一样的哈希函数从接收到的原始报文中计算出报文摘要，接着再用发送方的公钥来对报文附加的数字签名进行解密，如果获得的两个摘要信息相同，那么接收方就能确认该数字签名是发送方发来的，示例如图 10-2 所示。

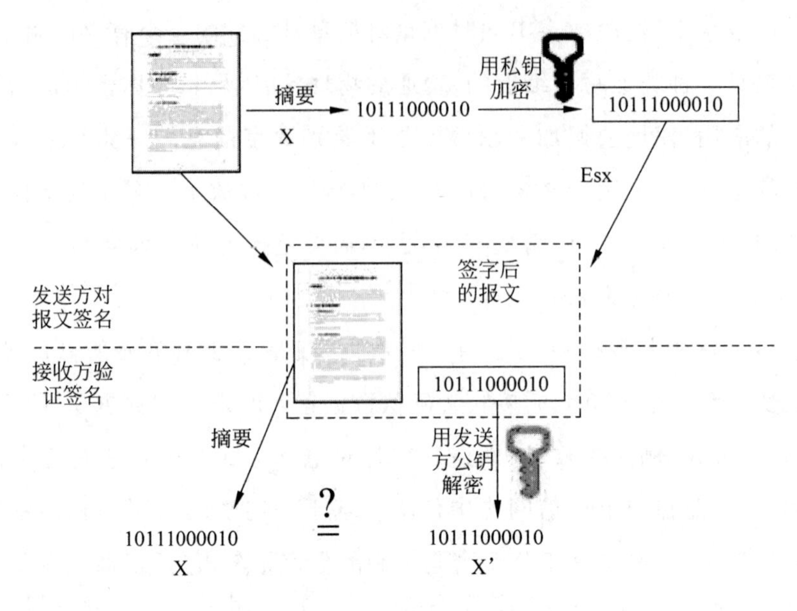

图 10-2 数字签名过程

数字签名有两种功效：一是能确定消息确实是由发送方签名并发出来的，因为别人假冒不了发送方的签名；二是数字签名能确定消息的完整性。数字签名的特点是它可以代表文件的特征，如果文件发生改变，数字签名的值也将发生变化。

10.1.5 身份认证技术

1. 身份认证概述

身份认证是在计算机网络中确认操作者身份的过程。身份认证可分为用户与主机之间的认证和主机与主机之间的认证，用户与主机之间的认证可以基于如下一个或几个因素：用户所知道的东西，例如口令、密码等；用户拥有的东西，例如印章、智能卡（如信用卡）等；用户所具有的生物特征，例如指纹、声音、视网膜、签字、笔迹等。

计算机网络中的一切信息，包括用户的身份信息，都是用一组特定的数据来表示的，计算机只能识别用户的数字身份，所有对用户的授权也是针对用户数字身份的授权。为保证以数字身份进行操作的操作者就是这个数字身份的合法拥有者，也就是保证操作者的物理身份与数字身份相对应，作为防护网络资产的第一道关口，身份认证有着举足轻重的作用。

在真实世界，身份认证的基本方法可以分为 3 种：①根据你所知道的信息来证明你的身份(what you know,你知道什么);②根据你所拥有的东西来证明你的身份(what you have,你有什么);③直接根据独一无二的身体特征来证明你的身份(who you are,你是谁),例如指纹、面貌等。在网络世界中,认论手段与真实世界中一致,为了达到更高的安全性,某些场景会挑选 2 种认论手段混合使用,运用所谓的双因素认证。

2. 常见身份认证形式

常见的身份认证形式包括静态密码、智能卡(IC 卡)、短信密码、动态口令牌、USB Key、OCL、数字签名、生物识别技术及双因素身份认证等。

(1) 静态密码。用户的密码是由用户自己设定的,如果密码是静态的数据,在计算机内存中和传输过程中可能会被木马程序或网络截获。因此,静态密码机制是不安全的身份认证方式。

(2) 智能卡(IC 卡)。智能卡由专门的厂商通过专门的设备生产,是不可复制的硬件,其中内置集成电路的芯片,芯片中存有与用户身份相关的数据。智能卡可随身携带,登录时将智能卡插入专用读卡器,即可验证用户的身份。因为智能卡中的数据是静态的,通过内存扫描或网络监听等技术很容易截取到用户的身份验证信息,因此也存在安全隐患。

(3) 短信密码。短信密码以手机短信的形式请求包含 6 位随机数的动态密码,身份认证系统以短信形式发送随机的 6 位密码到客户的手机上,客户在登录或者交易认证时输入此动态密码,可以确保系统身份认证的安全性。

(4) 动态口令牌。目前最为安全的身份认证方式是动态口令牌,客户手持用来生成动态密码的终端,主流产品是基于时间同步方式的,每 60 秒变换一次动态口令,它产生 6 位动态数字进行一次一密的方式认证。由于它使用起来非常便捷,85%以上的世界 500 强企业都运用它保护登录安全,广泛应用在 VPN、网上银行、电子政务、电子商务等领域。

(5) USB Key。USB Key 是一种 USB 接口的硬件设备,内置单片机或智能卡芯片,可以存储用户的密钥或数字证书,利用 USB Key 内置的密码算法实现对用户身份的认证。基于 USB Key 的身份认证系统主要有两种应用模式:一是基于冲击/响应的认证模式;二是基于 PKI 体系的认证模式,目前多运用在电子政务、网上银行。

(6) OCL(省去输出端大电容的功率放大电路)。OCL 不但可以提供身份认证,同时还可以提供交易认证功能,可以最大程度保证网络交易的安全。它是智能卡数据安全技术和 USB Key 相结合的产物，为数据安全解决方案提供了一个强有力的平台，为客户提供了坚实的身份识别和密码管理的方案，为如网上银行、期货、电子商务和金融传输提供了坚实的身份识别和真实交易数据的保证。

(7) 数字签名。又称电子加密，可以区分真实数据与伪造或被篡改过的数据。

(8) 生物识别技术。生物识别技术是利用生物特征进行识别的技术。生物特征指唯一可以测量或可自动识别和验证的生理特征或行为方式，分为身体特征和行为特征两类。身体特征包括声纹(d-ear)、指纹、掌型、视网膜、虹膜、人体气味、脸型、手的血管和 DNA 等；行为特征包括签名、语音、行走步态等。

(9) 双因素身份认证。所谓双因素就是将两种认证方法结合起来，进一步加强认证的安全性，目前使用最为广泛的双因素有动态口令牌和静态密码、USB Key 和静态密码、二层静态密码等。

10.2 信息安全防范

10.2.1 防火墙

1. 防火墙的定义

防火墙的本义是指古代构筑和使用木质结构房屋的时候，为防止火灾的发生和蔓延，人们用坚固的石块在房屋周围堆砌形成的屏障。信息安全中的防火墙(Firewall)是一项协助确保信息安全的设施，会依照特定的规则允许或限制传输的数据通过。防火墙可以是一种专属的硬件，也可以是安装在硬件上的软件。防火墙是一种位于内部网络与外部网络之间的网络安全系统，如图 10-3 所示。

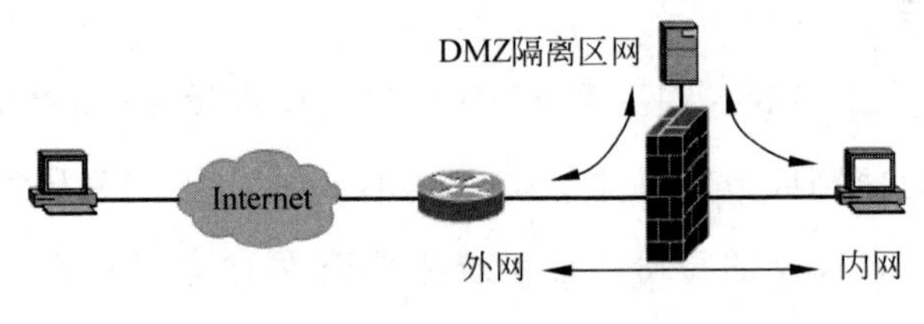

图 10-3　防火墙

在网络中，防火墙是一种将内部网和公众访问网(如 Internet)分隔的方法，实际上是一种隔离技术。防火墙是在两个网络通信时执行的一种访问控制尺度，允许合法用户和数据进入网络,同时将非法用户和数据拒之门外,最大限度地阻止黑客访问网络。

理论上,防火墙用来防止外部网上的各类危险传播到受保护的网内。逻辑上,防火墙是分离器、限制器和分析器;物理上,各个防火墙的物理实现方式可以有所不同,但它通常是一组硬件设备(路由器、主机)和软件的多种组合;本质上,防火墙是一种保护装置,用来保护网络数据、资源和用户的声誉;技术上,网络防火墙是一种访问控制技术,在某个机构的网络和不安全的网络之间设置障碍,阻止对信息资源的非法访问。

2. 防火墙技术

防火墙技术是保护网络不受侵犯的最主要技术之一。防火墙一般位于网络的边界,按照一定的安全策略对两个或多个网络之间的数据包和连接方式进行检查以决定对网络之间的通信采取何种动作,例如允许、拒绝或者转换。其中被保护的网络通常称为内部网络,其他称为外部网络。使用防火墙,可以有效控制内部网络和外部网络之间的访问和数据传输,防止外部网络用户以非法手段通过外部网络进入内部网络访问内部网络资源,并过滤不良信息。安全、管理和效率,是对防火墙功能的主要要求。防火墙能有效地监控内部网和 Internet 之间的任何活动,保证内部网络的安全。

3. 防火墙的种类

从历史上来分,防火墙经历了 4 个阶段:基于路由器的防火墙,用户化的防火墙工具套装,建立在通用操作系统上的防火墙,具有安全操作系统的防火墙。

从结构上来分,防火墙有代理主机结构和路由器加过滤器结构两种。

从原理上来分,防火墙则可以分成 4 种类型:特殊设计的硬件防火墙,数据包过滤型防火墙,电路层网关和应用级网关。

从侧重点不同,防火墙可分为包过滤型防火墙,应用层网关型防火墙,服务器型防火墙。

4. 防火墙发展历史

第一代防火墙,采用包过滤(Packet filter)技术。

第二代防火墙,电路层防火墙,1989 年由贝尔实验室推出。

第三代防火墙，应用层防火墙(代理防火墙)。

第四代防火墙，1992年，USC信息科学院的Bob Braden开发出了基于动态包的过滤(Dynamic Packet Filter)技术，后来演变为状态监视(Stateful Inspection)技术。

第五代防火墙，1998年NAI公司推出了一种自适应代理(Adaptive Proxy)技术，并在其产品中实现。

第六代防火墙，一体化安全网关UTM。UTM是在防火墙的基础上发展起来的，具备防火墙、IPS、防病毒、防垃圾邮件等综合功能。

5. 防火墙的工作原理

防火墙是一种过滤塞，工作方式为：分析出入防火墙的数据包，决定放行还是把它们扔到一边。所有防火墙都具有IP地址过滤功能，要检查IP报头，根据IP源地址和目标地址做出放行/丢弃的决定，如图10-4所示。

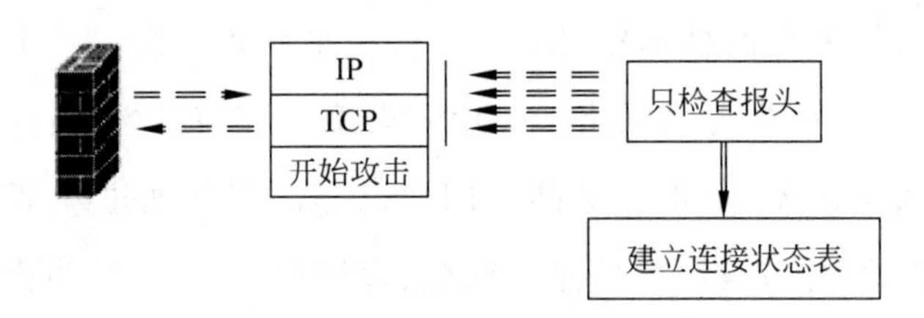

图10-4 防火墙工作原理

6. 防火墙的硬件架构

防火墙硬件体系结构经历了通用CPU架构、ASIC(专用集成电路)架构和网络处理器架构3种架构。

(1) 通用CPU架构。最常见的是基于Intel X86架构的防火墙。在百兆防火墙中，Intel X86架构的硬件以其高灵活性和扩展性一直受到防火墙厂商的青睐。由于采用了PCI总线接口，Intel X86架构的硬件虽然理论上能达到2Gbit/s甚至更高的吞吐量，但是在实际应用中，尤其是在小包情况下，远远达不到标称性能，通用CPU的处理能力也很有限。

(2) ASIC架构。ASIC技术是国外高端网络设备几年前广泛采用的技术。ASIC架构防火墙采用了硬件转发模式、多总线技术、数据层面与控制层面分离等技术，解决了带宽容量和性能不足的问题，稳定性也得到了很好的保证。ASIC技术的性能优势主要体现在网络层转发上，而对于需要强大计算能力的应用层数据的处理则不占优势，而且面对频繁变异的应用安全问题，其灵活性和扩展性也难以满足需求。

(3) 网络处理器架构。网络处理器所使用的微码编写有一定技术难度，难以实现产品的最优性能，因此网络处理器架构的防火墙产品难以占有大量的市场份额。

7. 防火墙配置

防火墙配置方式有 Dual-homed(双宿主机)方式、Screened-host(屏蔽式主机)方式和 Screened-subnet(屏蔽子网)方式 3 种。

(1) Dual-homed 方式。Dual-homed Gateway(双宿主网关)放置在两个网络之间，称为 Bastion Host(堡垒主机)。这种结构最简单，成本低，但是它有单点失败的问题，且没有增加网络安全的自我防卫能力。它是黑客攻击的首选目标，一旦被攻破，整个网络就被暴露。

(2) Screened-host 方式。其中的 Screening Router(筛选路由器)为保护 Bastion Host 的安全建立了一道屏障，将所有进入的信息先送往 Bastion Host，并且只接收来自 Bastion Host 的数据作为出去的数据。这种结构依赖 Screening Router 和 Bastion Host，只要有一个失败，整个网络就暴露了。

(3) Screened-subnet 方式。它包含两个 Screening Router 和两个 Bastion Host，在公共网络和私有网络之间构成了一个隔离网，Bastion Host 放置在隔离区(Demilitarized Zone，DMZ)内。这种结构安全性好，只有当两个安全单元都被破坏后，网络才被暴露，但成本昂贵。

10.2.2 入侵检测

1. 入侵检测的定义及功能

入侵检测(Intrusion Detection)是对入侵行为的检测，通过收集和分析网络行为、安全日志、审计数据、其他网络上可以获得的信息及计算机系统中若干关键点的信息，检查网络或系统中是否存在违反安全策略的行为和被攻击的迹象。

入侵检测作为一种积极主动的安全防护技术，提供了对内部攻击、外部攻击和误操作的实时保护，在网络系统受到危害之前拦截和响应入侵，在不影响网络性能的情况下对网络进行监测,被认为是防火墙之后的第二道安全闸门。入侵检测通过执行以下任务来实现:监视、分析用户及系统活动;系统构造和弱点的审计;识别反映已知进攻的活动模式并向相关人士报警;统计分析异常行为模式;评估重要系统和数据文件的完整性;审计跟踪管理操作系统,并识别用户违反安全策略的行为。

2. 入侵检测系统

入侵检测系统是指对于面向计算资源和网络资源的恶意行为的识别和响应系统。一个完善的入侵检测系统应该具备经济性、时效性、安全性和可扩展性。入侵检测作为安全技术,其作用在于识别入侵者,识别入侵行为,检测和监视已成功的安全破绽,为对抗入侵及时提供重要信息以阻止事件的发生和事态的扩大。

一个质量上佳的入侵检测系统不但可使系统管理员时刻了解网络系统(包括程序、文件和硬件设备等)的任何变更,还能给网络安全策略的制定提供指南,更为重要的一点是,它应该管理、配置简单,使非专业人员非常容易地获得网络安全。而且,入侵检测的规模还应根据网络威胁、系统构造和安全需求改变而改变。入侵检测系统在发现入侵后会及时做出响应,包括切断网络连接、记录事件和报警等。

入侵检测系统可以对计算机网络进行自主的、实时的攻击检测与响应。它对网络安全轮回监控,使用户可以在系统被破坏之前中断并响应安全漏洞和误操作,实时监控、分析可疑的数据,而不会影响数据在网络上的传输。它对安全威胁的自动响应为企业提供了最大限度的安全保障。在检测到网络入侵后,除了可及时切断攻击行为之外,入侵检测系统还可以动态地调整防火墙的防护策略,使得防火墙成为一个动态的智能防护体系。入侵检测具有监视分析用户和系统的行为,审计系统配置和漏洞,评估敏感系统和数据的完整性,识别攻击行为,统计异常行为,自动收集和系统相关的补丁,跟踪识别违反安全法规的行为以及使用诱骗服务器(记录黑客行为)等功能,使系统管理员可以较有效地监视、审计、评估自己的系统。

3. 发展历程

从实验室原型研究到推出商业化产品,走向市场并获得广泛认同,入侵检测系统走过了几十年的历程。

(1) 概念的提出。1980 年 4 月,James P. Aderson 为美国空军做了一份题为《*Computer Security Threat Monitoring and Sureillance*(计算机安全威胁监控与监

视)》的技术报告,详细阐述了入侵检测的概念,提出了一种对计算机系统风险和威胁的分类方法,并将威胁分为外部渗透、内部渗透和不法行为 3 种,还提出了通过审计跟踪数据,监视入侵活动的思想。

(2) 模型的发展。1984—1986 年,乔治敦大学的 Dorothy Denning 和 SRI 公司计算机科学实验室的 Peter Neumann 提出了一种实时入侵检测系统模型,为构建入侵系统提供了一个通用的框架。1988 年的莫里斯蠕虫事件发生后,网络安全引起各方重视,很多机构开始开展对分布式入侵检测系统(DIDS)的研究,将基于主机和基于网络的检测方法集成到一起。

(3) 技术的进步。1990 年是入侵检测系统发展史上十分重要的一年,这一年,加州大学戴维斯分校的 L. T. Heberlein 等开发出了 NSM(Network Security Monitor),第一次直接将网络作为审计数据的来源,可以在不将审计数据转化成统一格式的情况下监控异种主机。同时,基于网络的入侵检测系统和基于主机的入侵检测系统两大阵营正式形成。

4. 入侵检测分类

1) 根据技术分类

根据入侵检测系统所采用的技术可分为特征检测(Signature-based Detection)与异常检测(Anomaly Detection)两种。

(1) 特征检测。特征检测又称 Misuse Detection,这种检测假设入侵活动可以用一种模式来表示,系统的目标是检测主体活动是否符合这些模式,可以将已有的入侵方法检查出来,但对新的入侵方法无能为力。其难点在于如何设计模式,既能够表达入侵现象,又不会将正常的活动包含进来。

(2) 异常检测。其假设是入侵活动异常于正常主体的活动。根据这一理念建立主体正常活动的活动简档,将当前主体的活动状况与活动简档相比较,当违反其统计规律时,认为该活动是入侵行为。异常检测的难题在于如何建立活动简档及如何设计统计算法,从而不把正常的操作作为入侵行为或忽略真正的入侵行为。

2) 根据检测数据来源分类

根据入侵检测系统的数据来源可分为基于主机的入侵检测系统和基于网络的入侵检测系统两种。

(1) 基于主机的入侵检测系统。主要使用操作系统的审计、跟踪日志作为数据源，某些也会主动与主机系统进行交互，获得不存在于系统日志中的信息以检测入侵。这种类型的检测系统不需要额外的硬件，对网络流量不敏感，效率高，能准确定位入侵并及时进行反应，但是它占用主机资源，依赖于主机的可靠性，所能检测的攻击类型受限，不能检测网络攻击。

(2) 基于网络的入侵检测系统。通过被动地监听网络上传输的原始流量，对获取的网络数据进行处理，从中提取有用的信息，再通过与已知攻击特征相匹配或与正常网络行为原型相比较来识别攻击事件。此类检测系统不依赖操作系统作为检测资源，可应用于不同的操作系统平台，配置简单，不需要任何特殊的审计和登录机制，可检测协议攻击、特定环境的攻击等多种攻击，但它只能监视经过本网段的活动，无法得到主机系统的实时状态，精确度较差。大部分入侵检测工具都是基于网络的入侵检测系统。

10.2.3 访问控制

1. 访问控制的定义

访问控制(Access Control)就是在身份认证的基础上依据授权对提出的资源访问请求加以控制。访问控制是网络安全防范和保护的主要策略，可以限制对关键资源的访问，防止非法用户的入侵或合法用户的不慎操作所造成的破坏。

访问控制可以按用户身份及其所归属的某项定义组来限制用户对某些信息项的访问，或限制对某些控制功能的使用，通常用于系统管理员控制用户对服务器、目录、文件等网络资源的访问。

访问控制的功能主要为防止非法的主体进入受保护的网络资源，允许合法用户访问受保护的网络资源和防止合法的用户对受保护的网络资源进行非授权的访问。

访问控制实现的策略有入网访问控制、网络权限限制、目录级安全控制、属性安全控制、网络服务器安全控制、网络监测和锁定控制、网络端口和节点的安全控制以及防火墙控制。

2. 访问控制的类型

1) 按控制方式分类

根据控制方式不同，访问控制可分为自主访问控制和强制访问控制两大类。

（1）自主访问控制是指用户有权对自身所创建的访问对象（文件、数据表等）进行访问，并可将对这些对象的访问权授予其他用户和从授予权限的用户中收回其访问权限。

（2）强制访问控制是指由系统（通过专门设置的系统安全员）对用户所创建的对象进行统一的强制性控制，按照规定的规则决定哪些用户可以对哪些对象进行什么样操作系统类型的访问，即使是创建者用户，在创建一个对象后，也可能无权访问该对象。

2）按控制范围分类

根据控制范围不同，访问控制主要有网络访问控制和系统访问控制两种。

（1）网络访问控制限制系统外部对网络服务的访问和系统内部用户对外部的访问，通常由防火墙实现。网络访问控制的属性有源IP地址、源端口、目的IP地址、目的端口等。

（2）系统访问控制为不同用户赋予不同的主机资源访问权限，操作系统提供一定的功能实现系统访问控制，如UNIX的文件系统。系统访问控制（以文件系统为例）的属性有用户、组、资源（文件）、权限等。

3. 访问控制系统

访问控制系统一般包括主体、客体和安全访问策略。

（1）主体：即发出访问操作、存取要求的发起者，通常指用户或用户的某个进程。

（2）客体：即被调用的程序或将存取的数据，是必须进行控制的资源或目标，如网络中的进程等活跃元素、数据与信息、各种网络服务和功能、网络设备与设施。

（3）安全访问策略：是一套规则，用以确定一个主体是否对客体拥有访问能力，它定义了主体与客体可能的相互作用途径。

4. 访问控制人员分类

访问控制人员一般分为如下几类。

（1）系统管理员。这类人员具有最高级别的特权，可以对系统的任何资源进行访问，并具有任何类型的访问操作能力，负责创建用户、创建组、管理文件系统等所有系统日常操作，授权修改系统安全员的安全属性。

（2）系统安全员。这类人员管理系统的安全机制，按照给定的安全策略设置并修改用户和访问客体的安全属性，选择与安全相关的审计规则。安全员不能修改自己的安全属性。

(3) 系统审计员。这类人员负责管理与安全有关的审计工作，按照制定的安全审计策略负责整个系统范围内的安全控制与资源使用情况的审计。

(4) 一般用户。这类人员人数最多，是系统的普通用户，访问操作受一定的限制。系统管理员对这类用户分配不同的访问操作权力。

10.2.4 网络安全策略、VPN与隔离

1. 网络安全策略

1) 技术层面对策

对于技术方面，计算机网络安全技术主要有实时扫描技术、实时监测技术、防火墙、完整性检验保护技术、病毒情况分析报告技术和系统安全管理技术。综合起来，技术层面可以采取以下对策。

(1) 建立安全管理制度，提高包括系统管理员和用户在内的人员的技术素质和职业道德修养，对重要部门和信息，严格做好开机查毒，及时备份数据。

(2) 访问控制。访问控制是网络安全防范和保护的主要策略。它的主要任务是保证网络资源不被非法使用和访问。它是保证网络安全最重要的核心策略之一。访问控制涉及的技术比较广，包括入网访问控制、网络权限控制、目录级控制及属性控制等多种手段。

(3) 数据库的备份与恢复。数据库的备份与恢复是数据库管理员维护数据安全性和完整性的重要操作。备份是恢复数据库最容易和最能防止意外的方法。恢复是在意外发生后利用备份来恢复数据的操作。

(4) 应用密码技术。应用密码技术是信息安全的核心技术，密码手段为信息安全提供了可靠保证。基于密码的数字签名和身份认证是当前保证信息完整性的最主要方法之一，密码技术主要包括古典密码体制、单钥密码体制、公钥密码体制、数字签名及密钥管理。

(5) 切断传播途径。对被感染的硬盘和计算机进行彻底杀毒处理，不使用来历不明的U盘和程序，不随意下载可疑网络信息。

(6) 提高网络反病毒技术能力。通过安装防火墙进行实时过滤，对网络服务器中的文件进行频繁的扫描和监测，在工作站上采用防病毒卡，加强网络目录和文件访问权限的设置。在网络中，限制访问只能由服务器来选择允许执行的文件。

(7) 研发并完善高安全的操作系统。研发具有高安全性能的操作系统，不给病毒滋生的温床才能更安全。

2) 管理层面对策

计算机网络的安全管理，不仅要看所采用的安全技术和防范措施，而且要看它所采取的管理措施和执行计算机安全保护法律、法规的力度，只有将两者紧密结合，才能使计算机网络安全确实有效。

计算机网络的安全管理，包括对计算机用户的安全教育，建立相应的安全管理机构，不断完善和加强计算机的管理功能，加强计算机及网络的立法和执法力度等方面。加强计算机安全管理，加强用户的法律法规和道德观念，提高计算机用户的安全意识，对于防止计算机犯罪、抵制黑客攻击和防止计算机病毒干扰是十分重要的措施。

2. VPN 技术

1) VPN 定义

VPN(Virtual Private Network，虚拟专用网络)指的是在公用网络上建立专用网络的技术。之所以称为虚拟网，主要是因为整个 VPN 网络的任意两个节点之间的连接并没有传统专网所需的端到端的物理链路，而是架构在公用网络服务商所提供的网络平台上，如 Internet、ATM(异步传输模式)、Frame Relay(帧中继)等之上的逻辑网络，用户数据在逻辑链路中传输，涵盖了跨共享网络或公共网络的封装、加密和身份认证链接的专用网络的扩展。VPN 主要采用隧道技术、加/解密技术、密钥管理技术和使用者与设备身份认证技术。

VPN 属于远程访问技术，简单地说就是利用公网链路架设私有网络。例如公司员工出差到外地，他想访问企业内网的服务器资源，这种访问就属于远程访问，怎么才能让外地员工访问到内网资源呢？VPN 的解决方法是在内网中架设一台 VPN 服务器，VPN 服务器有两块网卡，一块连接内网，另一块连接公网，外地员工在当地连上互联网后，通过互联网找到 VPN 服务器，然后利用其作为媒介进入企业内网。为了保证数据安全，VPN 服务器和客户机之间的通信数据都进行了加密处理。有了数据加密，就可以认为数据是在一条专用的数据链路上进行安全传输，就如同专门架设了一个专用网络一样。但实际上 VPN 使用的是互联网上的公用链路，因此只能称为虚拟专用网，即 VPN 实质上就是利用加密技术在公网上封装出一个数据通信隧道。有了 VPN 技术，用户无论是在外地出差还是在家中办公，只要能上互联网，就能利用 VPN 非常方便地访问内网资源，如图 10-5 所示。这就是为什么 VPN 在企业中应用得如此广泛的原因。

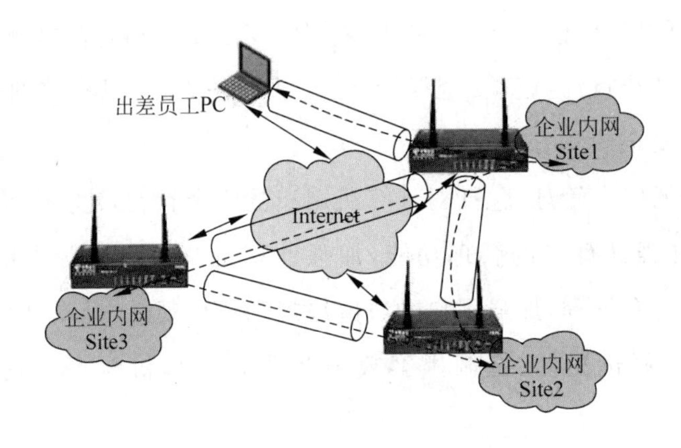

图 10-5　VPN 的原理

2) VPN 技术

在传统的企业网络配置中，要进行异地局域网之间的互联，传统方法是租用 DSN(数字数据网)专线或帧中继，这样的通信方案必然导致高昂的网络通信/维护费用。对于移动用户(移动办公人员)与远端个人用户而言，一般通过拨号线路(Internet)进入企业的局域网，而这样必然带来安全上的隐患。

基于公共网的 VPN 通过隧道技术、数据加密技术及 QoS 机制，使得企业能够降低成本，提高了通信效率，增强了通信安全性。VPN 产品从第一代 VPN 路由器、交换机，发展到第二代 VPN 集中器，性能不断得到提高。

(1) 隧道技术，简单说就是原始报文在 A 地进行封装，到达 B 地后把封装去掉还原成原始报文，形成了一条由 A 到 B 的通信隧道。目前实现隧道技术的有一般路由封装(Generic Routing Encapsulation，GRE)、L2TP 和 PPTP。

(2) 加/解密技术。VPN 可直接利用现有技术实现加/解密。数据加密的基本思想是通过变换信息的表示形式来伪装需要保护的敏感信息，使非授权者不能了解被保护信息的内容。

(3) QoS 技术。在网络中，QoS(服务质量)是指所能提供的带宽级别。将 QoS

融入一个 VPN,可以使得管理员在网络中完全控制数据流。

利用隧道技术和加/解密技术,已经能够建立起一个具有安全性、互操作性的 VPN。但是该 VPN 性能上不稳定,管理上不能满足企业的需求,加入 QoS 技术,在主机网络(即 VPN 所建立的这一段隧道)中实行 QoS,才能建立一条性能符合用户需求的隧道。

3. 网络隔离

1) 网络隔离技术概述

网络隔离技术是指两个或两个以上的计算机或网络在断开连接的基础上实现信息交换和资源共享。也就是说,通过网络隔离技术,既可使两个网络实现物理上的隔离,又能在安全的网络环境下进行数据交换。

面对新型网络攻击手段的出现和高安全度网络对安全的特殊需求,网络隔离技术应运而生。网络隔离技术的目标是确保隔离有害的攻击,在可信网络之外和保证可信网络内部信息不外泄的前提下完成网间数据的安全交换。网络隔离技术是在原有安全技术的基础上发展起来的,它弥补了原有安全技术的不足,突出了自己的优势。

网络隔离技术的主要目标是将有害的网络安全威胁隔离开,以保障数据信息在可信网络内进行安全交互。目前,一般的网络隔离技术都是以访问控制思想为策略,以物理隔离为基础,并定义相关约束和规则来保障网络的安全强度。

2) 发展历程

网络隔离(Network Isolation)主要是指把两个或两个以上可路由的网络(如 TCP/IP)通过不可路由的协议(如 IPX/SPX、NetBEUI 等)进行数据交换而达到隔离目的。由于其原理主要是采用了不同的协议,所以通常也叫协议隔离(Protocol Isolation)。

第一代隔离技术是完全隔离。此方法使得网络处于信息孤岛状态,做到了完全的物理隔离,需要至少两套网络和系统,信息交流的不便和成本的提高给维护和使用带来了极大的不便。

第二代隔离技术是硬件卡隔离。在客户端增加一块硬件卡,客户端硬盘或其他存储设备首先连接到该卡,然后再转接到主板上,通过该卡控制客户端硬盘或其他存储设备。在选择不同的硬盘时,同时也选择了该卡上不同的网络接口连接到不同的网络。但是，这种隔离产品有的仍然需要网络布线为双网线结构，产品存在着较大的安全隐患。

第三代隔离技术是数据转播隔离。利用转播系统分时复制文件的途径来实现隔离，切换时间非常久，甚至需要手工完成，不仅明显地减慢了访问速度，更不支持常见的网络应用，失去了网络存在的意义。

第四代隔离技术是空气开关隔离。它是通过使用单刀双掷开关，使得内外部网络分时访问临时缓存器来完成数据交换的，但在安全和性能上存在许多问题。

第五代隔离技术是安全通道隔离。此技术通过专用通信硬件和专有安全协议等安全机制来实现内外部网络的隔离和数据交换，不仅解决了以前隔离技术存在的问题，而且有效地把内外部网络隔离开来，高效地实现了内外网数据的安全交换，透明支持多种网络应用，成为当前隔离技术的发展方向。

3）网络隔离技术方案

已有网络隔离技术主要有如下几种类型。

（1）双机双网。双机双网隔离技术方案是指通过配置两台计算机来分别连接内网和外网环境，再利用移动存储设备来完成数据交互操作。这种技术方案会给后期系统维护带来诸多不便，同时还存在成本上升、占用资源等缺点，而且通常效率也无法达到用户的要求。

（2）双硬盘隔离。双硬盘隔离技术方案的基本思想是通过在原有客户机上添加一块硬盘和隔离卡来实现内网和外网的物理隔离，并通过选择启动内网硬盘或外网硬盘来连接内网或外网网络。由于这种隔离技术方案需要多添加一块硬盘，所以对那些配置要求高的网络而言就造成了成本浪费，同时频繁地关闭、启动硬盘容易造成硬盘的损坏。

（3）单硬盘隔离。单硬盘隔离技术方案的实现原理是从物理层将客户端的单个硬盘分隔为公共和安全分区，并分别安装两套系统来实现内网和外网的隔离。这样可具有较好的可扩展性，但是也存在数据是否安全界定困难，不能同时访问内外两个网络等缺陷。

（4）集线器级隔离。集线器级隔离技术方案的一个主要特征是在客户端只须使用一条网络线就可以部署内网和外网，通过远端切换器来选择连接内外双网，避免了客户端要用两条网线来连接内外网络的情况。

（5）服务器端隔离。服务器端隔离技术方案解决的关键问题是在物理上没有数据连通的内外网络下，如何快速分时地处理和传递数据信息，该方案主要通过采用复杂的软硬件技术手段在服务器端实现数据信息过滤和传输任务，以达到隔离内外网的目的。

10.3 数据安全

10.3.1 数据安全的威胁

1. 数据安全的概念

数据安全有两方面含义：一是数据本身的安全，主要是指采用现代密码算法对数据进行主动保护，如数据保密、数据完整性、双向强身份认证等；二是数据防护的安全，主要是采用现代信息存储手段对数据进行主动防护，如通过磁盘阵列、数据备份、异地容灾等方法保证数据的安全。数据安全是一种主动的包含措施，数据本身的安全必须基于可靠的加密算法与安全体系。

数据处理安全指有效防止数据在录入、处理、统计或打印中由于硬件故障、断电、死机、人为误操作、程序缺陷、病毒或黑客等造成的数据库损坏或数据丢失现象，防止某些敏感或保密的数据被可能不具备资格的人员或操作员阅读而造成数据泄密等后果。

数据存储安全指数据库在系统运行之外的可读性，如 Access 数据库，稍微懂得一些基本方法的人员都可以直接打开阅读或修改它，一旦数据库被盗，即使没有原来的系统程序，同样可以另外编写程序对盗取的数据库进行查看或修改。从这个角度说，不加密的数据库是不安全的，容易造成商业泄密。

2. 数据安全威胁的因素

威胁数据安全的因素有很多，主要有以下几个。

（1）硬盘驱动器损坏。一个硬盘驱动器的物理损坏意味着数据丢失。

（2）光盘损坏。光盘表面介质损坏，人为划伤光盘表面，或光盘被压破裂等等。

（3）U 盘损坏。物理损坏指 U 盘受到外力破坏。

(4) 信息窃取。从电子设备上非法复制信息。

(5) 自然灾害。自然灾害包括地震、水灾、火灾等自然灾难。

(6) 电源故障。电源供给系统出现故障。

(7) 磁干扰。重要的数据接触到有磁性的物质,会造成数据丢失。

10.3.2 数据安全的核心技术

数据安全是为数据处理系统建立和采用的技术和管理层面的安全保护,保护计算机硬件、软件和数据不因偶然和恶意的原因遭到破坏、更改和泄露,确保网络数据的可用性、完整性和保密性。数据存储安全是数据安全的一部分,其目的是防止其他系统未经授权访问或破坏数据。存储设备有能力防止未被授权的设置改动,对所有更改都做审计跟踪。未来数据存储安全的核心是以数据恢复为主,兼顾数据备份和数据擦除。

1. 数据恢复

数据恢复是一种技术手段,即将保存在计算机、笔记本、服务器、存储磁带库、移动硬盘、U 盘、数码存储卡及 MP3 等设备上后丢失的数据进行抢救和恢复的技术,具体方法如下。

(1) 硬件故障的数据恢复。首先是诊断,找到问题点后修复相应的硬件故障,然后进行数据恢复。

(2) 磁盘阵列(RAID)数据恢复。首先是排除硬件故障,然后分析阵列顺序、块大小等参数,再用阵列卡或阵列软件重组,然后按常规方法恢复数据。

(3) U 盘数据恢复。U 盘、XD 卡、SD 卡、CF 卡、SM 卡、MMC 卡、MP3、MP4、记忆棒、数码相机、DV、微硬盘、光盘及软盘等各类存储设备的数据介质损坏或出现电路板故障、磁头偏移、盘片划伤等情况时,可以采用卡体更换、加载、定位等方法进行数据修复。

2. 数据备份

1) 数据丢失的问题

2001 年 9 月 11 日,世界贸易中心大楼倒塌,整个大楼计算机系统里存储的大量信息也随之丢失，众多公司因此而无法开展业务。2004 年 12 月 27 日，因为强烈地震，东南亚出现了海啸，受灾严重地区的金融、保险、能源、交通、电信等关乎国计民生的行业信息系统几乎陷入瘫痪，大量信息系统数据丢失。数据安全成为现实而又严峻的问题。当今的信息化社会，如何有效保护信息系统里存储的信息是人们必须面对的一个新问题。

2）数据备份的概念

数据备份就是将数据以某种方式加以保留，以便在系统遭受破坏或其他特定情况下重新加以利用的过程。它不仅可以保障数据的一致性和完整性，防范意外事件的破坏，消除系统使用者和操作者的后顾之忧，而且也是历史数据保存归档的最佳方式。换言之，即便系统正常工作，没有任何数据丢失或破坏发生，备份工作仍然具有非常大的意义。

3）数据存储管理

数据存储管理系统是指在分布式网络环境下，通过专业数据存储管理软件，结合相应的硬件和存储设备，对全网络的数据备份进行集中管理，从而实现备份、文件归档、数据分级存储及灾难恢复等。

4）数据备份方案

灾难恢复是一套完整的数据恢复技术方案，其先决条件是要做好备份策略及恢复计划。日常备份制度描述了每天的备份以什么方式，使用什么备份介质进行，是系统备份方案的具体实施细则，在制定完毕后，应严格按照制度进行日常备份，否则将无法达到备份方案的目标。数据备份有多种方式，以磁带机为例，有全备份、增量备份、差分备份等。

全备份就是对整个系统进行完全备份，包括系统和数据；增量备份就是每次备份的数据只是相对于上一次备份后增加和修改过的数据；差分备份就是每次备份的数据是相对于上一次全备份之后新增加和修改过的数据。全备份所需时间最长，但恢复时间最短，操作最方便，当系统中数据量不大时，采用全备份最可靠。差分备份在避免了另外两种策略缺陷的同时，又具有了它们的所有优点。首先，它无须每天都做系统完全备份，备份所需时间短，并节省磁带空间；其次，它的灾难恢复也很方便，系统管理员只需两盘磁带，即第一次全备份的磁带与发生前一天的磁带，就可以将系统完全恢复。在备份时要根据它们各自的特点灵活使用。

3. 数据擦除

近年来，企事业单位在享受数据中心带来巨大生产力的同时，其内在的数据中心安全漏洞也让人担忧，越来越多的企事业单位开始投入大量资金着手数据中心安全建设。数据泄密事件的频繁发生更让企业数据中心安全笼罩在阴影中，而对涉密数据进行硬盘数据擦除，以达到硬盘数据销毁，成为了当下保障数据中心安全的有效方式之一。硬盘数据擦除技术旨在利用相关的硬盘数据擦除工具将硬盘上的数据彻底删除，无法恢复。

10.3.3 数据保护

从保护数据的角度讲，广义数据安全可以细分为3部分：数据加密、数据传输安全和身份认证管理。

1. 数据加密

数据加密被公认为是保护数据传输安全唯一实用的方法和保护存储数据安全的有效方法，它是数据保护在技术上最重要的防线。数据加密技术是最基本的安全技术，被誉为信息安全的核心，最初主要用于保证数据在存储和传输过程中的保密性。它通过变换和置换等各种方法将被保护信息置换成密文，然后再进行信息的存储或传输，即使加密信息在存储或者传输过程中为非授权人员所获得，也可以保证这些信息不为其所知，从而达到保护信息的目的。该方法的保密性直接取决于所采用的加密算法和密钥长度。

2. 传输安全

数据传输安全是指数据在传输过程中必须要确保数据的安全性、完整性和不可篡改性。数据传输加密技术可以对传输中的数据流加密，以防止通信线路上的窃听、泄漏、篡改和破坏。数据传输的完整性通常通过数字签名的方式来实现，即数据的发送方在发送数据的同时利用单向不可逆的加密算法——哈希函数或者其他信息文摘算法计算出所传输数据的消息文摘，并把该消息文摘作为数字签名随数据一同发送。接收方在收到数据的同时也收到该数据的数字签名，使用相同的算法计算出接收到的数据的数字签名，并把该数字签名和接收到的数字签名进行比较，若二者相同，则说明数据在传输过程中未被修改过，数据完整性得到了保证。

3. 身份认证

身份认证的目的是确定系统和网络的访问者是否是合法用户，主要根据登录密码、代表用户身份的物品（如智能卡、IC 卡等）或反映用户生理特征的标识鉴别访问者的用户身份。身份认证要求参与安全通信的双方在进行安全通信前必须互相鉴别对方的身份，保护数据不仅仅是要让数据正确、长久地存在，更重要的是要让不该看到数据的人看不到，这方面就必须依靠身份认证技术来给数据加上一把锁。数据存在的价值就是被合理访问，所以，建立信息安全体系的目的应该是保证系统中的数据只能被有权限的人访问。如果没有有效的身份认证手段，访问者的身份就很容易被伪造，未经授权的人很容易仿冒有权限人的身份，这样，任何安全防范体系就都形同虚设，所有安全投入就被无情地浪费了。

10.3.4　数据容灾

1. 存在的问题

早期的容灾系统局限于小范围区域，通常称为本地容灾系统，即只在本地构建数据备份中心和本地备用服务系统。该系统能够容忍硬件毁坏等灾难造成的单点失效问题，而对于火灾、建筑坍塌等灾难却无能为力。随着人们对容灾力度需求的不断提高，出现了异地容灾系统，即建立异地应用系统和异地数据备份中心。根据异地备份中心与本地系统距离的远近，系统所能容忍的灾难有所不同。如果其间距离在100km 之内，可容忍火灾、建筑物坍塌等灾难；如果距离达到了几百千米，则可容忍地震、水灾等大规模灾难。但是，这种容灾系统降低了数据恢复的速度，面对一些小范围故障恢复时效率低下。

为了克服上述问题，设备级虚拟化产品在容灾系统中得以应用，可以有效提高数据的备份和恢复速度。从理论上讲，将虚拟存储技术应用到容灾系统，可以在不中断应用的情况下在线增加存储容量，更换存储设备，实现数据的透明备份、恢复、迁移等，从而极大提高容灾的有效性和灵活性。但是现阶段基于这种设备级虚拟存储技术的应用范围仍具有一定的局限性，而且也未能实现真正意义上的容灾系统透明化管理。

目前容灾系统仍存在3个问题：①要针对已有系统增加容灾功能，需要对原有系统进行大量修改，并且在面对大量备份数据时，管理复杂度高；②面对大规模数据容灾，容灾的灵活性有限，总体效率不高；③未对备份数据提供良好的加密保护机制，存在很大的安全隐患。

2. 数据容灾的概念

数据级容灾是指通过建立异地容灾中心做数据的远程备份，在灾难发生之后要确保原有的数据不会丢失或者遭到破坏，但在数据级容灾这个级别，发生灾难时应用是会中断的。在数据级容灾方式下，可以简单地把所建立的异地容灾中心理解成一个远程的数据备份中心。数据级容灾的恢复时间比较长，但是相比于其他容灾级别来讲，它的费用比较低，而且构建实施也相对简单。

数据容灾指建立一个异地的数据系统，该系统是本地关键应用数据的一个可用复制，采用的主要技术是数据备份和数据复制技术。在本地数据及整个应用系统出现灾难时，系统至少在异地保存有一份可用的关键业务数据。该数据可以是本地生产数据的完全实时复制，也可以比本地数据略微落后，但一定是可用的。

数据容灾技术又称为异地数据复制技术，按照其实现的技术方式来说，主要可以分为同步传输方式和异步传输方式(各厂商在技术用语上可能有所不同)，另外，也有半同步这样的方式。半同步传输方式基本与同步传输方式相同，只是在read占I/O比重比较大时，相对于同步传输方式，可以略微提高I/O的速度。而根据容灾的距离，数据容灾又可以分成远程数据容灾和近程数据容灾两种方式。

3. 数据容灾备份的等级

容灾备份通常分为4个等级。

第0级：没有备援中心。这一级容灾备份实际上没有灾难恢复能力，它只在本地进行数据备份，并且被备份的数据只在本地保存，没有送往异地。

第1级：本地磁带备份，异地保存。在本地将关键数据备份，然后送到异地保存。灾难发生后，按预定数据恢复程序恢复系统和数据。这种方案成本低，易于配置。但当数据量增大时，存在存储介质难管理的问题，并且当灾难发生时存在大量数据很难及时恢复的问题。为了解决此问题,灾难发生时,可先恢复关键数据,后恢复非关键数据。

第2级:热备份站点备份。在异地建立一个热备份点,通过网络进行数据备份。即通过网络以同步或异步方式,把主站点的数据备份到备份站点,备份站点一般只备份数据,不承担业务。当出现灾难时,备份站点接替主站点的业务,维护业务运行的连续性。

第3级:活动备援中心。在相隔较远的地方分别建立两个数据中心,它们都处于工作状态,并进行相互数据备份,当某个数据中心发生灾难时,另一个数据中心接替其工作任务。

4. 容灾备份的关键技术

建立容灾备份系统涉及多种技术,具体如下所述。

(1) 远程镜像技术。远程镜像技术用于在主数据中心和备援中心之间进行数据备份。镜像是在两个或多个磁盘或磁盘子系统上产生同一个数据的镜像视图的信息存储,一个叫主镜像系统,另一个叫从镜像系统。按主从镜像存储系统所处的位置可分为本地镜像和远程镜像。远程镜像又叫远程复制,是容灾备份的核心技术,同时也是保持远程数据同步和实现灾难恢复的基础。远程镜像按请求镜像的主机是否需要远程镜像站点的确认信息又可分为同步远程镜像和异步远程镜像。

(2) 快照技术。快照技术通过软件对要备份的磁盘子系统的数据快速扫描,建立一个要备份数据的快照逻辑单元号(LUN)和快照(Cache)。在快速扫描时,把备份过程中即将要修改的数据块同时快速复制到快照中。快照逻辑单元号是一组指针,它指向快照和磁盘子系统中不变的数据块(在备份过程中)。在正常业务进行的同时,利用快照逻辑单元号可以实现对原数据的一个完全的备份,它可使用户在正常业务不受影响的情况下(主要指容灾备份系统),实时提取当前在线业务数据。其备份窗口接近于零,可大大增加系统业务的连续性,为实现系统真正的7×24运转提供了保证。

(3) 互连技术。早期主数据中心和备援数据中心之间的数据备份主要是基于主数据中心的远程复制(镜像),即通过光纤通道(FC)把两个主数据中心连接起来,进行远程镜像(复制)。当灾难发生时,由备援数据中心替代主数据中心,保证系统工作的连续性。目前,出现了多种基于IP的主数据中心的远程数据容灾备份技术,利用基于 IP 的主数据中心的互连协议，将主数据中心中的信息通过现有的 TCP/IP 网络远程复制到备援数据中心中。当备援数据中心存储的数据量过大时，可利用快照技术将其备份到磁带库或光盘库中。这种基于 IP 的主数据中心的远程容灾备份，可以跨越 LAN、MAN 和 WAN，成本低，可扩展性好，具有广阔的发展前景。基于 IP 的互连协议包括 FCIP、iFCP、Infiniband、iSCSI 等。

(4) 高效数据备份恢复。数据备份恢复速率是容灾系统的一个重要指标，基于缓存的高效数据备份恢复技术可以有效提高工作效率。衡量容灾备份有两个技术指标：第一，RPO(Recovery Point Objective，数据恢复点目标)主要指的是业务系统所能容忍的数据丢失量；第二，RTO(Recovery Time Objective，恢复时间目标)主要指的是所能容忍的业务停止服务的最长时间，也就是从灾难发生到业务系统恢复服务功能所需要的最短时间。RPO 针对的是数据丢失，RTO 针对的是服务丢失，二者没有必然的关联性。RTO 和 RPO 必须在进行风险分析和业务影响分析后根据不同的业务需求确定，对于不同企业的同一种业务，RTO 和 RPO 的需求也会有所不同。

10.3.5 数据库安全

1. 数据库安全概述

数据库安全包含两层含义：第一层是指系统运行安全，系统运行安全通常受到的威胁是一些不法分子通过互联网、局域网等途径入侵计算机使系统无法正常启动，或让计算机超负荷运行大量算法，并关闭 CPU 风扇，使 CPU 过热烧坏等破坏性活动；第二层是指系统信息安全，系统信息安全通常受到的威胁包括黑客入侵数据库并盗取想要的资料等。数据库系统的安全特性主要是针对数据而言的，包括数据独立性、数据安全性、数据完整性、并发控制和故障恢复等几个方面。

(1) 数据独立性。包括物理独立性和逻辑独立性两个方面。物理独立性是指用户的应用程序与存储在磁盘上数据库中的数据是相互独立的；逻辑独立性是指用户的应用程序与数据库的逻辑结构是相互独立的。

(2) 数据安全性。操作系统中的对象一般是文件，而数据库支持的应用要求更为精细。通常比较完整的数据库对数据安全性采取保护措施，如将数据库中需要保护的部分与其他部分相隔，采用授权规则（如账户、口令和权限控制等）访问控制方法，对数据进行加密后存储于数据库。

（3）数据完整性。包括数据的正确性、有效性和一致性。正确性是指数据的输入值与数据表对应域的类型一样；有效性是指数据库中的理论数值满足现实应用中对该数值段的约束；一致性是指不同用户使用的同一数据应该是一样的。保证数据的完整性，需要防止合法用户使用数据库时向数据库中加入不合语义的数据。

（4）并发控制。如果数据库应用要实现多用户共享数据，就可能在同一时刻多个用户要存取数据，这种事件叫作并发事件。当一个用户取出数据进行修改，在完成修改存入数据库之前，如果有其他用户获取此数据，那么读出的数据就是不正确的，这时就需要对这种并发操作施行控制，排除和避免这种错误的发生，保证数据的正确性。

（5）故障恢复。数据库管理系统提供了一套方法，可及时发现故障和修复故障，从而防止数据被破坏。数据库系统能尽快恢复数据库系统运行时出现的故障，可能是物理上或是逻辑上的错误，如对系统的误操作造成的数据错误等。

2. 数据库安全威胁

近年，"拖库"现象频发，黑客盗取数据库的技术不断提升。虽然数据库的防护能力也在提升，但相比于黑客的手段来说，单纯的数据库防护还是心有余而力不足。数据库受到的威胁大致有如下几种。

（1）内部人员失误。数据库安全的一个潜在风险就是非故意的授权用户攻击和内部人员误操作。第一，在授权用户无意访问敏感数据并错误地修改或删除信息时，由于不慎而造成意外删除或泄露，非故意地规避安全策略。第二，在用户为了备份或"将工作带回家"而做了非授权的备份，虽然这不是一种恶意行为，但明显违反了公司的安全策略，将数据存放到存储设备上，在该设备遭到恶意攻击时，就会导致非故意的安全事件。

（2）社会工程（Social Engineering）。攻击者往往使用高级钓鱼技术，在合法用户不知不觉地将安全机密提供给攻击者时，就会发生大量的严重攻击。在这种情况下，用户会通过一个受到损害的网站或通过一个电子邮件响应将信息提供给看似合法的请求，应当通知操作者对这种非法的请求不要做出响应。

(3) 内部人员攻击。很多数据库攻击源自企业内部。经济收入和裁员方法都有可能引起雇员的不满,从而导致内部人员攻击的增加。这些内部人员受到贪欲或报复欲的驱使,且不受防火墙及入侵防御系统等的影响,容易给企业带来风险。

(4) 错误配置。黑客可以使用数据库的错误配置控制肉机访问点,借以绕过认证方法访问敏感信息。如果没有正确地重新设置数据库的默认配置,非特权用户就有可能访问未加密的敏感文件。

(5) 未打补丁的漏洞。如今攻击已从利用公开漏洞发展到更精细的方法,并敢于挑战传统的入侵检测机制。漏洞利用的脚本在数据库补丁发布的几小时内就可以被发到网上,这实质上几乎是把数据库的大门完全打开。

(6) 高级持续性威胁。实施这种威胁的组织者是专业公司或政府机构,它们掌握了威胁数据库安全的技术,而且有资金支持,热衷于窃取数据库中的关键数据,特别是个人私密和金融信息,一旦失窃,这些数据记录就可以在信息黑市上销售或使用,并被其他政府机构操纵。

3. 数据库安全管理

(1) 用户角色管理。建立不同的用户组和用户口令验证,可以有效地防止非法用户进入数据库系统,避免造成不必要的麻烦和损坏。在数据库中,通过授权可以对用户的操作进行限制,即允许一些用户可以对服务器进行访问,也就是对整个数据库具有读写的权利,而大多数用户只能在同组内进行读写或对整个数据库只具有读的权利。

(2) 数据备份。这样才能在数据库的数据或者硬件出现故障时保证数据库系统得到迅速的恢复。备份是数据的一个代表性副本,该副本会包含数据库的重要部分,如控制文件、重做日志和数据文件。备份通过提供一种还原原始数据的方法保护数据不受应用程序错误的影响,并防止数据意外丢失。备份分为物理备份和逻辑备份。

(3) 网络安全设置。为了提高数据库在网络中的安全性,远程用户应通过密码来访问数据库,应加强网络上数据库管理员(DBA)的权限控制,如拒绝远程的DBA访问等。

(4) 数据库系统恢复。在使用数据库时,总希望数据库能够正常安全运行,但是有时候会出现人为的操作数据失误,或者服务器的硬件设备故障,即使出现这种情况，由于对数据库的数据进行了系统备份，也可以很顺利地解决这些问题；即使计算机发生故障，如介质损坏、软件系统异常等情况时，也可以通过备份进行不同程度的恢复，使数据库系统尽快恢复到正常状态。

10.3.6 信息隐藏

信息隐藏是指将敏感信息隐藏在非敏感信息中，以保护敏感信息不能被发现，或不被访问、或不被操作的方法。它包括隐蔽信道，隐写术，匿名通信和版权标记（如数字水印）。

1. 发展历史

信息隐藏源于古老的隐写术。在古希腊战争中，为了安全传送军事情报，奴隶主剃光了奴隶的头发，将情报纹在奴隶的头皮上，待头发长起后再派出去传送消息。我国古代也早有以藏头诗、藏尾诗、漏格诗及绘画等形式，将要表达的意思和密语隐藏在诗文或画卷中的特定位置，一般人只注意诗或画的表面意境，而不会去注意或破解隐藏其中的密语。

信息隐藏的发展历史可以一直追溯到“匿形术或隐写术（Steganography）”的使用。“匿形术”一词来源于古希腊文中“隐藏的”和“图形”两个词语的组合。虽然“匿形术”与“密码术（Cryptography）”都是致力于信息的保密技术，但是，两者的设计思想却完全不同。“密码术”主要通过设计加密技术，使保密信息不可读，但是对于非授权者来讲，虽然他无法获知保密信息的具体内容，却能意识到保密信息的存在。而“匿形术”则致力于通过设计精妙的方法，使得非授权者根本无从得知保密信息的存在与否。相对于现代密码学来讲，信息隐藏的最大优势在于它并不限制对主信号的存取和访问，而是致力于签字信号的安全保密性。

2. 基本原理

如图 10-6 所示，假设 A 打算秘密传递一些信息给 B，A 需要从一个随机消息源中随机选取一个无关紧要的消息 C，当这个消息公开传递时，不会引起人们的怀疑，这个消息称为载体对象（Cover Message），把秘密信息（Secret Message）M 隐藏到载体对象 C 中，此时，载体对象就变成了伪装对象 C_1。载体对象 C 是正常的，不会引起人们的怀疑，伪装对象 C_1 与载体对象 C 无论从感官（例如感受图像、视频的视觉和感受声音、音频的听觉）上，还是从计算机的分析上，都不可能把他们区分开来，而且对伪装对象 C_1 的正常处理不会破坏隐藏的秘密信息，这样就实现了信息的隐藏传输。秘密信息的嵌入过程可能需要密钥，也可能不需要密钥，为了区别于加密的密钥，信息隐藏的密钥称为伪装密钥 k。信息隐藏涉及信息嵌入算法和信息提取算法。

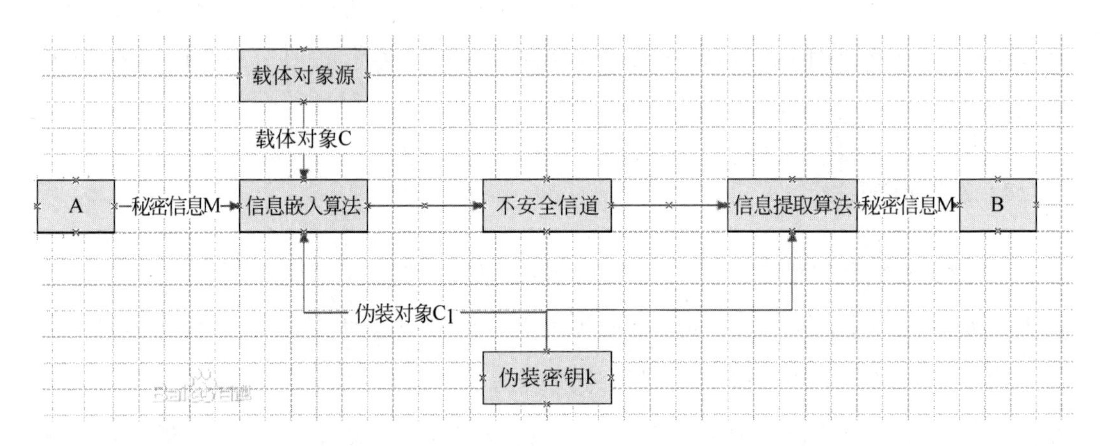

图 10-6 信息隐藏的原理

3. 信息隐藏技术的应用

信息隐藏技术在信息安全保障体系中有很多重要作用，主要如下所述。

（1）数据保密通信。信息隐藏技术可应用于数据保密通信，通信双方将秘密信息隐藏在数字载体中，通过公开信道进行传递。在军事、商业、金融等领域，对于如军事情报及电子商务中的敏感数据，谈判双方的秘密协议及合同，网上银行信息等信息的传递，信息隐藏技术具有广泛的应用前景。

（2）身份认证。信息通信的任何一方都不能抵赖自己曾经做出的行为，也不能否认曾经接收到对方的信息，这是信息系统中的一个重要环节。利用信息隐藏技术可将各自的身份标记隐藏到要发送的载体中，并以此确认其身份。

（3）数字作品的版权保护与盗版追踪。版权保护是信息隐藏技术所试图解决的重要问题之一。随着数字化技术的不断发展，人们所享受的数字服务将会越来越多，如数字图书馆、数字电影、数字新闻等，这类数字作品具有易修改和复制的特点，其版权保护已经成为迫切需要解决的现实问题，利用信息隐藏中的鲁棒数字水印技术可以有效解决此类问题。服务提供商在向用户发放作品的同时，将服务商和用户的识别信息以水印的形式隐藏在作品中，这种水印从理论上讲是不能被移除的。当发现数字作品被非法传播时，可以通过提取识别信息追查非法传播者。

（4）完整性、真实性鉴定与内容恢复。在数字作品中嵌入基于作品全部信息的恢复水印和基于作品内容的认证水印，通过认证水印对数字作品完整性和真实性实施鉴别，并进行篡改区域定位，可由恢复水印对所篡改区域实施恢复。

4. 信息隐藏技术

（1）隐写术。隐写术就是将秘密信息隐藏到看上去普通的信息（如数字图像）中进行传送。现有的隐写术主要有利用高空间频率的图像数据隐藏信息，采用最低有效位方法将信息隐藏到宿主信号中，使用信号的色度隐藏信息的方法，在数字图像的像素亮度的统计模型上隐藏信息的方法和 Patchwork 方法等。当前很多隐写方法是基于文本及其语言的隐写术。

（2）数字水印技术。数字水印技术（Digital Watermark）是将一些标识信息（即数字水印）直接嵌入数字载体（包括多媒体、文档、软件等）当中，但不影响原载体的使用价值，也不容易被人的知觉系统（如视觉或听觉系统）觉察或注意到。目前主要有两类数字水印，一类是空间数字水印，另一类是频率数字水印。空间数字水印的典型代表是最低有效位（LSB）算法，其原理是通过修改表示数字图像的颜色或颜色分量的位平面，调整数字图像中不容易感知的像素来表达水印的信息。频率数字水印的典型代表是扩展频谱算法，其原理是通过时频分析，根据扩展频谱特性，在数字图像的频率域上选择那些对视觉最敏感的部分，使修改后的系数隐含数字水印的信息。

（3）可视密码技术。可视密码技术（Visual Cryptography）于 1994 年由 Naor 和 Shamir 提出，其主要特点是恢复秘密图像时不需要任何复杂的密码学计算，而是以人的视觉即可将秘密图像辨别出来。其做法是产生 n 张不具有任何意义的胶片，任取其中 t 张胶片叠合在一起还原出隐藏在其中的秘密信息。其后，人们又对该方案进行了改进和发展：使产生的 n 张胶片都有一定的意义，这样做更具有迷惑性；改进了相关集合的制造方法；将针对黑白图像的可视秘密共享扩展到基于灰度和彩色图像的可视秘密共享。

10.4 系统安全

10.4.1 计算机病毒及防治

1. 计算机病毒的概念

计算机病毒(Computer Virus)是一种人为编制的,能够对计算机正常程序的执行或数据文件造成破坏,并且能够自我复制的一组指令程序代码。

国务院颁布的《中华人民共和国计算机信息系统安全保护条例》及公安部出台的《计算机病毒防治管理办法》中计算机病毒均定义为编制或者在计算机程序中插入的破坏计算机功能或者毁坏数据,影响计算机使用,并能自我复制的一组计算机指令或者程序代码。这是目前官方关于计算机病毒的最权威的定义,此定义也被目前通行的《计算机病毒防治产品评级准则》等国家标准所沿用。

2. 计算机病毒的特点

(1) 繁殖性。计算机病毒可以像生物病毒一样进行繁殖。当正常程序运行的时候,它也进行自身复制,具有繁殖、感染的特征是断定某段程序为计算机病毒的首要条件。

(2) 破坏性。计算机中毒后,可能会导致正常的程序无法运行,把计算机内的文件删除或使其受到不同程度的损坏。通常表现为增、删、改、移。

(3) 传染性。传染性是病毒的基本特征。计算机病毒也会通过各种渠道从已被感染的计算机扩散到未被感染的计算机,在某些情况下使被感染的计算机工作失常甚至瘫痪。一台计算机染毒后,如不及时处理,病毒会在这台计算机上迅速扩散,然后通过各种可能的渠道,如软盘、硬盘、移动硬盘、计算机网络等去传染其他计算机。传染性是判别一个程序是否为计算机病毒的最重要条件。

(4) 潜伏性。有些病毒什么时间发作是预先设计好的。病毒程序进入系统之后一般不会马上发作,一旦时机成熟才会发作。潜伏性的第二种表现是指计算机病毒的内部往往有一种触发机制,不满足触发条件时,计算机病毒除了传染外不做什么破坏。触发条件一旦得到满足，它才会产生破坏性。

(5) 隐蔽性。计算机病毒具有很强的隐蔽性，有的可以通过病毒软件检查出来，有的根本就查不出来，有的时隐时现、变化无常，这类病毒处理起来通常很困难。

(6) 可触发性。病毒的触发机制用来控制感染和破坏动作的频率，病毒具有预定的触发条件，这些条件可能是时间、日期、文件类型或某些特定数据等。病毒运行时，触发机制检查预定条件是否满足，如果满足，启动感染或破坏动作，使病毒进行感染或攻击；如果不满足，病毒继续潜伏。

3. 计算机病毒的分类

根据计算机领域对计算机病毒多年的研究，按照科学、系统、严密的方法，计算机病毒可以根据如下属性进行分类。

1) 按病毒存在的媒体分类

根据病毒存在的媒体，病毒可以划分为网络病毒、文件病毒、引导型病毒。网络病毒通过计算机网络传播感染网络中的可执行文件，文件病毒感染计算机中的文件(如COM、EXE、DOC等格式的文件)，引导型病毒感染启动扇区(boot)和硬盘的系统引导扇区(MBR)，还有多型病毒(文件和引导型)可以感染文件和引导扇区，这样的病毒通常都具有复杂的算法，它们使用非常规的办法侵入系统，同时使用了加密和变形算法。

2) 按病毒传染的方法分类

根据传染的方法不同，病毒可分为驻留型病毒和非驻留型病毒，驻留型病毒感染计算机后，会把自身的内存驻留部分放在内存中，这一部分程序会挂接系统调用并合并到操作系统中去，处于激活状态，一直到关机或重新启动。非驻留型病毒在得到机会激活时并不感染计算机内存。有一些病毒在内存中留有小部分，但是并不通过这一部分进行传染，这类病毒也被划分为非驻留型病毒。

3) 按病毒破坏的能力分类

(1) 无害型：除了传染时减少磁盘的可用空间外，对系统没有其他影响。

(2) 无危险型：这类病毒仅仅是减少内存、显示图像、发出声音及同类音响。

(3) 危险型：这类病毒在计算机系统操作中造成严重的错误。

(4) 非常危险型：这类病毒会删除程序、破坏数据、清除系统内存区和操作系统中的重要信息。

4）按病毒的算法分类

（1）伴随型病毒。这一类病毒并不改变文件本身，它们根据算法产生EXE文件的伴随体，具有同样的名字和不同的扩展名（COM）。病毒把自身写入COM文件并不改变EXE文件，当DOS操作系统加载文件时，伴随体优先被执行，再由伴随体加载执行原来的EXE文件。

（2）“蠕虫”型病毒。通过计算机网络传播，不改变文件和资料信息，利用网络从一台机器的内存传播到其他机器的内存和计算网络地址，将自身的病毒通过网络发送。有时它们在系统中存在，除了内存一般不占用其他资源。

（3）寄生型病毒。除了伴随型和“蠕虫”型，其他病毒均可称为寄生型病毒，它们依附在系统的引导扇区或文件中，通过系统的功能进行传播。

（4）诡秘型病毒。该类型病毒一般不直接修改DOS中断和扇区数据，而是通过设备技术和文件缓冲区等DOS内部修改，不易看到资源，使用比较高级的技术，利用DOS空闲的数据区进行工作。

（5）变型病毒。这类病毒又称幽灵病毒，使用一个复杂的算法，使自己每传播一份都具有不同的内容和长度。它们一般由一段混有无关指令的解码算法和被变化过的病毒体组成。

4. 计算机病毒的历史

计算机病毒的概念其实很早就出现了。现有记载最早提出计算机病毒概念的是计算机之父冯·诺伊曼。他在1949年发表的《复杂自动装置的理论及组织的进行》论文中第一次给出了病毒程序的框架。1960年，程序的自我复制技术首次在美国人约翰·康维编写的“生命游戏”程序中实现。“磁芯大战”游戏是美国电报电话公司贝尔实验室的3个工作人员麦耀莱、维索斯基及莫里斯编写的，这个游戏体现了计算机病毒具有感染性的特点。经过50多年的发展，计算机病毒经历了DOS引导阶段、DOS可执行阶段、伴随批次型阶段、幽灵多型阶段、生成器变体机阶段、网络蠕虫阶段、视窗阶段、宏病毒阶段、互联网阶段及邮件炸弹阶段。

5. 计算机病毒的防治

如何有效地防范黑客、病毒的侵扰，保障计算机网络运行安全，已为广大计算机用户所重视。其中，如何使计算机网络免受病毒侵袭，成为网络安全的重中之重。

(1) 提高防毒意识。进行计算机安全教育,提高安全防范意识,建立对计算机使用人员的安全培训制度,定期进行安全培训;掌握病毒防治的基本知识和防病毒产品的使用方法;了解病毒知识,及时发现新病毒并采取相应措施,在关键时刻使自己的计算机免受病毒破坏。

(2) 建立完善的病毒防治机制。建立相应的规章制度、法令法规作为保障,在管理上建立相应的组织机构,采取行之有效的管理方法,各级部门设立专职或兼职的安全员,形成以各地公安计算机监察部门为龙头的计算机安全管理网,加强配合,信息共享,技术互助;建立一套行之有效的防范计算机病毒的应急措施和应急事件处理机构,以便对发现计算机病毒事件进行快速反应和处置,为遭受计算机病毒攻击、破坏的计算机信息系统提供数据恢复方案,保障计算机信息系统和网络的安全有效运转;根据2000年公安部颁布的《计算机病毒防治管理办法》,结合各自的情况建立自己的计算机病毒防治制度和相应组织,将病毒防治工作落到实处。

(3) 建立病毒防治和应急体系。据统计,80%网络病毒是通过系统安全漏洞传播的,所以应定期到微软网站去下载最新的补丁,以防患于未然。默认情况下,许多操作系统会安装一些辅助服务,这些服务可能为攻击者提供了方便,而又对用户没有太大用处,关闭或删除系统中不需要的服务,就能大大减少被攻击的可能性。各单位应建立病毒应急体系,与国家的计算机病毒应急体系建立信息交流机制,发现病毒疫情及时上报,同时,注意国家计算机病毒应急处理中心发布的病毒疫情。

(4) 评估安全风险。对使用的系统和业务需求的特点进行计算机病毒风险评估,了解自身系统主要面临的病毒威胁有哪些,有哪些风险必须防范,有哪些风险可以承受。确定所能承受的最大风险,以便制定相应的病毒防治策略和技术防范措施。适时进行安全评估,调整各种病毒防治策略。根据病毒发展动态,定期对系统进行安全评估,了解当前面临的主要风险,评估病毒防护策略的有效性,及时发现问题,调整病毒防治的各项策略。

(5) 选用病毒防治产品。根据风险评估的结果,选择经过公安部认证的病毒防治产品,安装专业的杀毒软件进行全面监控,还应经常升级,将一些主要监控经常打开(如邮件监控、内存监控等),遇到问题要上报,这样才能真正保障计算机的安全。

(6) 建立安全的计算机系统。使用病毒防火墙技术,可以防止未知病毒,必要时内外网分离,不仅可以防止外来病毒对内网的侵入,还可以防止系统内部信息、资源、数据被盗。对系统敏感文件定期检查，保证及时发现已感染的病毒和黑客程序。对发生的病毒事故认真分析原因，找到病毒突破防护系统的原因，及时修改病毒防治策略，并对调整后的病毒防治策略进行重新评估。

(7) 备份系统、备份重要数据。对重要、有价值的数据应该定期或不定期备份，对特别重要的数据，做到每修改一次便备份一次，一般病毒都从硬盘的前端开始破坏，所以重要的数据应放在C盘以后的分区，这样即使病毒破坏了硬盘前面部分的数据，只要能及时发现，后面这些数据还是有可能挽回的。此外，合理设置硬盘分区，预留补救措施，如用Ghost软件备份硬盘，可有助于快速恢复系统。一旦发生了病毒侵害事故，就启动灾难恢复计划，尽量将病毒造成的损失减小到最少，并尽快恢复系统正常工作。

10.4.2 黑客攻击与防范

1. 计算机黑客

1) 黑客的概念

黑客这个字的原意指的是熟悉某种计算机系统，并具有极强的技术能力，长时间将心力投注在信息系统的研发，并且乐此不疲的人。黑客最早源自英文Hacker，早期在美国的计算机界是带有褒义的。但在媒体报道中，黑客一词往往指那些"软件骇客(Software Cracker)"。黑客一词，原指热心于计算机技术，水平高超的计算机专家，尤其是程序设计人员；但到了今天，黑客一词已被用于泛指那些专门利用计算机网络搞破坏或搞恶作剧的家伙。对这些人的正确英文叫法是Cracker，有人翻译成"骇客"。开放源代码的创始人Eric Raymond认为Hacker与Cracker是分属两个不同世界的族群，基本差异在于，Hacker是有建设性的，而Cracker则专门搞破坏。

黑客所做的不是恶意破坏，他们是一群纵横于网络上的技术人员，热衷于科技探索和计算机科学研究。在黑客圈中，Hacker一词无疑是带有正面意义的，例如System Hacker熟悉操作的设计与维护；Password Hacker精于找出使用者的密码，若是Computer Hacker，则是通晓计算机，可让计算机乖乖听话的高手。Hacker原意是指用斧头砍柴的工人，最早被引进计算机圈可追溯自20世纪60年代。加州柏克莱大学计算机教授Brian Harvey在考证此字时曾写到，当时在麻省理工学院中

(MIT)的学生通常分成两派，一是 Tool，意指乖乖的学生，成绩都拿甲等；另一派是所谓的 Hack，也就是常逃课，上课爱睡觉，但晚上却又精力充沛喜欢搞课外活动的学生。

Cracker 是以破解各种加密或有限制的商业软件为乐趣的人，这些以破解最新版本的软件为己任的人，从某些角度来说是一种义务性的、发泄性的，他们讲究 Crack 的艺术性和完整性，从文化上体现的是计算机大众化。他们以年轻人为主，对软件的商业化怀有敌意。

很多人认为 Hacker 及 Cracker 之间没有明显的界线，但实际上，Hacker 和 Cracker 不但能很容易地区分开，而且可以分出第三群“互联网海盗(Internet Pirate)”，他们是大众认定的“破坏分子”。但是，人们还是习惯于把这群人称为“黑客”。

2) 黑客分类

网络中常见的黑客大体有以下 3 种。

(1) 业余计算机爱好者。他们偶尔从网络上得到一些入侵的工具，一试之下居然攻无不胜，然而却不懂得消除证据，因此也是最常被揪出来的黑客。这些人多半并没有什么恶意，只觉得入侵是证明自己技术能力的方式，是一个有趣的游戏，有一定成就感，即使造成什么破坏，也多半是无心之过。只要有称职的系统管理员，就能预防这类无心的破坏发生。

(2) 职业入侵者。这些人把入侵当成事业，认真并系统整理所有可能发生的系统弱点，熟悉各种信息安全攻防工具。他们有能力成为一流的信息安全专家，也许他们的正式工作就是信息安全工程师，但是也绝对有能力成为破坏力极大的黑客。只有经验丰富的系统管理员，才有能力应付这种类型的入侵者。

(3) 计算机高手。他们对网络、操作系统的运作了如指掌，对信息安全、网络侵入也许丝毫不感兴趣，但是只要系统管理员稍有疏失，整个系统在他们眼中看来就会变得不堪一击。因此他们可能只是为了不想和同学分享主机的时间，也可能只是懒得按正常程序申请系统使用权，就偶尔客串，扮演入侵者的角色。这些人通常对系统的破坏性不高，取得使用权后也会小心使用，避免造成系统损坏，使用后也多半会记得消除痕迹。因此，此类入侵比职业的入侵更难找到踪迹，这类的高手通常有能力演变成称职的系统管理员。

3) 黑客的目的

黑客入侵的目的主要有以下几个方面。

(1) 好奇心和满足感。这类人入侵他人的网络系统,以成功与否为技术能力的象征,并借以满足其内心的好奇心和成就感。

(2) 作为入侵其他系统的跳板。安全敏感度较高的机器通常有多重使用记录,有严密的安全保护,入侵必须负担的法律责任也更大,所以多数入侵者会选择安全防护较差的系统作为访问敏感度较高的机器的跳板,让跳板机器承担责任。

(3) 盗用系统资源。互联网上的上亿台计算机信息数据是一笔巨大的财富,破解密码,盗取资源可获取巨大的经济利益。

(4) 窃取机密资料。互联网中存放有许多重要的资料,如信用卡号、交易资料等。这些有价值的机密资料对入侵者具有很大的吸引力,他们入侵系统的目的就是得到这些资料。

(5) 出于政治目的或报复心理。这类人入侵的目的就是要破坏他人的系统,以达到报复或政治目的。

4) 黑客攻击方式

黑客攻击通常分为以下 7 种典型的方式。

(1) 监听。指监听计算机系统或网络信息包以获取信息。监听实质上并没有进行真正的破坏性攻击或入侵,但却通常是攻击前的准备动作,黑客利用监听来获取他想攻击对象的信息,如网址、用户账号、用户密码等。这种攻击可以分成网络信息包监听和计算机系统监听两种。

(2) 密码破解。指使用程序或其他方法来破解密码。破解密码主要有两种方式,猜出密码或是使用遍历法一个一个尝试所有可能的密码。这种攻击程序相当多,如果是要破解系统用户密码的程序,通常需要一个存储着用户账号和加密过的用户密码的系统文件,例如 UNIX 系统的 Password 和 Windows NT 系统的 SAM,破解程序就利用这个系统文件来猜或试密码。

(3) 漏洞。指程序在设计、实现或操作上的错误,常被黑客用来获得信息、取得用户权限、取得系统管理者权限或破坏系统。由于程序或软件的数量太多,所以这种错误数量相当庞大。缓冲区溢出是程序在实现时最常发生的错误,也是最多漏洞产生的原因。缓冲区溢出的发生原因是把超过缓冲区大小的数据放到缓冲区,造成多出来的数据覆盖到其他变量,绝大多数状况是程序发生错误而结束。如果适当放入数据,黑客就可以利用缓冲区溢出来执行自己的程序。

(4) 扫描。指扫描计算机系统以获取信息。扫描和监听一样,实质上并没有进行真正的破坏性攻击或入侵，但却通常是攻击前的准备动作，黑客利用扫描来获取他想攻击的对象的信息，如开放哪些服务，提供服务的程序，甚至利用已发现的漏洞样本对比直接找出漏洞。

(5) 恶意程序码。黑客常通过外部设备和网络把恶意程序码安装到系统内，它通常是黑客成功入侵后做的后续动作，可以分成病毒和后门程序。病毒有自我复制性和破坏性两个特性，这种攻击就是把病毒安装到系统内，利用病毒的特性破坏和感染其他系统。最有名的这一类病毒就是世界上第一位 Internet 黑客所写的蠕虫病毒，它的攻击行为其实很简单，就是复制，复制的同时做到感染和破坏。后门程序攻击通常是黑客在入侵成功后，为了方便下次入侵而安装的程序。

(6) 阻断服务。其目的并不是要入侵系统或是取得信息，而是阻断被害主机的某种服务，使得正常用户无法接收网络主机所提供的服务。这种攻击有很大部分是从系统漏洞这个攻击类型中独立出来的，把稀少的资源用尽，让服务无法继续。例如 TCP 同步信号洪泛攻击就是把被害主机的等待队列填满。最近出现了一种有关阻断服务攻击的新攻击模式，为分布式阻断服务攻击，黑客从 Client 端控制 Hacker，而每个 Hacker 控制许多 Agent，因此黑客可以同时命令多个 Agent 来对被害者做大量的攻击，而且 Client 与 Hacker 之间的沟通是经过加密的。

(7) 社会工程(Social Engineering)。指不通过计算机或网络的攻击行为。例如黑客自称是系统管理者，发电子邮件或打电话给用户，要求用户提供密码，以便测试程序或其他理由。其他如躲在用户背后偷看他人密码的方式也属于 Social Engineering。

2. 木马攻击

1) 木马的概念

木马之称源于《荷马史诗》的特洛伊战记。故事说的是希腊人围攻特洛伊城十年后仍不能得手，于是阿迦门农受雅典娜的启发：把士兵藏匿于巨大无比的木马中，然后佯作退兵。当特洛伊人将木马作为战利品拖入城内时，高大的木马正好卡在城门间，进退两难。藏于木马内的士兵夜晚爬出来，与城外的部队里应外合攻下了特洛伊城。计算机世界的木马(Trojan)就是指隐藏在正常程序中的一段具有特殊功能的恶意代码，是具备破坏和删除文件、发送密码、记录键盘和攻击 DOS 等特殊功能的后门程序。

木马病毒和其他病毒一样都是一种人为的程序，属于计算机病毒。与其他计算机病毒不同，木马病毒的作用是赤裸裸地偷偷监视别人的所有操作和盗窃别人的各种密码和数据等重要信息，如盗窃系统管理员密码搞破坏；偷窃ADSL上网密码和游戏账号密码用于牟利；更有甚者直接窃取股票账号、网上银行账户等机密信息达到盗窃别人财务的目的。所以木马病毒的危害性更大。这个现状也导致了许多别有用心的程序开发者大量编写这类偷窃和监视别人计算机的侵入性程序，这就是目前网上大量木马病毒泛滥成灾的原因。木马病毒属于病毒的一类，由于其危害性巨大，而且它与其他病毒的作用性质不同，所以将它单独从病毒类型中剥离出来，独立称为“木马病毒”程序。

2）木马的发展历史

经过若干年的发展，木马病毒经历了三代演化。

第一代木马：伪装型病毒。这种病毒通过伪装成合法性程序诱骗用户上当。第一个计算机木马是出现在1986年，它伪装成共享软件Pc-write的2.72版本，一旦用户信以为真，运行该木马程序，那么他的计算机的下场就是硬盘被格式化。

第二代木马：1989年出现了Aids木马，利用邮件散播。作者给其他人寄去的是一封含有木马程序软盘的邮件。之所以叫这个名称，是因为软盘中包含有Aids和Hiv疾病的药品、价格、预防措施等相关信息。软盘中的木马程序运行后虽然不会破坏数据，但是它会将硬盘加密锁死，然后提示受感染用户花钱消灾。

第三代木马：网络传播型木马。随着Internet的广泛应用，这一代木马兼备了伪装和传播两种特征，并结合TCP/IP网络技术四处泛滥。

3. DDoS攻击

1）Dos攻击定义

DoS(Denial of Service，拒绝服务)攻击是对网络服务有效性的一种破坏，使受害主机或网络不能及时接收并处理外界请求，或无法及时回应外界请求，从而不能给合法用户提供正常的服务，形成拒绝服务。

DDoS攻击是利用足够数量的傀儡机产生数目巨大的攻击数据包对一个或多个目标实施DoS攻击，耗尽受害端的资源，使受害主机丧失提供正常网络服务的能力。DDoS攻击已经是当前网络安全最严重的威胁之一，是对网络可用性的挑战。反弹攻击和IP源地址伪造技术的使用使得攻击更加难以察觉。就目前的网络状况而言，世界每一个角落的计算机都有可能受到DDoS攻击，但是只要能够尽可能检测到这种攻击并且做出反应,损失就能够减到最低程度。因此,对 DDoS 攻击检测方法的研究一直受到关注。

2) DDoS 攻击的原理

DDoS 攻击包括攻击者、主控端、代理端或代理者、被攻击者,其原理示意如图 10-7 所示。

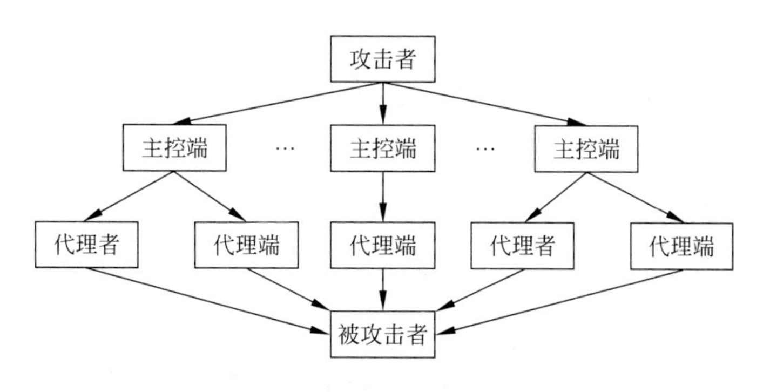

图 10-7 DDoS 攻击原理图

(1) 攻击者:它可以是网络上的任何一台主机。在整个攻击过程中,它攻击主控台,向主控端发送攻击命令,包括目标主机地址,控制整个过程。攻击者与主控端的通信一般不包括在 DDoS 工具中,可以通过多种方法完成连接。

(2) 主控端:主控端和代理端都是攻击者非法侵入并控制的一些主机,它们分成了两个层次,分别运行非法植入的、不同的攻击程序。每个主控端控制数十个代理端,有其控制的代理端的地址列表,它监听端口,接收攻击者发来的命令后,会将命令转发给代理端。主控端与代理端的通信根据 DDoS 工具的不同而有所不同。

(3) 代理端或代理者:在它们上面运行攻击程序,监听端口接收和运行主控端发来的命令,是真正进行攻击的机器。

(4) 被攻击者:可以是路由器、交换机、主机。遭受攻击时,它们的资源或带宽被耗尽,防火墙、路由器的阻塞还可能导致恶性循环,加重网络阻塞情况。

3) DDoS 攻击的实施过程

(1) 收集目标主机信息。攻击者要入侵网络,首要工作是收集、了解目标主机的情况,包括目标主机的数量和地址配置,目标主机的系统配置和性能及目标主机的网络带宽。例如,攻击者对网络上的某个站点发动攻击,他必须确定有多少台主机支持这个站点,因为一个大的站点很可能需要多台主机利用负载均衡技术提供同一站点的 WWW 服务。根据目标主机的数量,攻击者能够确定要占领多少台代理主机实施攻击才能实现其企图。假如攻击1台目标主机需要1台代理主机，那么，攻击一个由10台主机支持的站点，就需要10台代理主机。

(2) 占领主控主机和代理主机。攻击者首先利用扫描器或其他工具选择网上一台或多台代理主机用于执行攻击行动。为了避免目标网络对攻击的有效响应和攻击被跟踪检测，代理主机通常位于攻击目标网络和发动攻击网络域以外。代理主机必须具有一定的脆弱性，以方便攻击者能够占领和控制，且须具备足够资源用于发动强大的攻击数据流。代理主机一般应具备的条件包括链路状态好和网络性能好，系统性能好，安全管理水平差。

攻击者侵入代理主机后，选择一台或多台作为主控主机，并在其中植入特定程序，用于接收和传达来自攻击者的攻击命令。其余代理主机被攻击者植入攻击程序，用于发动攻击。攻击者通过重命名和隐藏等多项技术保护主控主机和代理主机上程序的安全和隐秘，被占领的代理主机通过主控主机向攻击者汇报有关信息。

(3) 发起攻击。攻击者发布攻击命令，主控主机接收到命令后立即向代理主机传达，隐蔽在代理主机上的攻击程序响应攻击命令，产生大量的UDP、TCP SYN和ICMP响应请求等垃圾数据包，瞬间涌向目标主机并将其淹没，最终导致目标主机出现崩溃或无法响应请求等状况。在攻击过程中，攻击者通常根据主控主机及其与代理主机的通信情况改变攻击目标、持续时间等，分组、分组头、通信信道等都有可能在攻击过程中被改变。

4) DDoS攻击预防对策

对于DDoS攻击的研究主要包括预防、响应追踪、检测3个方面。

(1) 预防。防范DDoS攻击的第一道防线就是攻击预防。预防的目的是在攻击尚未发生时采取措施，阻止攻击者发起DDoS攻击危害网络。在DDoS攻击的预防研究方面，目前研究最多的还是提高TCP/IP协议的质量，如延长缓冲队列的长度和减少超时时间。

(2) 响应追踪。仅仅预防攻击是不够的。当攻击真正发生时需要进行响应，响应追踪的目的是消除或缓解攻击，尽量减小攻击对网络造成的危害。响应追踪研究又可以分为攻击发生时追踪和攻击发生后追踪。攻击发生时追踪的主要方法包括基于IPSec的动态安全关联追踪法、链路测试法和逐跳追踪法等；攻击发生后追踪的主要方法包括路由器产生ICMP追踪消息法、分组标记法、数据包日志记录法。

(3) 检测。为了尽快响应攻击，需要尽快地检测出攻击的存在。在检测研究方面，目前已有很多种方法及不同的分类。DDoS 是一种基于 DoS 的分布、协作的大规模攻击方式，它直接或间接通过互联网上其他受控制的计算机攻击目标系统或者网络资源的可用性。同 DoS 一次只能运行一种攻击方式攻击一个目标不同，DDoS 可以同时运用多种 DoS 攻击方式，也可以同时攻击多个目标。攻击者利用成百上千个被控制节点向受害节点发动大规模的协同攻击，通过消耗带宽、CPU 和内存等资源，使被攻击者的性能下降甚至瘫痪和死机，从而造成其他合法用户无法正常访问。与 DoS 攻击相比，其破坏性和危害程度更大，涉及范围更广，更难发现攻击者。

10.4.3 计算机犯罪

1. 定义

计算机犯罪就是在信息活动领域中利用计算机信息系统或计算机信息知识作为手段，或者针对计算机信息系统，对国家、团体或个人造成危害，依据法律规定，应当予以刑事处罚的行为。

计算机犯罪的概念可以有广义和狭义之分。广义的计算机犯罪是指行为人故意直接对计算机实施侵入或破坏，或者利用计算机实施有关金融诈骗、盗窃、贪污、挪用公款、窃取国家秘密或其他犯罪行为的总称；狭义的计算机犯罪仅指行为人违反国家规定，故意侵入国家事务、国防建设、尖端科学技术等计算机信息系统，或者利用各种技术手段对计算机信息系统的功能及有关数据、应用程序等进行破坏，制作、传播计算机病毒，影响计算机系统正常运行且造成严重后果的行为。

计算机犯罪始于 20 世纪 60 年代，到了 20 世纪 80 年代，特别是进入 20 世纪 90 年代后，在国内外呈愈演愈烈之势。为了预防和降低计算机犯罪，给计算机犯罪合理、客观的定性已是当务之急。

2. 计算机犯罪的原因

(1) 经济利益驱动。贪欲往往是犯罪的原始动力，计算机犯罪也不例外。目前，从掌握的资料分析来看，多数计算机犯罪的案件属于经济犯罪。利用计算机盗窃、诈骗、贪污、盗版等经济犯罪已经成为计算机犯罪最主要的原因。

(2) 计算机网络安全方面的缺陷。过去的十几年中，网络黑客一直在通过计算机漏洞对计算机系统进行攻击，而且这种攻击的方法变得越来越复杂，这就给网络安全提出了挑战。

(3) 法律不健全。计算机犯罪之所以如此猖獗，其最主要的原因就在于网络空间还不是一个法制社会。计算机犯罪是一种新兴的高技术、高智能犯罪，计算机犯罪的立法又严重滞后，从而在一定程度上放纵了计算机犯罪。

(4) 为寻求刺激。黑客喜欢挑战，并对计算机技术细节着迷不已，正是这种痴迷常常使他们越过界限，利用计算机进行不同程度的犯罪活动。

(5) 存有侥幸心理。由于计算机犯罪没有固定的犯罪现场，网上作案后不留任何痕迹，因此犯罪很难被发现，而电子取证更是难上加难。

3. 计算机犯罪的特点

(1) 作案手段智能化，隐蔽性强。大多数计算机犯罪都是行为人经过狡诈而周密的安排，运用计算机专业知识所从事的智力犯罪行为。进行这种犯罪行为时，犯罪分子只需要向计算机输入错误指令，篡改软件程序，作案时间短且对计算机硬件和信息载体不会造成任何损害，作案不留痕迹，一般人很难觉察到计算机内部软件上发生的变化。

(2) 目标较集中。就国内已经破获的计算机犯罪案件来看，作案人主要是为了非法占有财富和蓄意报复，因而目标主要集中在金融、证券、电信、大型公司等重要经济部门和单位，其中金融、证券等行业尤为突出。

(3) 侦查取证困难，破案难度大。据统计，99%的计算机犯罪不能被人们发现。另外，在受理这类案件时，侦查工作和犯罪证据的采集相当困难。

(4) 后果严重，社会危害性大。国际计算机安全专家认为，计算机犯罪社会危害性的大小取决于计算机信息系统的社会作用，社会资产计算机化的程度和计算机广泛应用的程度，其作用越大，计算机犯罪的社会危害性也越来越大。

4. 计算机犯罪对策

(1) 健全人事管理，严格规章制度，减少作案可能。在管理中要分工明确，严格规章制度，形成必要的监督制约机制。

(2) 改进技术，堵塞漏洞，控制诱发犯罪。与计算机有关的安全防护措施需要不断完善，包括对有关系统的物理和技术安全防范。

(3) 完善有关的监察惩治法律,使案犯得到相应的惩罚。任何安全防范的技术措施都会有不足之处,因此国家必须通过立法对高技术犯罪实施社会控制,以减少犯罪条件,打击犯罪分子。

(4) 重视政治思想、道德品质教育,消除不良文化刺激。科学知识、专业技术不能代替政治思想和道德品质教育,学校、家庭和社会应充分重视政治思想、道德和法制方面的教育,使年轻人树立正确的世界观和人生观。

思考题

1. 什么是加密?什么是解密?
2. 什么是对称密码体制?
3. 什么是非对称密码体制?
4. 什么是数字签名?什么是身份认证?
5. 什么是防火墙?简述防火墙原理。
6. 什么是入侵检测?入侵检测怎样分类?
7. 什么是访问控制?
8. 什么是安全扫描?什么是信息隐藏?其有哪几种技术?
9. 什么是计算机病毒?如何防治?
10. 什么是计算机黑客?什么是黑客攻击?如何防范?
11. 什么是木马攻击?什么是 DDoS 攻击?
12. 什么是计算机犯罪?如何应对?

第11章

大数据平台框架及工具

11.1 大数据平台框架

11.1.1 大数据平台总体框架

1. 大数据平台总体框架概述

国家不仅要将大数据作为战略资源，也应将其作为国家治理的创新手段。因此，要在统筹布局建设国家大数据平台的基础上，逐渐推动数据的统一、整合、开放和共享机制。

大数据管理总体架构应该包括一个机制、两个体系、三个平台，如图 11-1 所示。一个机制即大数据管理工作机制，包括数据共享与开放、工作协同、大数据科学决策、精准监管和公共服务机制等。两个体系指大数据的交换、共享、整合和应用的安全运维体系和

<table>
<tr><td colspan="3">大数据管理工作机制</td></tr>
<tr><td rowspan="3">标准规范体系</td><td>大数据应用平台</td><td rowspan="3">安全运维体系</td></tr>
<tr><td>大数据管理平台</td></tr>
<tr><td>大数据云平台</td></tr>
</table>

图 11-1　大数据平台总体框架

标准规范体系。三个平台为大数据云平台、大数据管理平台和大数据应用平台。

大数据云平台是国家大数据战略的基础设施。从技术上看,大数据与云计算就像硬币的正反两面。因为单台计算机无法处理大数据,因此必须依托云计算的分布式处理、分布式数据库、云存储和虚拟化技术,采用分布式架构,对海量数据进行分布式数据挖掘。云计算的核心是将对被用网络连接的计算资源进行统一管理和调度,构成一个计算资源池,向用户提供按需分配的服务。

大数据管理平台是云平台之上的数据交换、存储、共享和开放的平台,它为大数据应用提供统一的数据支持。其具体工作包括破除信息孤岛,整合与集中数据资源,建立数据资源目录,构建数据中心,实现分布式数据管理,互联互通数据等。

大数据应用平台侧重于数据(关联、趋势和空间)分析模型的构建,利用可视化、仿真技术和数据挖掘工具,通过数学统计、在线分析、情报检索、机器学习、专家系统、知识推理和模式识别等,提升治国理政的能力,使决策过程科学化。

2. 大数据平台核心框架

大数据平台核心部分的总体框架如图 11-2 所示,其软件部分可分为数据服务组件和运维管理系统,其中数据服务组件部分可分为数据归集层、存储计算层和应用开发层 3 层。

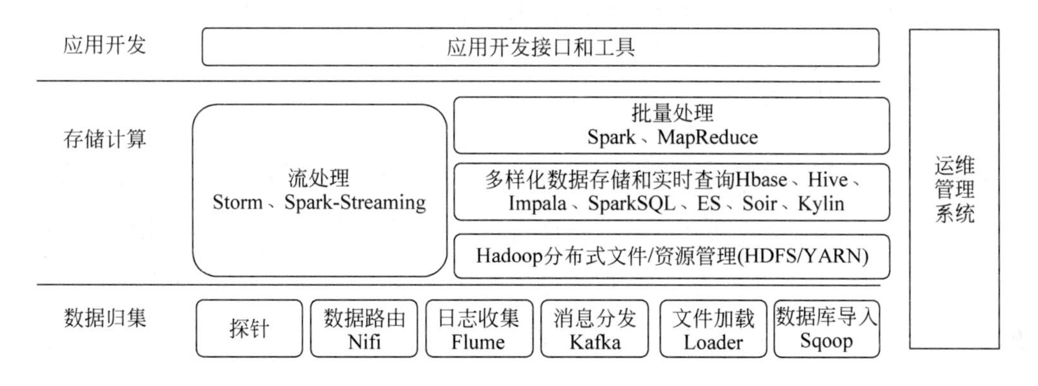

图 11-2　大数据平台核心框架

1）数据服务组件

（1）数据归集层,提供网络爬虫、Nifi、Flume、Kafka、Loader、Sqoop 等常用数据采集和处理组件,可从多种数据源获取多种格式的数据,具体实施中可以根据数据的来源和特点选用或增加新的数据采集组件。

(2) 存储计算层,负责数据的存储和计算任务的执行,集成了丰富的开源组件,如 Hadoop、HBase、MapReduce、Spark、Hive、Impala、Storm 及 Elastic Search 等,为大数据平台提供强大的分布式数据存储和计算能力,应用开发者可通过上层应用开发接口和工具访问存储计算资源,开发出相应的大数据应用。

(3) 应用开发层,在大数据存储计算层之上架设统一的应用开发环境,提供统一的数据开放服务,可以调用开发环境中的组件接口或开发工具进行应用开发。

2) 运维管理系统

运维管理系统为大数据平台提供统一的安装部署和管理维护能力,包括自动化安装、安全管理、告警管理、平台监控、服务管理、主机管理、巡检及资源调度策略管理等。运维管理系统是商用大数据平台的核心组件,它把零散的大数据与软件有机融合在一起,形成为一个统一整体,以便对外提供服务,大大地降低了学习、使用和建设成本,可以提供很多生产环境下必需的运维功能,保证了平台的可用性、可靠性、安全性、易用性。

11.1.2 数据整合

数据整合就是将不同数据源的数据收集、整理、清洗、转换后加载到一个新的数据源或集合,以便为用户提供统一数据视图的数据集成方式。

1. 数据整合的背景

(1) 数据和信息系统相对分散。我国信息化经过多年的发展,已开发出了很多信息系统,积累了大量的基础数据。然而,由于其建设时期,开发部门使用的设备、技术发展阶段和能力水平等不同,数据存储管理极为分散,造成了过量的数据冗余和数据不一致性,使得数据资源难于查询访问,管理层无法获得有效的决策数据支持。管理者要想了解所管辖不同部门的信息,需要进入多个不同的系统,而且数据不能直接比较分析。

(2) 信息资源利用程度较低。一些信息系统集成度低、互联性差、信息管理分散,数据的完整性、准确性、及时性等方面存在较大差距。有些单位已建立了内部网和互联网,但多年来分散开发或引进的信息系统对于大量的数据不能提供统一的数据接口,不能采用一种通用的标准和规范,无法获得共享通用的数据源,这必然会使不同应用系统之间形成彼此隔离和信息孤岛现象，其结果就是信息资源利用程度较低。

(3) 支持管理决策能力较弱。随着计算机业务数量的增加，管理人员的操作也越来越多，越来越复杂，许多日趋复杂的中间业务处理环节依然靠手工处理进行流转；信息加工分析手段差，无法直接从各级各类业务信息系统采集数据并加以综合利用，无法对外部信息进行及时、准确的收集反馈，业务系统产生的大量数据无法提炼升华为有用的信息，并及时提供给管理决策部门；已有的业务信息系统平台及开发工具互不兼容，无法在大范围内应用等。

2. 数据整合方案

(1) 多个数据库整合。通过对各个数据源的数据交换格式进行一一映射，可以实现数据的流通与共享。对于有全局统一模式的多数据库系统，用户可以通过局部外模式访问本地库，通过建立局部概念模式、全局概念模式、全局外模式，用户可以访问集成系统中的其他数据库；对于联邦式数据库系统，各局部数据库通过定义输入、输出模式，进行各联邦式数据库系统之间的数据访问。基于异构数据源系统的数据整合有多种方式，所采用的体系结构也各不相同，但其最终目的都是相同的，即实现数据的流通共享。

(2) 数据仓库整合。从数据仓库的建立过程来看，数据仓库是一种面向主题的整合方案，因此首先应该根据具体的主题进行建模，然后根据数据模型和需求从多个数据源加载数据。由于不同数据源的数据结构可能不同，因而在加载数据之前要进行数据转换和数据整合，使加载的数据统一到需要的数据模型下，即根据匹配、留存等规则，实现多种数据类型的关联。

(3) 中间件整合。中间件是位于用户与服务器之间的中介接口软件，是异构系统集成所需的黏结剂。现有的数据库中间件允许用户在异构数据库上调用 SQL 服务，解决了异构数据库的互操作性问题。功能完善的数据库中间件可以对用户屏蔽数据的分布地点、数据库管理平台、特殊的本地应用程序编程接口等差异。

(4) Web 服务整合。Web 服务可理解为自包含的、模块化的应用程序，它可以在网络中被描述、发布、查找及调用；Web 服务也可以理解为基于网络的、分布式的模块化组件，它执行特定的任务，遵守具体的技术规范，这些规范使得 Web 服务能与其他兼容的组件进行互操作。

(5) 主数据管理整合。主数据管理通过一组规则、流程、技术和解决方案，实现对企业数据一致性、完整性、相关性和精确性的有效管理，从而为所有企业相关用户提供准确一致的数据。主数据管理提供了一种方法，用户通过该方法可以从现有系统中获取最新信息，再结合各类先进的技术和流程，用户可以准确、及时地分发和分析整个企业中的数据，并对数据进行有效性验证。

11.1.3 数据共享与开放

1. 数据共享

随着信息时代的不断发展，不同部门、不同地区间的信息交流越来越频繁，计算机网络技术的发展为信息传输提供了保障。当大数据出现时，数据共享问题提上了议事日程。

数据共享就是让在不同地方使用不同计算机、不同软件的用户能够读取他人数据并进行各种操作运算和分析。数据共享可使更多人充分使用已有的数据资源，以减少资料收集、数据采集等重复劳动和相应费用，把精力放在开发新的应用程序及系统上。由于数据来自不同的途径，其内容、格式和质量千差万别，因而给数据共享带来了很大困难，有时甚至会遇到数据格式不能转换或数据格式转换后信息丢失的问题，这阻碍了数据在各部门和各系统中的流动与共享。

数据共享的程度反映了一个地区、一个国家的信息化发展水平，数据共享程度越高，信息化发展水平越高。要实现数据共享，首先应建立一套统一的、法定的数据交换标准来规范数据格式，使用户尽可能采用规定的数据标准，如美国、加拿大等国家都有自己的空间数据交换标准，目前我国正在加紧研究制定国家空间数据交换标准，包括矢量数据交换格式、栅格影像数据交换格式、数字高程模型的数据交换格式及元数据格式。该标准建立后，将对我国大数据产业的发展产生积极影响。其次，要建立相应的数据使用管理办法，制定相应的数据版权保护、产权保护规定，各部门间签订数据使用协议，这样才能打破部门、地区间的信息保护，做到真正的信息共享。

2. 数据开放

数据开放没有统一的定义，一般指把个体、部门和单位掌握的数据提供给社会公众或他人使用。政府数据开放就是要创造一个可持续发展的机制，发挥数据的社会、经济和政治价值，推动社会和经济发展。政府作为最大的数据拥有者，应当成为开放数据和合理使用数据的主体。

1）数据开放存在的主要问题

（1）数据公开制度不完善。在实际工作中，很难确定数据有没有涉及个人隐私、商业机密等问题。开放是相互的，很多部门没有真正意识到数据开放的重要性和作用，往往以保密或者不宜公开为理由拒绝开放数据，海量数据分散在各个部门或者层级，潜在的价值被忽略。数据的开放要经过储存、清洗、分析、挖掘、处理、利用等多个环节才能形成有价值的数据集，在每一个实施环节都需要有相应的制度法规和技术标准作为依据。

（2）数据开放程度不高。首先，各地平台提供的数据总量较小，无法满足经济发展与社会创新领域的需求，很多利用价值较高的数据只在部门内部共享，并未对社会开放；其次，数据质量参差不齐，由于对数据的质量没有严格的要求，容易造成数据失真；另外，开放数据平台门槛较高，很多数据只开放不更新，不提供下载服务，无法形成有价值的数据源。

（3）数据安全存在隐患。大数据开放是双刃剑，在给人们生活带来便利的同时，也构成了巨大隐患。传统方法是通过划分边界、隔离内外网等来控制风险。但是，随着移动互联网、云计算、5G、WiFi 技术的广泛应用，网络边界已经消失，木马、漏洞和攻击都可能威胁数据安全。

2）数据开放保障机制的建议

（1）法律保障机制。完善法律体系是促进政府数据开放的必经之路，加快制定大数据管理制度、法规和标准规范是当务之急，数据开放原则、使用权限、开放领域、分级标准及安全隐私等问题都须细化，通过制度保障保证数据安全。

（2）数据共享机制。首先，要加快国家数据库的建设，消除部门信息壁垒；其次，统筹数据管理，引导各部门发布社会公众所需的相关数据；第三，制定统一的数据开放标准和格式，方便数据上传和下载，满足不同群体的数据需求。

（3）技术保障机制。数据的有效性和正确性直接影响数据汇聚和处理的成果，因此必须要保障数据的质量，一旦数据来源不纯、不可信或无法使用，就会影响科学决策。针对数据体量大、种类多的数据集，需要先进技术和人才的支撑，因此，要加强培养既懂统计学，也懂计算机的分析型和复合型人才。

11.2 大数据框架与工具

11.2.1 大数据软件框架 Hadoop

1. 概述

Hadoop 是一种处理大数据的分布式软件框架,具有可靠、高效、可扩展、低成本、兼容性好等特点。Hadoop 的可靠性表现在它有多个工作数据副本,以确保针对失败节点的重新分布处理。Hadoop 的高效性表现在其并行工作方式,能够在节点之间动态地移动数据,并保证各个节点的动态平衡,并行处理加快了处理速度。Hadoop 的可扩展性表现在可用的计算机集簇间分配数据,这些集簇可以方便地扩展到数以千计的节点中。Hadoop 的低成本表现为它是开源的,依赖于社区服务。Hadoop 的兼容性表现在其带有用 Java 语言编写的框架,可在 Linux 平台上运行,应用程序也可以使用其他语言编写。

Hadoop 框架的核心是 HDFS 和 MapReduce。HDFS 是分布式文件系统,负责存储超大数据文件,运行在集群硬件上,具有容错、可伸缩和易扩展等特性。MapReduce 的功能是将单个任务打碎,并将碎片任务(Map)发送到多个节点上,之后再以单个数据集的形式加载(Reduce)到数据仓库里。

Hadoop 是一个生态系统,包括很多组件,除 HDFS,MapReduce 和 YARN 外,还有 NoSQL 数据库 Hbase、数据仓库工具 Hive、工作流引擎语言 Pig、机器学习算法库 Mahout、数据库连接器 Sqoop、日志数据采集系统 Flume、流处理平台 Kafka、流数据计算框架 Storm、分布式协调服务 ZooKeeper、HBase SQL 搜索引擎 Phoenix、全文搜索引擎 Elasticsearch、安装部署配置管理器 Ambari 及新分布式执行框架 Tez 等,如图 11-3 所示。

Hadoop 由 Apache Software Foundation 公司于 2005 年作为 Lucene 的子项目 Nutch 的一部分正式引入,受到了 Google Lab 开发的 MapReduce 编程模型包和 Google File System(GFS)的启发。Hadoop 最初只与网页索引有关,2006 年 3 月份,Map/Reduce 和 Nutch Distributed File System(NDFS)分别被纳入 Hadoop 项目中,

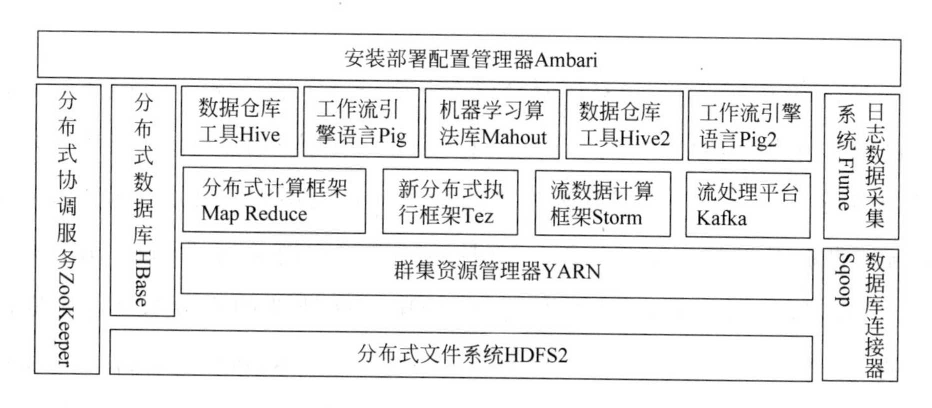

图 11-3 Hadoop 生态系统

后成为分析大数据的平台。目前有很多公司开始提供基于 Hadoop 的商业软件、支持、服务和培训，例如 Cloudera 公司于 2008 年开始提供基于 Hadoop 的软件和服务，GoGrid 于 2012 年开始与 Cloudera 合作，以加速企业的 Hadoop 应用推广，Dataguise 公司于 2012 年推出了一款针对 Hadoop 的数据保护和风险评估。

2. 分布式计算框架 MapReduce

1）概述

MapReduce 是一种编程模型，用于大规模数据集的并行运算。其软件实现是指定一个 Map（映射）函数，用来把一组键值映射成一组新的键值对，指定并发的 Reduce（归约）函数，用来保证所有映射键值对中的每一个都共享相同的键组。

MapReduce 是面向大数据并行处理的计算模型、框架和平台，它包括三层含义：①MapReduce 是一个基于集群的高性能并行计算平台，允许使用普通商用服务器构成一个包含数十、数百至数千个节点的计算集群；②MapReduce 是一种并行计算与运行软件框架，能自动完成计算任务的并行化处理，自动划分计算数据和计算任务，在集群节点上自动分配和执行任务及收集计算结果，并将数据分布存储、数据通信、容错处理等并行计算涉及的很多系统底层的复杂细节交由系统处理，可减少软件开发人员的负担；③MapReduce 是一种并行程序设计模型与方法，借助于函数式程序设计语言 Lisp 的设计思想，提供了简易的并行程序设计方法，用 Map 和 Reduce 两个函数编程实现了并行计算任务，提供抽象操作和并行编程接口，以简化大数据编程和计算处理。

2）发展历史

2003 年和 2004 年，Google 在国际会议上分别发表了两篇关于 Google 分布式文件系统和 MapReduce 的论文，公布了 Google 的 GFS 和 MapReduce 的基本原理和设计思想，提出了一种面向大规模数据处理的并行计算模型和方法。2004 年，开源项目 Lucene（搜索索引程序库）和 Nutch（搜索引擎）的创始人 Doug Cutting 发现 MapReduce 正是其所需要的解决大规模 Web 数据处理的重要技术，于是模仿 Google 的 MapReduce，基于 Java 设计开发了一个称为 Hadoop 的开源 MapReduce 并行计算框架和系统，推出后给大数据并行处理带来了巨大影响，并成为大数据处理工业标准。

3）主要功能

MapReduce 主要功能如下。

（1）大数据划分和计算任务调度。系统自动将大数据划分为很多个数据块，每个数据块对应一个计算任务，并自动调度计算节点来处理相应的数据块。任务调度主要负责分配和调度计算节点（Map 节点或 Reduce 节点），同时负责监控这些节点的执行状态，并负责 Map 节点执行的同步控制。

（2）数据/代码互定位。本地化数据处理，即一个计算节点尽可能处理其本地磁盘上所分布存储的数据，实现了代码向数据的迁移；当无法进行这种本地化数据处理时，再寻找其他可用节点，并将数据从网络上传送给该节点（数据向代码迁移），但将尽可能从数据所在的本地机架上寻找可用节点以减少通信延伸。

（3）系统优化。为减少数据通信开销，中间结果数据进入 Reduce 节点前会进行合并处理，一个 Reduce 节点所处理的数据可能会来自多个 Map 节点。为了避免 Reduce 计算阶段发生数据相关性，Map 节点输出的中间结果须使用一定的策略进行适当的划分，保证相关性数据发送到同一个 Reduce 节点，此外，系统还进行一些计算性能优化处理，如对最慢的计算任务采用多备份执行，选最快完成者作为结果。

（4）出错检测和恢复。以低端商用服务器构成的大规模 MapReduce 计算集群中，节点硬件（主机、磁盘、内存等）出错和软件出错是常态，因此 MapReduce 需要能检测隔离出错节点，并调度分配新的节点接管出错节点的计算任务。同时，系统还将维护数据存储的可靠性，用多备份冗余存储机制提高数据存储的可靠性，并能及时检测和恢复出错的数据。

3. 群集资源管理器 YARN

Apache Hadoop YARN(Yet Another Resource Negotiator,另一种资源协调器)是一种 Hadoop 资源管理器,可为上层应用提供统一的资源管理和调度,它的引入为群集在利用率、资源统一管理和数据共享等方面带来了巨大便利。

YARN 的基本思想是将 Job Tracker 的两个主要功能(资源管理和作业调度/监控)分离,创建一个全局 Resource Manager 和若干个针对应用程序的 Application Master。YARN 分层结构的本质是 Resource Manager。这个实体控制整个群集并管理应用程序向基础计算资源的分配。Resource Manager 将各种资源(计算、内存、带宽等)安排给基础 Node Manager(每节点代理),与 Application Master 一起分配资源,与 Node Manager 一起监视其基础应用程序。Application Master 负责承担 Task Tracker 的一些角色,Resource Manager 负责承担 Job Tracker 的角色。Application Master 负责协调来自 Resource Manager 的资源,并通过 Node Manager 监视容器的执行和资源使用(CPU、内存的资源分配)。

4. 分布式协同服务 Zoo Keeper

Zoo Keeper 是一个分布式的、开放源码的应用程序协调服务器,是 Google 的 Chubby 开源实现,是 Hadoop 和 Hbase 的重要组件。它是一个为分布式应用提供一致性服务的软件,其功能包括配置维护、域名服务、分布式同步、组服务等。Zoo Keeper 的目标就是封装好复杂易出错的关键服务,将简单易用的接口和性能高效、功能稳定的系统提供给用户。

5. 安装部署管理 Ambari

Apache Ambari 是一种基于 Web 的工具,2017 年 11 月发布版本 2.6.0,支持 Apache Hadoop 群集的安装、部署、管理和监控。Ambari 支持大多数 Hadoop 组件,包括 HDFS、MapReduce、Hive、Pig、Hbase、Zookeeper、Sqoop 和 Hcatalog 等。Ambari 是开源软件,是 Apache Software Foundation 中的一个项目。

6. 新分布式执行框架 Tez

Apache Tez 是针对 Hadoop 数据处理应用程序的新分布式开源计算框架,构建在 YARN 之上，将多个有依赖的作业转换为一个作业，从而大幅提升 DAG(Database Availability Group，数据库可用性组)作业的性能。Tez 不直接面向最终用户，它帮助 Hadoop 批处理大数据。如果 Hive 和 Pig 使用 Tez 而不是 MapReduce 作为其数据处理工具，其响应时间会明显提升。Tez 的产生主要是为了绕开 MapReduce 所施加的限制，除必须要编写 Mapper 和 Reducer 的限制之外，还强制让所有类型的计算都满足这一范例，解决了效率低下的问题。

11.2.2 大数据存储

1. HDFS 文件系统

HDFS 是 Apache Hadoop Core 项目的一部分，被设计成适合运行在通用硬件上的分布式文件系统，其容错性高，适合部署在廉价机器上。HDFS 能提供高吞吐量的数据访问，适合大规模数据集应用。HDFS 放宽了一部分 POSIX(Portable Operating System Interface of UNIX，可移植操作系统接口)约束，实现了流式读取文件系统数据。早年的 HDFS 是作为 Apache Nutch 搜索引擎项目的基础架构而开发的。

HDFS 具有如下特点。

(1) 硬件故障检测与恢复。HDFS 系统由数百或数千个存储着文件数据片段的服务器组成，每个组成部分都可能出现故障，因此，它设计了故障检测和自动快速恢复功能。

(2) 数据访问。运行在 HDFS 上的应用程序必须流式访问其数据集，它不是运行在普通文件系统之上的普通程序。HDFS 被设计成适合批量处理的，而不是用户交互式的，因为重点是在数据吞吐量，而不是数据访问的反应时间，由于 POSIX 的很多硬性需求对于 HDFS 应用都是非必须的，所以去掉 POSIX 一小部分关键语义以获得更好的数据吞吐率。

(3) 大数据集。运行在 HDFS 上的程序有大量数据集，HDFS 文件大小由 GB 到 TB 级别不等，所以，HDFS 必须支持大文件，它须提供高聚合数据带宽，一个群集须支持数百个节点，还应支持千万级别的文件。

(4) 迁移计算。在靠近计算数据所存储的位置来进行计算是最理想的状态，尤其是在数据集特别大的时候，这样可以消除网络的拥堵，提高了系统的整体吞吐量。

HDFS 提供了接口，被设计成可以简便实现平台间迁移的工具，以便让程序将自己移动到离数据存储更近的位置。

(5) 名字节点和数据节点。HDFS 是主从结构，一个 HDFS 群集是一个名字节点，是一个管理文件命名空间和调节客户端访问文件的主服务器，用来管理对应节点的存储。HDFS 对外开放文件命名空间，并允许用户数据以文件形式存储，内部机制是将一个文件分割成一个或多个块，这些块被存储在一组数据节点中，名字节点用来操作文件命名空间的文件或目录操作，同时确定块与数据节点的映射；数据节点负责文件系统客户的读写请求，执行块的创建，删除和节点块复制指令。

2. HBase 数据库

HBase 是一个分布式的、面向列的、可伸缩的分布式开源数据库，是 Apache Hadoop 子项目。HBase 不是传统的关系数据库，而是非结构化数据存储的数据库，是基于列而不是基于行的模式。HBase 利用 Hadoop HDFS 作为文件存储系统，利用 Hadoop Map Reduce 来处理 HBase 中的海量数据。利用 HBase 技术可在廉价 PC Server 上搭建大规模结构化存储群集。

HBase 位于结构化存储层，Hadoop HDFS 为 HBase 提供了高可靠性的底层存储支持，Hadoop MapReduce 为 HBase 提供了高性能的计算能力，Zoo Keeper 为 HBase 提供了稳定服务和 failover 机制。此外，Pig 和 Hive 还为 HBase 提供语言支持，使得在 HBase 上进行数据统计处理非常简单。Sqoop 可为 HBase 提供 RDBMS 数据导入功能，使传统数据库数据向 HBase 迁移非常方便。

11.2.3　大数据访问 SQL 引擎

1. Phoenix 引擎

Apache Phoenix 是一个 HBase 的开源 SQL 引擎，可以使用标准的 JDBC API (数据库连接应用程序编程接口)代替 HBase 客户端 API 来创建表、插入数据和查询数据。Phoenix 早年是 Saleforce 的一个开源项目，后来成为 Apache 基金的项目。Phoenix 使用 Java 编写，可作为 HBase 内嵌 JDBC 驱动。Phoenix 查询引擎会将 SQL 查询转换为一个或多个 HBase 扫描，并编排执行以生成标准的 JDBC 结果集。

直接使用 HBase API、协同处理器与自定义过滤器，对于简单查询来说，其性能量级是毫秒，对于百万级别的查询来说，其性能量级是秒。

2. 数据仓库架构 Hive

Hive 是基于 Hadoop 的数据仓库工具，可将结构化的数据文件映射为一张数据库表，并提供简单的 SQL 查询功能，可以将 SQL 语句转换为 MapReduce 任务运行。Hive 是建立在 Hadoop 上的数据仓库基础构架，提供了一系列工具，可用来进行数据提取、转化、加载(ETL)，这是一种可以存储、查询和分析存储在 Hadoop 中的大规模数据的机制。Hive 定义了简单的类 SQL 查询语言，称为 HQL，允许熟悉 SQL 的用户查询数据。同时，这个语言也允许熟悉 MapReduce 的开发者开发自定义的 Mapper 和 Reducer 来处理内建的 Mapper 和 Reducer 无法完成的复杂的分析工作。

3. 编程语言 Pig

Pig 是一种数据流语言和运行环境，用于检索非常大的数据集，为大型数据集的处理提供了一个更高层次的抽象。Pig 包括两部分，一是用于描述数据流的语言，称为 Pig Latin；二是用于运行 Pig Latin 程序的执行环境。Apache Pig 是一种高级语言，适合 Hadoop 和 MapReduce 平台查询大型半结构化数据集。通过允许对分布式数据集进行类似 SQL 的查询，Pig 可以简化 Hadoop 平台的使用。

4. 全文搜索引擎 Elastic Search

Elastic Search 是一种基于 Lucene 的搜索服务器，基于 RESTful Web 接口，提供了一种分布式多用户能力的全文搜索引擎。Elastic Search 是用 Java 开发的，并作为 Apache 许可条款下的开放源码发布，是当前流行的企业级搜索引擎，设计用于云计算中，能够达到实时搜索、稳定、可靠、快速且安装使用方便。

11.2.4 大数据采集与导入

1. 数据采集系统 Flume

Flume 是 Cloudera 的一种分布式海量日志采集、聚合和传输系统。Flume 支持在日志系统中定制各类数据发送方，用于数据收集、简单数据处理，并将结果写到数据接收方。Flume 提供从 console（控制台）、RPC（Thrift-RPC）、Text（文件）、Tail（UNIX tail）、Syslog（Syslog 日志系统）及 exec（命令执行）等数据源上收集数据的功能，支持 TCP 和 UDP 等 2 种模式。

Flume 有 Flume-og 和 Flume-ng 两个版本。Flume-og 采用多 Master 方式。为保证配置数据的一致性，Flume 引入了 Zoo Keeper，Flume Master 间使用 Gossip 数据传输协议同步数据。与 Flume-og 相比，Flume-ng 取消了集中管理配置的 Master 和 Zoo Keeper，而演变为一种数据传输工具，另一个不同之处是读入数据和写出数据时由不同工作线程处理。

2. 流处理平台 Kafka

Kafka 是 Apache 基金开发的开源流处理平台，由 Scala 和 Java 编写。Kafka 是一种高吞吐量的分布式发布订阅消息系统，可处理消费者规模的网站中的所有动作流数据。Kafka 通过 Hadoop 的并行加载机制统一线上和线下的消息，以便为群集提供实时数据。Kafka 具有如下特性：①通过磁盘数据结构提供消息的持久化，这种结构对于 TB 级数据存储也能够保持长时间稳定性；②高吞吐量，即使是非常普通的硬件 Kafka 也可以支持每秒数百万的消息；③支持通过 Kafka 服务器和消费机集群来分区消息；④支持 Hadoop 并行数据加载。

3. 数据库连接器 Sqoop

随着云计算的广泛应用，Hadoop 和传统数据库之间的数据传输和转移变得越来越重要。Sqoop 是一种开源数据库连接工具，用于 Hadoop 与传统数据库间数据的传递和互转。Sqoop 项目开始于 2009 年，是 Apache 项目。对于 NoSQL 数据库，它提供了一种连接器，能够分割数据集，并创建 Hadoop 任务来处理每个区块。

4. 数据流计算框架 Storm

Apache Storm 是一种分布式实时大数据处理系统，是一种流数据计算框架，具有高摄取率、容错性和扩展性。Storm 最初由 Nathan Marz 和 Back Type 的团队创建，Back Type 是一家社交分析公司，后来 Storm 被收购，并通过 Twitter 开源。Apache Storm 用 Java 和 Clojure 编写，是实时分析的计算框架，已成为分布式实时处理系统的标准，允许大量数据处理。

11.2.5 大数据框架Spark技术

1. 内存计算框架Spark

Apache Spark是大规模数据处理计算引擎，是由UC Berkeley AMP lab(加州大学伯克利分校的AMP实验室)开发的通用并行计算框架。Spark是与Hadoop相似的开源集群计算环境，两者的不同在于Spark在工作负载方面具有功能优势，Spark启用了内存分布数据集，除提供交互式查询外，还可以优化迭代工作负载。Spark的过程输出结果可以保存在内存中，而不需要读写HDFS。Spark用Scala语言编写，并将Scala用作其应用程序框架，这样就可以像操作本地集合对象一样操作分布式数据集。尽管Spark是为了支持分布式数据集上的迭代作业而设计的，但它已成为Hadoop的补充，可以在Hadoop文件系统中并行运行，可以通过Mesos第三方集群框架进行此操作。

2. 弹性分布式数据集

弹性分布式数据集(Resilient Distributed Datasets，RDD)是分布式内存的一个抽象概念，提供了一种高度受限的共享内存模型，即RDD是只读的记录分区集合，只能通过在其他RDD执行确定的转换操作(如Map、Join和Group by)而创建，这些限制使得实现容错的开销很低。对开发者而言，RDD可以看作是Spark的一个对象，它本身运行于内存中，如读文件可以是一个RDD，对文件计算可以是一个RDD，结果集也可以是一个RDD，不同的分片、数据之间的依赖、Key-value类型的Map数据都可以看作RDD。RDD允许开发人员在大型群集上执行基于内存的计算。

3. Spark SQL查询

Spark SQL是为帮助熟悉RDBMS的技术人员使用MapReduce可以快速上手的工具。因为MapReduce计算过程中大量中间磁盘操作会消耗大量I/O，运行效率较低，为提高SQL-on-Hadoop的效率，伯克利实验室对Spark生态环境的组件进行了修改，使之能运行在Spark引擎上，从而使得SQL查询的速度比Hive提升

10～100倍。

4. 流式数据处理软件 Spark Streaming

Spark Streaming 是构建在 Spark 上处理 Stream 流式数据的框架，基本原理是将 Stream 数据分成小的时间片断。Spark Streaming 构建在 Spark 上，一方面是因为 Spark 的低延迟执行引擎或实时计算，另一方面是因为基于 Record 的其他处理框架（如 Storm）的一部分依赖 RDD 数据集从源数据重新计算以达到容错目的。

5. Graph X 图计算框架

Spark Graph X 是一种分布式图处理框架，是基于 Spark 平台提供对图计算和图挖掘的接口，使分布式图处理更方便。因为社交网络中人与人之间有很多关系链，例如 Twitter、Facebook、微博和微信等，这些都是需要图计算。图的分布式或并行处理是把图拆分成很多子图，然后分别对这些子图进行计算，计算的时候可以分别迭代进行分阶段的计算，即对图进行并行计算。

思考题

1. 大数据平台总体框架包括哪几个方面？
2. 什么是数据整合？什么是数据共享？什么是数据开放？
3. 大数据软件框架 Hadoop 包括些什么？
4. 什么是 HDFS？什么是 HBase？
5. 什么是大数据框架 Spark？
6. 大数据访问 SQL 引擎有什么工具？
7. 大数据采集与导入有什么工具？

参考文献

[1] 张凯.计算机导论[M].北京,清华大学出版社,2012.

[2] 张凯.物联网导论[M].北京,清华大学出版社,2012.

[3] 张凯.软件过程演化与进化论[M].北京,清华大学出版社,2009.

[4] 张凯.软件开发环境与工具教程[M].北京,清华大学出版社,2011.

[5] 张凯.电子商务系统分析与设计[M].北京,清华大学出版社,2014.

[6] 张凯.物联网软件工程[M].北京,清华大学出版社,2014.

[7] 张凯.物联网安全教程[M].北京,清华大学出版社,2014.

[8] 朝乐门.数据科学[M].北京:清华大学出版社,2016.

[9] 朝乐门.数据科学理论与实践[M].北京:清华大学出版社,2017.

[10] 朝乐门,邢春晓,张勇.数据科学研究的现状与趋势[J].计算机科学,2018,45(01):1-13.

[11] 朝乐门,卢小宾.数据科学及其对信息科学的影响[J].情报学报,2017,36(08):761-771.

[12] 朝乐门,杨灿军,王盛杰,等.全球数据科学课程建设现状的实证分析[J].数据分析与知识发现,2017,1(06):12-21.

[13] 程学旗,靳小龙,杨婧,等.大数据技术进展与发展趋势[J].科技导报,2016,34(14):49-59.

[14] 关东,苗放.数据科学研究一般模式的初步探讨[J].科技管理研究,2017,37(24):260-266.

[15] 秦小燕,初景利.国外数据科学家能力体系研究现状与启示[J].图书情报工作,2017,61(23):40-50.

[16] 覃雄派,陈跃国,杜小勇,等."数据科学概论"课程设计[J].大数据,2017,3(06):102-111.

[17] 赵蓉英,魏明坤.国际数据科学演进研究:基于时间维度的分析[J].图书情报知识,2017(04):71-79.

[18] 王曰芬,谢清楠,宋小康.国外数据科学研究的回顾与展望[J].图书情报工作,2016,60(14):5-14.

[19] 李腊生,刘磊,刘文文.大数据与数据工程学[J].统计研究,2015,32(09):3-10.

[20] 陆汝钤,金芝.从基于知识的软件工程到基于知件的软件工程[J].中国科学(E辑:信息科学),2008(6):843-863.

[21] 解华国,王源.大数据统一平台在银行业的应用实践[J].信息技术与标准化,2018(Z1):28-32.

[22] 刘凌,罗戎.大数据视角下政府数据开放与个人隐私保护研究[J].情报科学,2017,35(02):112-118.

[23] 汪雷,邓凌云.基于大数据视角的政府数据开放保障机制初探[J].情报理论与实践,2017,40(02):77-79.

图 书 资 源 支 持

感谢您一直以来对清华版图书的支持和爱护。为了配合本书的使用，本书提供配套的资源，有需求的读者请扫描下方的“书圈”微信公众号二维码，在图书专区下载，也可以拨打电话或发送电子邮件咨询。

如果您在使用本书的过程中遇到了什么问题，或者有相关图书出版计划，也请您发邮件告诉我们，以便我们更好地为您服务。

我们的联系方式：

地　　址：北京市海淀区双清路学研大厦 A 座 701

邮　　编：100084

电　　话：010-83470236　010-83470237

资源下载：http://www.tup.com.cn

客服邮箱：tupjsj@vip.163.com

QQ：2301891038（请写明您的单位和姓名）

资源下载、样书申请

书圈

扫一扫，获取最新目录

课 程 直 播

用微信扫一扫右边的二维码，即可关注清华大学出版社公众号“书圈”。